AF360403

TRAITÉ THÉORIQUE ET PRATIQUE

DES

MACHINES SOUFFLANTES

PARIS, IMPRIMERIE E. BERNARD & CIE, 71, RUE LACONDAMINE, 71.

TRAITÉ THÉORIQUE ET PRATIQUE

DES

MACHINES SOUFFLANTES

PAR

Ed. DENY

INGÉNIEUR-DIRECTEUR DE L'USINE DE MERTZWILLER
MEMBRE CORRESPONDANT
DE L'ACADÉMIE DE METZ ET DE L'ACADÉMIE DE STANISLAS, A NANCY
ANCIEN ÉLÈVE DE L'ÉCOLE NATIONALE D'ARTS ET MÉTIERS DE CHALONS

PARIS

E. BERNARD ET Cie, IMPRIMEURS-ÉDITEURS

71, RUE LACONDAMINE, 71

—

1887

PRÉFACE

Le travail qui va suivre, sur les Machines soufflantes, a déjà paru sous une forme plus succincte dans l'Annuaire de 1874 de la Société des Anciens élèves des Ecoles d'Arts et Métiers et a été couronné par cette Société.

L'accueil bienveillant fait à cette Etude m'a engagé, en l'absence d'autres traités plus complets et plus pratiques sur les Machines soufflantes, à revoir et étendre mon travail, à le compléter par la description des souffleries de construction la plus récente.

Le lecteur me saura gré des fréquents emprunts faits à la publication anglaise l'*Engineering*, au traité allemand de M. J. Schlink sur les Machines soufflantes, et aux ouvrages de MM. Grüner et Jordan.

Cette étude a été divisée en six chapitres :

1° Considérations générales sur les Machines soufflantes ;

2° Travail moteur et travail résistant dans les Machines soufflantes ;

3° Calcul des souffleries ;

4° Souffleries à tiroir ;

5° Disposition des principaux organes dans les souffleries ;

6° Détail de construction des cylindres, pistons soufflants et clapets.

Dans ce travail, j'ai exposé les principes généraux permettant d'asseoir un jugement, tant au point de vue théorique qu'au point de vue pratique, sur les divers systèmes des Machines soufflantes ; j'ai passé en revue les types les plus répandus en France et surtout en Angleterre, en Belgique, en Allemagne et aux Etats-Unis, parmi lesquels on rencontre des spécimens supérieurement entendus et pouvant à coup sûr servir de modèles.

J'ai montré les avantages offerts comme élasticité de production de vent et de douceur de marche, par les souffleries jumelles, à détente système Woolf et Compound, qui ont le plus grand avenir.

De nombreux croquis, toujours plus explicites que les développements les plus détaillés, suppléent à la description des appareils.

Faciliter l'étude des différentes questions qui se posent dans la construction des Machines soufflantes, tel est le but que je voudrais avoir atteint.

E. D.

MACHINES SOUFFLANTES

I

CONSIDÉRATIONS GÉNÉRALES SUR LES MACHINES SOUFFLANTES

Toutes les fois que le tirage dû à une cheminée est nuisible ou insuffisant, on a recours aux machines soufflantes.

Il peut être nuisible dans les fours à reverbère, lorsque ces fourneaux doivent servir à la réduction ou même au chauffage de matières minérales ou métalliques dont on a à craindre le déchet par oxydation. On évite cet inconvénient en soufflant de l'air dans le cendrier, ou au milieu du combustible lui-même.

Le tirage naturel, par cheminée, est généralement insuffisant dans les fours à cuve demandant une température locale fort élevée. Plus les matières remplissant un four à cuve, tel que cubilot, haut fourneau, etc., sont menues ou friables, moins le courant d'air dû au simple tirage serait vif, plus la combustion serait languissante et la température trop peu élevée pour la fusion facile du métal ou des silicates terreux ou gangues qui l'accompagnent.

Ce n'est pas la compacité seule des combustibles qui oblige à employer un courant d'air plus vif, puisque l'on peut très bien brûler par simple tirage l'anthracite le plus compacte, le coke, et produire des températures capables de fondre le verre, l'acier et même le fer doux ; mais ce que le tirage naturel ne peut réaliser c'est d'obtenir un courant d'air énergique dans un four à cuve d'une grande hauteur, lorsque, comme dans le haut-fourneau, le combustible et le minerai sont friables, menus et se tassent sous leur propre poids; il faut alors pour forcer l'air à travers la masse un vent d'autant plus comprimé que la résistance est plus grande. Si l'anthracite et le coke exigent, dans les hauts fourneaux, une plus forte pression que le charbon de bois, c'est moins à cause de leur plus grande densité que parce que ces combustibles sont plus chargés de cendres et surtout parce que les anthracites ont le défaut de décrépiter et de se réduire en menu sous l'action du feu ; cependant la moindre porosité naturelle des combustibles minéraux est aussi une cause exigeant jusqu'à un certain point un vent plus apte à pénétrer par excès de pression jusqu'au centre des fragments les plus compactes.

Suivant le mode de compression de l'air, on peut diviser les appareils soufflants en trois classes :

1° Ceux dans lesquels la compression est produite en soumettant les molécules de l'air à l'action de la force centrifuge, tels sont les ventilateurs ;

2° Les trompes, les injecteurs, qui compriment l'air par voie d'entraînement et dans lesquels une colonne fluide ou gazeuse animée d'un mouvement rapide entraîne l'air par simple adhérence ;

3° Les machines à piston opérant la compression directe de l'air à l'aide d'une pièce mobile solide réduisant le volume de la capacité dans laquelle il fonctionne.

Les ventilateurs à force centrifuge sont d'une construction simple, mais ne donnent qu'un vent peu comprimé. On les emploie surtout pour les fours à reverbères et les fours à cuve, tels que cubilots, d'une faible hauteur.

Les trompes à eau ou à vapeur fournissent un air humide, d'une pression faible, elles utilisent mal l'agent moteur, mais présentent l'avantage d'une installation simple et peu coûteuse.

Enfin, les machines à piston, permettant d'obtenir à volonté les plus faibles et les plus fortes pressions, sont d'un emploi général. Nous ne nous occuperons que de cette classe d'appareils soufflants.

La plus ancienne machine soufflante, que tout le monde connaît, est le soufflet; simple, il donne un courant intermittent, il aspire et souffle tour à tour. En plaçant sur le soufflet même une sorte de régulateur, on peut obtenir un courant continu plus ou moins uniforme ; c'est le soufflet double du forgeron.

Les parois extensibles du soufflet et du régulateur sont généralement formées de cuir. Cette circonstance empêche de donner à ces appareils de grandes dimensions et en rend l'entretien coûteux. Aussi a-t-on substitué dans les anciennes forges des caisses mobiles, garnies de liteaux aux soufflets en cuir, ce sont les soufflets pyramidaux ou trapézoïdaux, en bois, que l'on voyait encore il y a cinquante ans et que l'on ne rencontre plus qu'à de rares exemplaires dans les quelques anciennes petites forges à martinets qui ont survécu à la rénovation moderne de l'outillage métallurgique.

Du soufflet pyramidal, on est arrivé à la machine à caisse et à piston carrés. C'est une caisse cubique, ou au moins à section carrée, ouverte par le bas et dont la base supérieure est munie d'un clapet d'expiration, de section comprise entre 1/15 à 1/20 de celle de la caisse et qui s'ouvre dans le porte-vent. Dans cette caisse se meut verticalement un piston carré, garni en cuir doux maintenu par des bandes en fer plat, et pourvu de clapets d'aspiration s'ouvrant de bas en haut et dont la section est comprise entre 1/15 et 1/20 de celle de la caisse. Le piston aspire en descendant et souffle en montant, c'est une machine à simple effet comme le soufflet ordinaire. Aussi presque toujours a-t-on réuni 3 ou 4 caisses sous un porte-vent commun avec 3 ou 4 manivelles motrices faisant entre elles des angles de 120° ou 90°.

Ces soufflets commandés par une roue hydraulique étaient partout employés autrefois dans les forges pour le soufflage des bas-foyers et des hauts-fourneaux au charbon de bois, de 6 à 8 mètres de hauteur. Mais les garnitures étaient fort imparfaites et ne permettaient pas, sans grandes pertes, d'arriver à de fortes pressions. On devait se contenter de 0^m,03 à 0^m,05 de mercure, les caisses avaient en général de 1^m à 1^m,40 de côté, la course des pistons variait de 0^m,40 à 0^m,80, on les faisait marcher à 8 ou 9 coups par minute, ce qui donnait une vitesse de 0^m,20 à 0^m,30 par seconde. Le volume d'air fourni ne dépassait guère 0,4 du volume engendré par les pistons et le travail utilisé par le vent s'élevait au maximum à 0,20 ou 0,25 du travail absolu du cours d'eau moteur, en se servant de roues à augets et seulement à 0,10 ou 0,15 en faisant usage de roues à palettes (1).

Les machines à caisses carrées ont conduit aux machines à caisses cylindriques avec douves en bois ; on leur donnait jusqu'à 2 mètres de diamètre et $0^m,80$ à $0^m,90$ de course. La garniture était plus facile à maintenir que dans les caisses carrées, elle se composait de liteaux arqués, en bois de noyer, poussés par des ressorts, ou de cuir embouti retenu également par des liteaux à ressorts. La vitesse était de 7 à 8 coups par minute et la pression pouvait atteindre $0^m,05$ à $0^m,06$ de mercure.

Enfin, aux cylindres en bois on a substitué les cylindres en fonte, alésés avec soin, ce qui en diminuant les fuites permit d'atteindre des pressions plus fortes.

Dès que l'on eut substitué le cylindre à la caisse carrée et la fonte au bois, on en vint aussi à remplacer les anciennes machines par un appareil à double effet. Le piston à clapets fut remplacé par un piston plein et les deux bases du cylindre furent garnies de clapets d'aspiration et de refoulement, de sorte que dans le mouvement de va-et-vient du piston, l'un des côtés du cylindre fournit de l'air, tandis que l'autre en aspire du dehors.

Le courant d'air est ainsi continu, même en ne se servant que d'un seul cylindre, mais pour être continu il n'est pas uniforme. Il est évident qu'à l'instant où le piston atteint le milieu de sa course, la vitesse du courant d'air est maximum, tandis qu'elle est nulle au moment précis du changement de sens du mouvement. Un régulateur est par suite indispensable dès que l'appareil ne se compose que d'un seul cylindre.

Les premières souffleries avec cylindres en fonte étaient encore mûes par un moteur hydraulique ; mais ce moteur ne tarda pas à devenir insuffisant par suite de l'incessant progrès dans la production des hauts-fourneaux et de l'énorme développement pris, à partir de la seconde moitié de ce siècle, dans l'emploi de la fonte à la suite de l'abaissement de son prix de revient obtenu par la substitution du combustible minéral, ou coke, au charbon de bois.

En effet, l'accroissement de production de la fonte ne fut produit qu'en agrandissant le volume intérieur des hauts-four-

____

(1) Grüner, *Traité de métallurgie*, t. I. p. 305.

neaux, en augmentant leur hauteur et leur diamètre et ne put être atteint qu'en suivant, dans les volumes d'air lancé, le même accroissement que celui de la production et en élevant la pression du vent.

Quelques usines, pour augmenter la quantité de vent et sa pression, associèrent d'abord un moteur à vapeur au moteur hydraulique de leur soufflerie ; d'autres abandonnèrent complètement le moteur hydraulique pour y substituer un moteur à vapeur, et cette substitution devint à peu près générale sur le continent dès que l'on sut tirer parti des gaz des hauts-fourneaux pour la production de la vapeur nécessaire au fonctionnement des machines soufflantes ; mais déjà bien avant, on avait, en Angleterre, renoncé aux moteurs hydrauliques pour employer uniquement les moteurs à vapeur.

Les premières machines à vapeur établies en Angleterre étaient des pompes d'épuisement de mines, avec piston à vapeur actionnant par l'une des extrémités d'un balancier la tige de pompe pendant à l'autre extrémité. L'expérience acquise dans l'établissement et le fonctionnement de ces machines était déjà parvenue à un état de perfection relative assez avancé quand l'application de la vapeur comme moteur de souffleries se présenta. Aussi ces pompes furent-elles imitées comme forme, disposition générale des organes et détails de construction ; on ne fit que remplacer la tige de piston et le cylindre de pompe d'épuisement par la tige de piston et le cylindre à vent, et établir ces machines à double effet, en conservant les pompes d'alimentation des chaudières et du condenseur, et la pompe à air du condenseur sur la tige de laquelle étaient placés les taquets de commande des leviers d'ouverture et de fermeture des soupapes d'admission de vapeur et d'échappement au condenseur.

On obtint ainsi des souffleries puissantes, de très grande simplicité, s'usant peu et par conséquent se conservant très bien, puisque des machines de ce genre ont fonctionné pendant 30 à 40 ans et n'ont été abandonnées que par suite de leur trop grande consommation de vapeur.

On conçoit facilement qu'en effet des souffleries de ce système soient peu susceptibles d'utiliser la détente de la vapeur ; aussi dans les machines de ce genre l'expansion pratiquée est-elle insignifiante et la vapeur y est-elle toujours admise à la faible pression de 1 à 2 kg. par centimètre carré, ce qui est assez rationnel puisque la vapeur doit être rejetée hors du cylindre à une pression à peine inférieure à celle qu'elle possédait à son introduction. Aujourd'hui les moteurs hydrauliques ne sont plus employés que dans les petites usines ayant continué la production des fontes au charbon de bois et comme cette production est de plus en plus restreinte, ces usines deviennent maintenant de plus en plus rares.

Il y a moins d'un demi-siècle seulement que la production journalière d'un haut-fourneau au charbon de bois était de 3 à 5 tonnes, rarement elle en dépassait 8 ; la capacité intérieure de ces hauts-fourneaux variait entre 8 et 15 mètres cubes et leur hauteur entre 6 et 10 mètres ; la pression du vent était de 2 à 6 centimètres de mercure, suivant que le charbon était plus ou moins tendre.

Les hauts-fourneaux au coke produisaient de 10 à 20 tonnes de fonte par 24 heures, avec une capacité intérieure de 60 à 140 mètres cubes et 9 à 12 mètres de hauteur ; la pression du vent variait entre 7 et 12 centimètres de mercure pour le coke léger, et atteignait rarement $0^m,16$ pour du coke dur et compacte.

Aujourd'hui, on trouve des hauts-fourneaux au coke dont le volume intérieur atteint de 500 à 1,200 mètres cubes, avec une hauteur comprise entre 20 et $27^m,50$; et dans les usines du groupe occidental des États-Unis d'Amérique, il n'est pas rare de rencontrer des fourneaux d'environ 500 mètres cubes de capacité intérieure arrivant à l'énorme production de 200 à 300 tonnes de fonte par 24 heures et même au-delà (1).

(1) Les fourneaux du groupe occidental des Etats-Unis d'Amérique sont remarquables par l'énormité de leur production. Le pionnier dans cette voie a été le fourneau A d'Edgard Thomson (près Pittsburgh); mis à feu en janvier 1880 sous la direction de M. J. Kennedy, le champion des grandes productions, ce haut-fourneau de $19^m,82$ de hauteur, 4^m12 diamètre au ventre, $2^m,60$ diamètre au creuset, $3^m,30$ diamètre au gueulard et 180 mètres cubes de capacité intérieure produisait le 3e mois de sa campagne 2,800 tonnes de fonte Bessemer. Dans la même usine, de plus grands fourneaux B, C, D, E, de $24^m,40$ de haut, $6^m,20$ diamètre au ventre, $3^m,20$ diamètre au creuset $5^m,10$ diamètre au gueulard et de 500 mètres cubes de capacité intérieure furent mis à feu en 1880, 1881 et 1882 ; à la fin de 1882, le fourneau D arrivait à produire, en allure Bessemer, 307 tonnes en 24 heures.

Les grandes productions exigent, on le comprend, une soufflerie très puissante ; les hautes pressions de vent sont du reste à la mode dans les usines du Nouveau-Monde, les grands hauts-fourneaux au coke y sont soufflés ordinairement avec une pression de $0^m,30$ à $0^m,40$ de mercure. Le fourneau D d'Edgard Thomson, lorsqu'il produisait 300 tonnes en 24 heures, recevait une pression de $0^m,70$ par 7 tuyères de $0^m,20$ de diamètre ; il était alimenté par 4 machines Mackintosch et Hemphill, marchant à 35 tours et engendrant un volume de plus de 1,000 mètres cubes par minute.

Les dimensions des fourneaux américains ne l'emportent pas au point de vue de la capacité sur les grands fourneaux européens ; il existe dans le Cleveland, en Angleterre, beaucoup de fourneaux plus grands que les plus grands du Nouveau-Monde, on y rencontre des fourneaux de 700 à 1,000 et même 1,165 mètres cubes (Ormesby), qui ne produisent généralement pas plus de 80 à 100 tonnes de fonte par 24 heures, la seule dimension qui soit plus forte dans les fourneaux américains est le diamètre du creuset qui atteint $3^m,25$ à $3^m,50$.

Si, par suite de la crise qui, depuis quelques années, pèse sur les usines métallurgiques, les maîtres de forges européens s'attachent à faire produire le moins possible à leurs hauts-fourneaux, il est à prévoir qu'à un moment donné ils s'ingénieront, au contraire, à obtenir de leurs hauts-fourneaux la production la plus élevée possible ; et, dans ces usines, la haute production ne sera bornée alors que par la puissance des souffleries dont elles disposent, la pression du vent devant augmenter avec les dimensions transversales du creuset et la hauteur du fourneau, de même que le volume de vent doit s'élever avec la production.

Ainsi que nous venons de le reconnaître, la production des fontes au coke ne cesse de subir des accroissements de plus en plus considérables et les usines qui les produisent, n'ayant plus

Les autres usines se piquèrent d'émulation et bientôt des productions de 200 tonnes par 24 heures ne furent plus regardées comme exceptionnelles. Le fourneau nº 2 de Lucy, à Pittsburgh, arriva à produire en mars 1885 jusque 345 tonnes par 24 heures, sa hauteur est de $26^m,50$, son diamètre au ventre de $6^m,10$, au creuset de $3^m,35$, au gueulard de $4^m,88$.

L'Industrie sidérurgique aux Etats-Unis d'Amérique, notes de voyage, par M. Paul Trasenster.

à s'installer sur un cours d'eau pour en tirer la force motrice nécessaire au soufflage de leurs fourneaux, peuvent se choisir un emplacement mieux situé par rapport aux arrivages de minerai et de coke, aux expéditions de leurs fontes et suivre le développement de la production des fontes en ajoutant de nouvelles machines soufflantes à celles qu'ils possèdent déjà.

Nous avons vu également que la progression dans le volume et la pression du vent lancé a dû marcher de pair avec l'agrandissement du volume intérieur des hauts-fourneaux et de leur production journalière ; l'utilisation des gaz des hauts-fourneaux fut un important progrès pour la production de la vapeur consommée par les souffleries ; mais elle ne s'arrêta pas là, elle s'étendit encore au grillage du minerai et surtout au chauffage de l'air insufflé.

La température donnée à cet air, de très faible qu'elle était au début de l'application de l'air chaud, n'a pas cessé d'augmenter, les appareils de chauffage se sont perfectionnés en même temps que les maitres de forges y trouvant leur intérêt s'enhardirent ; les tuyaux en fonte, primitivement employés au chauffage de l'air, ne pouvant résister aux températures de plus en plus élevées qui sont employées ; aujourd'hui, non seulement les appareils Whitwel ou Cooper sont devenus le complément de toutes les nouvelles installations, mais encore on leur demande les températures les plus hautes qu'ils soient capables de fournir.

Mais c'est au détriment du gaz des chaudières que l'on arrive à communiquer à l'air chaud ces températures élevées qui ont permis de réduire dans des proportions si importantes la consommation de combustible dans les hauts-fourneaux. Comme conséquence immédiate, cette réduction de combustible conduit à une diminution très sensible du volume des gaz et de leur valeur calorifique ; aussi arrive-t-il souvent que, pour entretenir les appareils à air chaud au degré de chaleur voulu, on doive y employer une grande partie du gaz, et que, l'excédent disponible devenant trop faible, on est forcé de recourir partiellement à la houille pour le chauffage des chaudières, quand les moteurs de souffleries consomment trop de vapeur ou que les appareils de prise de gaz en laissent trop échapper.

Il est à espérer qu'un nouveau progrès métallurgique conduira quelque jour à l'utilisation plus complète, dans le haut-fourneau, du combustible qui y est chargé (1) et que dès lors la quantité de gaz utilisable sous les chaudières diminuera encore ; pour les souffleries modernes, donnant du vent à haute pression, force donc est de rechercher un type de moteur procurant en travail utile de la vapeur le rendement le plus élevé.

Comme toutes autres machines, les souffleries actionnées par de puissants moteurs à vapeur ne peuvent avoir un fonctionnement économique que si l'appareil à vapeur est adapté aux conditions dans lesquelles s'effectue le travail qu'il doit produire.

Ces souffleries se présentent aujourd'hui sous une infinité de types différant entre eux par la position relative de leurs différents organes et par le mode d'aspiration et de refoulement de l'air dans les cylindres à vent.

Généralement, chacune des variétés de ces types a des avantages et des défauts qui superficiellement semblent se balancer, ce qui fait que les maîtres de forges, s'exagérant les uns ou les autres suivant le point de vue sous lequel ils se placent, n'ont pu encore se mettre d'accord sur le meilleur système de souffleries à adopter, et le plus souvent c'est le goût personnel, la routine, l'esprit d'imitation ou la mode, bien inexplicable ici, qui jouent le plus grand rôle dans le choix du système de souffleries, plutôt qu'une saine appréciation des conditions de marche de ces machines et des considérations essentielles qui devraient toujours présider à leur choix, considérations qui peuvent se résumer dans l'ordre suivant :

1° Sûreté de marche et stabilité de la machine, chances d'arrêt et de réparations réduites au minimum ;

2° Emploi aussi économique que possible de la vapeur ;

3° Minimum de prix d'achat et d'entretien de la machine avec

---

(1) M. J. von Ehrenverth, dans une brochure publiée en 1883, proposait d'appliquer la régénération aux gaz des hauts-fourneaux en convertissant l'acide carbonique qu'ils renferment en oxyde de carbone par le passage à travers une couche de charbon porté au rouge, pour augmenter leur puissance de chauffe et d'employer ces gaz, supérieurs comme combustibles aux gaz des bons récupérateurs, dans les hauts-fourneaux mêmes, en les lançant dans l'ouvrage avec l'air fortement chauffé, soit par 2 buses concentriques dans la même tuyère, soit en plaçant les tuyères pour l'air et pour le gaz l'une au dessus ou à côté de l'autre.

ses accessoires, en tant que ce minimum de prix s'applique à une machine remplissant les deux conditions précédentes ;

4° Disposition de cette machine convenant à l'emplacement dont on dispose.

Ces conditions ne se concilient pas toujours d'une façon satisfaisante ; mais on ne doit perdre de vue le point essentiel : dans le soufflage des hauts-fourneaux marchant jour et nuit souvent pendant des mois, quelquefois pendant des années, sans aucun arrêt, il est indispensable pour ce soufflage d'avoir une machine sur laquelle on puisse compter, quel que soit son prix d'achat et malgré la machine de réserve que l'on pourrait avoir pour remplacer momentanément la soufflerie qu'un accident forcerait à arrêter. Il est bien rare, en effet, que la machine de réserve ne soit pas quelque machine abandonnée parce qu'elle est trop faible et que la quantité restreinte qu'elle donne n'oblige pas à demander plus de vent aux autres machines soufflantes, à forcer leur marche, ou à restreindre la production des hauts-fourneaux.

Une machine soufflante doit être dans toutes ses parties facile à surveiller et abordable de toutes parts ; il ne faut pas, en effet, que pour une vis, une clavette, une soupape de pompe, un rien de cassé ou seulement de dérangé, on ait à démonter des pièces importantes pour faire la réparation, parce que l'emplacement de cette vis, clavette ou soupape est inabordable ; dans ce cas, cette réparation minime entraînerait à un arrêt trop grand et trop préjudiciable.

L'emploi aussi économique que possible de la vapeur, nécessitant des constructions compliquées, semble être en contradiction avec la condition posée en premier lieu : de n'employer que des machines simples, de marche assurée.

Les moyens de se procurer de l'économie dans la dépense de vapeur consistent dans l'emploi de la détente et celui de la condensation.

L'influence économique de la condensation est toujours sensible ; mais elle est d'autant plus considérable que l'on marche à plus faible pression et à un degré de détente plus élevé. La condensation devient indispensable quand, avec des pressions moyennes ou basses, on veut obtenir un degré d'expansion important ; or, ceux qui ont conduit des machines soufflantes marchant avec condensation savent combien la condensation apporte de troubles dans la marche régulière des machines. Les pompes à air avec leurs pistons et clapets, les pompes à eau froide pour l'injection, etc., s'usent et demandent des réparations fréquentes que l'on ne peut faire rapidement que si le démontage du piston et la visite des clapets est facile, que si l'on est bien pourvu de pièces de rechange. Aussi, dans quelques usines, a-t-on une certaine répugnance pour les souffleries à condensation et préfère-t-on des machines plus simples pour ne pas être aussi souvent exposé à des dérangements.

Les machines sans condensation, pour utiliser la vapeur d'une façon économique, par une grande expansion, doivent alors fonctionner à une pression initiale de vapeur élevée et la vapeur peut être détendue, soit dans un seul, soit dans deux cylindres, comme dans les systèmes Woolf ou Compound.

Quel que soit le genre de machines : verticale à balancier, verticale directe ou horizontale, la condensation est facile à adapter ; mais c'est dans les machines à balancier que l'adaptation se fait avec le plus de commodité, à cause des nombreux points d'attache que l'on peut trouver sur le balancier pour prendre le mouvement des pompes à air, à eau froide du condenseur et de la pompe de circulation d'eau dans les réfrigérants à courant d'eau des hauts-fourneaux. La prise de mouvement de toutes ces pompes sur le balancier a l'avantage de permettre facilement de réduire la course et la vitesse des pistons de ces pompes par rapport à celles du piston à vapeur, pour obtenir un fonctionnement satisfaisant.

La question de la meilleure disposition à donner aux cylindres soufflants est déjà ancienne et ne sera probablement jamais complètement élucidée, parce que la disposition verticale, comme la disposition horizontale ont chacune l'une sur l'autre des avantages particuliers comme prix d'achat, commodité de surveillance, emplacement.

Quand, après avoir connu et construit depuis longtemps des souffleries à balancier, on adopta la disposition horizontale, cette disposition fut vantée comme un grand progrès, par suite de la simplicité plus grande qui en résulta, de la surveillance plus facile, du prix d'achat moindre ; mais bientôt après on construisit des souffleries verticales à action directe qui à leur tour supplantèrent presque totalement, dans certains pays, les machines horizontales et ailleurs leur firent une puissante concurrence.

Envisageant la question plus spécialement au point de vue du rendement, pour apprécier la valeur de l'un quelconque des systèmes de souffleries, il est certains points à accepter qu'il est facile d'établir.

Ainsi, sous le rapport de la simplicité de construction, du travail absorbé par le frottement des garnitures de piston et des pertes de vent par ces garnitures, dans une soufflerie, un seul cylindre à vent est préférable à plusieurs.

En effet, à course égale, une soufflerie composée de n cylindres à vent de diamètre d devra pour débiter autant de vent qu'une soufflerie à un seul cylindre de diamètre D répondre à la condition :

$$\frac{\pi\,D^2}{4} = \frac{\pi d_2\, n}{4}$$

d'où $$D = \sqrt{nd_2} = d\sqrt{n};$$

mais les frottements et les fuites sont proportionnels au périmètre des pistons qui sont respectivement pour chacun de ces cas :

$$c = \pi dn$$

et $$C = \pi D = \pi d\sqrt{n}$$

d'où $$\frac{C}{c} = \frac{\pi d\sqrt{n}}{\pi dn} = \frac{\sqrt{n}}{n} = \frac{1}{\sqrt{n}}$$

Ainsi, dans une soufflerie à 4 cylindres à vent, comme on en rencontre encore, les frottements des garnitures de pistons et les fuites auxquelles ces garnitures donnent toujours lieu sont deux fois plus élevés qu'ils ne le seraient avec un cylindre unique de section équivalente à celle des quatre cylindres réunis. A ce point de vue, il y a donc avantage à employer des cylindres à vent du plus grand diamètre possible.

Remarquons de plus que, dans le cylindre à vent soit horizontal ou vertical, quand le piston est parvenu à fin de course, il laisse toujours entre lui et le fond du cylindre un certain jeu rempli d'air comprimé à la pression du réservoir, cet air n'étant plus refoulé hors du cylindre, par suite de l'arrêt du piston à sa limite de course, y demeure confiné. Le jeu ainsi laissé (quelquefois considérable quand il est exigé, comme dans les machines sans volant, par l'irrégularité des longueurs de course du piston, ou, comme dans certains cylindres horizontaux, par la disposition des clapets) crée un véritable espace perdu, quelquefois de beaucoup supérieur au 1/20 de la cylindrée et rarement inférieur au 1/50. L'air confiné dans cet espace ayant une action nuisible au bon fonctionnement de la machine, ainsi que nous le reconnaîtrons plus loin, il y a tout intérêt à rendre aussi faible que possible son volume, et $0^m,04$ pouvant être considérés comme moyenne du jeu que, par mesure de sécurité, on doive laisser entre le piston et les fonds du cylindre, si l'on désigne par L la longueur de course du piston à vent, l'influence de l'espace nuisible sera d'autant plus faible que le rapport

$$\frac{L}{0,04}$$

sera plus grand. Donc, à ce point de vue encore, il y a avantage à donner aux pistons des cylindres à vent la plus grande course possible.

On doit conclure des deux considérations précédentes que, dans une soufflerie devant produire un volume de vent donné, pendant l'unité de temps, le diamètre du cylindre à vent et la longueur de course doivent être aussi grands que possible pour que le rendement en volume de vent soit maximum et le frottement des garnitures, ainsi que les fuites, soient des minima.

Ces grandes cylindrées ont encore un avantage qui est de réduire au minimum le nombre des courses du piston à vent par minute, et aussi le nombre des battements des clapets d'aspiration d'air et de refoulement; or, ce qui en général limite la production maximum d'une soufflerie est autant la vitesse de piston que le nombre de ses changements de course.

Quand, en effet, dans une soufflerie donnée, on dépasse un certain nombre de tours, il en résulte des chocs, des tremblements qui semblent insupportables et dangereux à sa conservation et forcent à la faire marcher plus lentement.

L'usure des clapets, leur déchirement se produit aussi beaucoup plus par les battements qu'ils ont à supporter à chaque fin de course du piston à vent que par la pression à laquelle ils sont

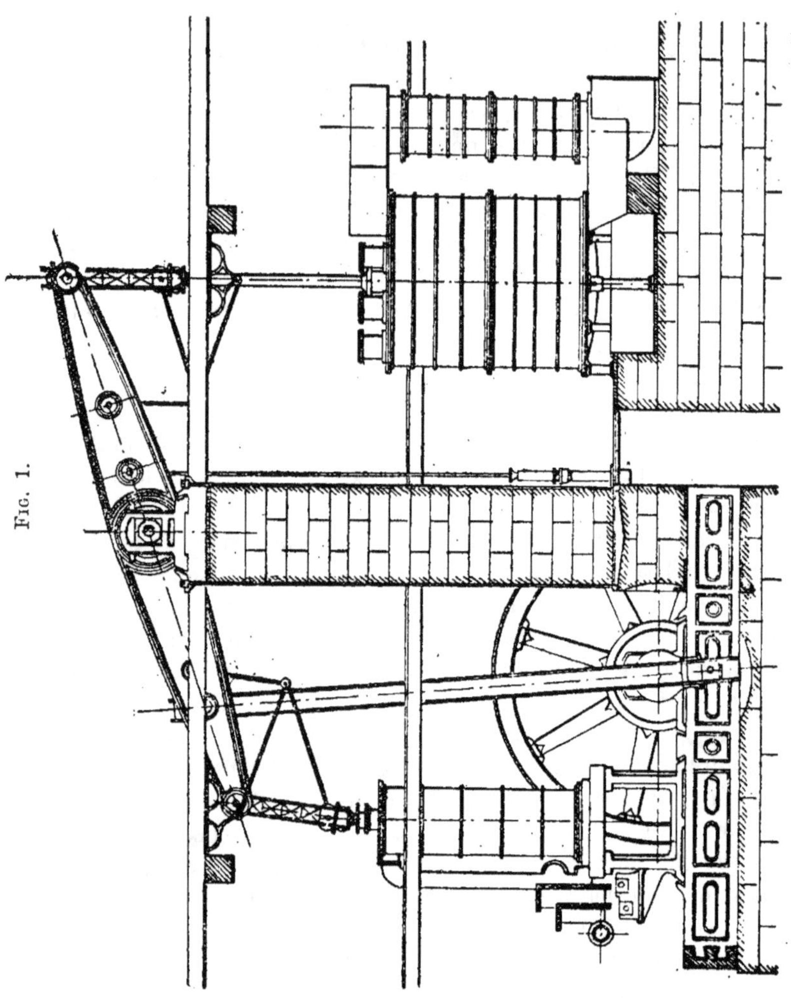

Fig. 1.

soumis. Donc, une soufflerie avec longue course et peu de changements de direction de mouvement du piston à vent permettra plus d'élasticité dans sa production de vent qu'une machine à courses plus faibles et plus répétées.

En règle générale, tout en se maintenant dans des limites raisonnables et se gardant d'exagération, on doit adopter pour les pistons à vent le plus grand diamètre et la plus grande longueur de course possibles.

En Angleterre, quelques usines ont depuis longtemps accepté ce principe : Dowlais, Ebbw-Wale, et n'ont pas craint l'une et l'autre d'employer des pistons à vent de 3^m,66 de diamètre et de course.

Quoique ces colossales souffleries ne soient pas de construction irréprochable, leurs propriétaires s'en disent satisfaits ; celle de Dowlais a été construite en 1851 et celle d'Ebbw-Wale en 1866.

Voici, d'après le *London Journal of Arts* (avril 1858), la description de la première de ces machines soufflantes (fig. 1).

« Le cylindre soufflant a 3^m,658 (144 pouces) de diamètre, la course du piston est de 3^m,658 (12 pieds), il fait 20 courses doubles par minute, la pression du vent est de 0 kg. 25 (3 1/4 livres par pouce carré).

« Le tuyau à vent a 1^m,524 (5 pieds) de diamètre et environ 128^m (140 yards) de long. ; il remplit donc le but d'un régulateur de pression. La surface des soupapes d'entrée d'air est de 5^{m2},202 (56 pieds carrés) et celle des soupapes de refoulement est de 1^{m2},486 (16 pieds carrés).

La quantité de vent sortant à la pression ci-dessus, par minute, est de 1,246^{m3},3 (44,000 pieds cubes). Le cylindre à vapeur a 1^m,397 (55 pouces) de diamètre et 3^m,962 (13 pieds) de course de piston ; il marche avec environ 4 atmosphères (60 livres par pouce carré) de pression et développe une force de 650 chevaux. L'admission de vapeur est interceptée quand le piston a fait environ le tiers de sa course et cela au moyen d'un tiroir principal situé derrière le cylindre. Il se trouve aussi une petite soupape particulière pour pouvoir régler la machine à la main pour sa mise en marche.

Les lumières du cylindre à vapeur ont 610 $^m/_m$ (24 pouces) de large et 127 $^m/_m$ (5 pouces) de long et le tiroir a une course de

279 $^m/_m$ (11 pouces) avec 13 $^m/_m$ (1/2 pouce) de rebord. La machine marche sans condensation et la vapeur d'échappement passe dans un réchauffeur cylindrique de 2^m,134 (7 pieds) de diamètre et 10^m,973 (36 pieds) de long, qui contient l'eau d'alimentation des chaudières.

« Sous le cylindre à vapeur existe un échafaudage en fonte pesant environ 75 tonnes et une fondation de 283^{m3},3 (10,000 pieds cubes) bâtie avec de grosses pierres de taille en calcaire, dont quelques-unes pèsent plusieurs tonnes.

« Le balancier est coulé en deux parties, dont chacune pèse environ 16,5 tonnes, et le poids total chargeant l'axe du balancier est de 44 tonnes ; il a 12^m,217 (40 pieds 1 pouce) de longueur entre les deux tourillons extrêmes et se relie, entre le cylindre à vapeur et l'axe du balancier, à la manivelle du volant, par une bielle en bois de chêne prise dans une armature en fer qui s'étend à toute sa longueur.

« Les portées de l'axe du balancier reposent par leur palier sur un mur de 2^m,134 (7 pieds) d'épaisseur qui traverse le bâtiment contenant la machine ; ce palier est ancré par des tirants de 76 $^m/_m$ (3 pouces) de diamètre.

« Le volant a 6^m,706 (22 pieds) diamètre et pèse environ 35 tonnes.

« 8 chaudières Cornwal servent à la production de vapeur, chacune a 12^m,80 (42 pieds) de long et 2^m,134 (7 pieds) de diamètre ; elles sont fabriquées de la meilleure tôle Staffordshire et contiennent, d'un bout à l'autre, de larges tuyaux de 1^m,219 (4 pieds) dans lesquels pose une grille de 2^m,743 (9 pieds) de long.

« Pendant quelque temps cette machine fournissait le vent à 8 fourneaux de 4^m,877 (16 pieds) jusqu'à 5^m,486 (18 pieds) de diamètre au ventre ; maintenant (1858) elle fournit, aidée de 3 autres petites machines, du vent à 12 hauts-fourneaux dont quelques-uns produisent plus de 235 tonnes de bonne fonte brute par semaine ; la production totale de ces 12 hauts-fourneaux est d'environ 2,000 tonnes fonte brute par semaine. »

Cette soufflerie, baptisée *Merthyr Guest*, fut construite, d'après les plans de l'ingénieur Samuel Truran, à l'usine même ; avant d'être détrônée par la nouvelle machine de la Compagnie d'Ebbw-Vale, elle était la plus grande machine soufflante du monde. Construite en 1856, la machine d'Ebbw-Vale, nommée la *Darby*, en l'honneur de l'un des premiers fondateurs de la Compagnie, est la plus grande machine soufflante qui ait été faite ; elle a un cylindre soufflant des mêmes dimensions que celui de Dowlais, mais le cylindre à vapeur est plus grand.

C'est une machine à balancier symétrique, avec la bielle du volant articulée entre le centre d'oscillation et la tige du piston moteur. Le balancier est en fonte à l'air froid de Pontypool, formé de deux flasques distantes de $0^m,90$ environ et hautes de $2^m,14$ en leur milieu. La grande bielle est une solide pièce de forge à jour, rempli de chêne anglais bien serré ; elle a $9^m,607$ de longueur de centre en centre.

Voici les principales dimensions de cette soufflerie (1) :

Cylindre à vapeur......   diamètre $1^m,83$, course $3^m,66$.
Cylindre soufflant......   diamètre $3^m,66$, course $3^m,66$.
Balancier.............   longueur 11 mètres.
Volant................   diamèt. $9^m,35$, poids : plus de 80 tonn.
Arbre carré........... $d = 0^m,475$, poids : 8 tonnes.
Tourillon............. $d = 0^m,40$ $l = 0^m,61$.
Distribution de vapeur à soupapes à double siège.
Surface des clapets d'aspiration d'air, 1/5 de surface de piston.
Surface des clapets de refoulement   1/5   —
Nombre de tours par minute, 15 à 17.

Cette machine en faisant 17 tours devait souffler 4 hauts-fourneaux et 2 feux de finerie avec une pression de 208 millimètres de mercure ; elle était alimentée par 9 chaudières chauffées par les gaz de 3 fourneaux, avec de la vapeur à 2 atmosphères 3/4. Mais, peu de temps après sa mise en train (août 1866), il survint divers accidents qui obligèrent à changer un grand nombre de pièces de la machine : l'arbre cassa ; le volant, dont le poids primitif n'était que de 8,000 kilog., perdit son aplomb ; il était trop léger ainsi que ses paliers. On donna aux tourillons du nouvel arbre, forgé par la Compagnie de Millwall, $0^m,50$ de diamètre et $0^m,90$ de longueur, au lieu $0^m,40$ et $0^-,61$; les nouveaux paliers furent portés à 10 tonnes chacun, au lieu de 3 tonnes ; et le nouveau volant à 40 tonnes.

(1) M. S. Jordan, *Revue de l'Exposition de 1867* et *Album du Cours de Métallurgie*.

A une époque où les dimensions des hauts-fourneaux et leur production étaient aussi faibles, par rapport à celles de l'époque actuelle, il pouvait être douteux qu'il soit convenable d'établir des machines soufflantes aussi monstrueuses, parce que chaque accident ou arrêt de soufflage pouvait mettre en détresse ou hors marche toute une file de hauts-fourneaux.

L'emploi de souffleries plus faibles était prudent, parce que leur service, leurs réparations sont beaucoup plus faciles et leur suspension de marche est moins préjudiciable aux usines ; cependant, sur le continent, où les hauts-fourneaux sont encore loin d'atteindre les productions journalières des hauts-fourneaux d'Amérique, on ne craint pas d'approcher des énormes souffleries de Dowlais et d'Ebw-Vale, puisque nous voyons que les nouvelles machines soufflantes du Creusot ont reçu les dimensions suivantes :

Fig. 2

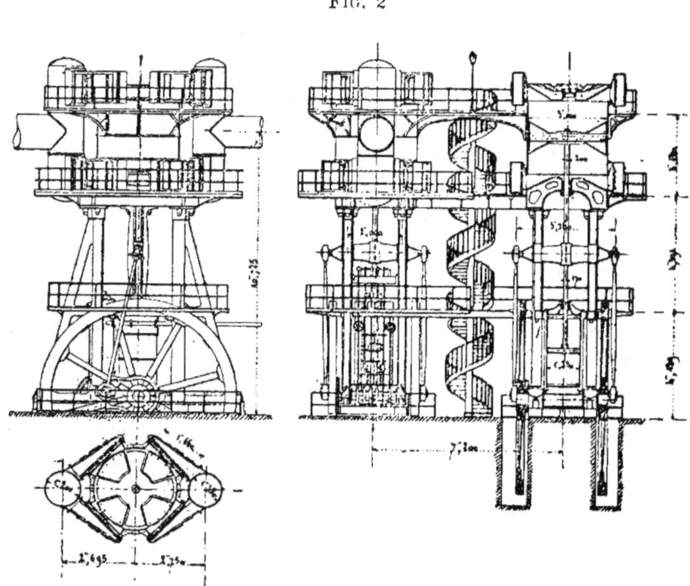

Cylindre à vapeur................ diamètre 1ᵐ,25 (fig. 2)·
Cylindre soufflant................ diamètre 3 mètres.
Course commune des pistons...... —   2ᵐ,50.

Pression effective de la vapeur dans
le cylindre moteur............ 4 kilog. par $^{cm^2}$.
Nombre de tours par minute....... 12.
Pression du vent................ 0^m,20 de mercure.
Volume insufflé par minute........ 300 mètres cubes.
Surface du piston soufflant........ 7^{m2},07 $= A$.
Section des orifices d'aspiration et
de refoulement................ 1^{m2}66 $= 0,235A$.

Les nouvelles machines soufflantes, type III, de la Société John
Cockerill, à Seraing, ont les dimensions suivantes :

Cylindre à vapeur, diamètre du
grand...................... 1^m,20 (Pl. 1 et 2).
Cylindre à vapeur, diamètre du petit 0^m,85.
Cylindre soufflant, diamètre .... 3 mètres.
Course commune des pistons....... 2^{m}50.
Nombre de tours par minute, en
marche normale............... 12,5.
Pression du vent................ 0^m,25 de mercure.
Volume insufflé, par minute........ 323 mètres cubes.

Les souffleries de la Société anonyme des Ateliers de construction de la Meuse, à Liège, présentent les dimensions suivantes
(Pl. 3, 4 et 5) :

Grand cylindre à vapeur, diamètre................... 1^m,20
        Course du piston........................... 2^m,45
Petit cylindre à vapeur, diamètre.................... 0^m,85
        Course de piston........................... 1^m,92
Cylindre soufflant, diamètre........................ 3 m.
        Course du piston........................... 2^m,45
Nombre de tours, en marche normale................. 12
Section des orifices d'aspiration, environ 50 0/0 ⎫ de la surface
   —   de refoulement, env. 12 0/0 ⎭ du piston soufflant

Dans une usine, le desiderata du soufflage devrait être l'unité ;
c'est-à-dire que chaque haut fourneau devrait posséder sa machine
soufflante, avec une machine de réserve pour tout le groupe ; et,

comme il n'est pas douteux que, sur le continent, on ne soit amené aux énormes productions journalières des hauts-fourneaux américains, nécessairement on arrivera aussi aux souffleries plus puissantes et plus monstrueuses que celles de notre époque actuelle.

Quand on arrive à des souffleries de cette puissance, la position horizontale ou verticale du cylindre à vent n'est plus indifférente; en général, elle est autant le résultat des considérations d'ensemble de la construction que des considérations locales et presque toujours la position verticale l'emporte ; avec elle, en effet, l'on n'a pas à cuper des frottements de lourds pistons (1), l'usure

FIG. 3

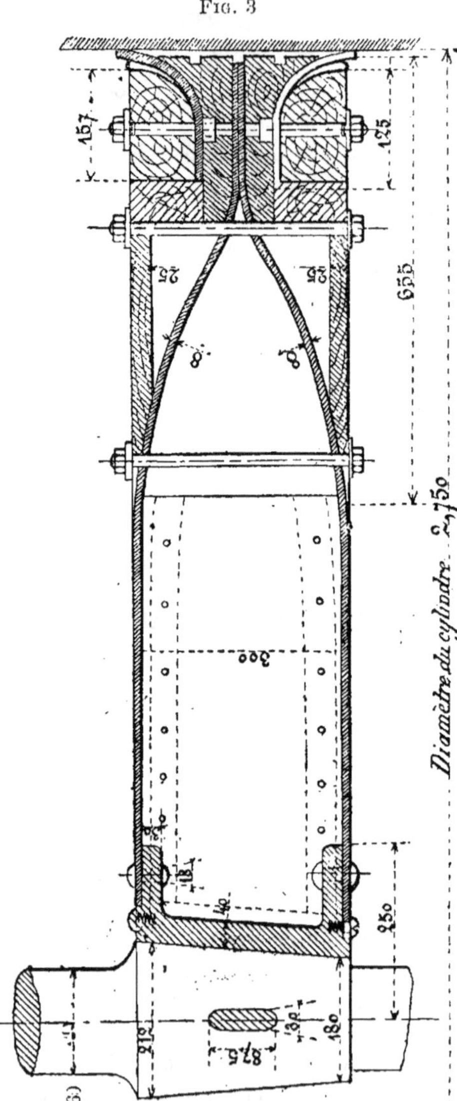

(1) Dans la soufflerie Cockerill, type III, le poids du piston soufflant et de sa tige dépasse 5,000 kilog.

des garnitures est faible et uniforme, ainsi que celle du cylindre ; mais cette position entraîne presque toujours avec elle la vertica- lité du moteur, disposition moins favorable que la position horizontale au montage facile, à la surveillance, à la visite, l'en- tretien, au graissage des pièces mobiles plus ou moins accessibles.

Il existe cependant quelques usines, celles de Hayange entre autres, dans lesquelles la position horizontale des cylindres à vent est préférée à la position verticale, quoique le diamètre intérieur de ses cylindres soufflants soit de 2ᵐ,75.

C'est en recourant à un artifice de construction assez simple que l'on est parvenu à rendre à peu près satisfaisant le fonctionnement

Fig. 4

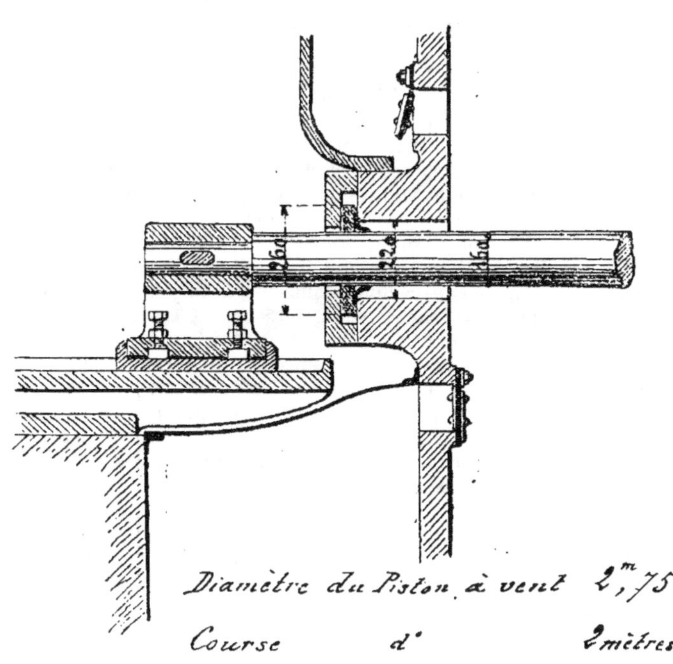

de pistons de si grands diamètres dans des cylindres horizontaux.

Les pistons ont été faits, aussi légers que possible, en tôle attachée sur un croisillon en fer claveté sur la tige (1) (fig. 3). En plaçant une glissière à l'avant et une autre à l'arrière du cylindre à vent et en rendant mobiles les garnitures de la tige du piston dans leur traversée des fonds du cylindre (fig. 4). on arrive à ne donner à cette tige pour points d'appuis, en quelque point que ce soit de la longueur de sa course, que chacune de ses deux extrémités reposant par de larges patins sur les glissières d'avant et d'arrière. De la sorte, la flexion de la tige, sous son propre poids et celui du piston qui est en son milieu, demeure constante pendant son mouvement, et il suffit, à l'aide de vis de réglage disposées au-dessus des patins des coulisseaux, de relever les extrémités de cette tige de toute la hauteur de la flèche prise par le milieu de la tige pour que l'axe du piston vienne coïncider avec l'axe du cylindre et que cette coïncidence ne cesse d'exister en quelque point que ce soit de la course ; ce seront les garnitures mobiles des fonds de cylindre qui se déplaceront verticalement à mesure que l'amplitude de la flèche qui les atteindra décroîtra ou augmentera par l'effet du rapprochement ou de l'éloignement des coulisseaux des fonds du cylindre.

(1) Dans les souffleries horizontales des forges de MM. de Wendel, le piston à vent est en tôle emboutie et rivée sur un croisillon en fer calé sur la tige ; un revêtement en bois sert en même temps à fixer les cuirs formant la garniture du piston, et à réduire l'espace nuisible compris entre ce piston et les fonds du cylindre. Ce piston est porté par une tige pleine, en fer, de 160 millimètres de diamètre ; il est à peu près situé au milieu de cette tige, et lui communique une flèche d'environ 15 millimètres, quand elle repose sur ses deux extrémités. C'est de cette quantité que sont relevées, à l'aide des vis de réglage, les crosses clavetées aux extrémités de la tige de piston et par suite l'axe du piston à vent.

La garniture ou obturation, à la traversée des fonds du cylindre par la tige, est obtenue tout simplement par une couronne en bois sur laquelle est clouée une rondelle en cuir recourbée et embrassant la tige de telle façon que la pression de l'air appuie le bord libre du cuir contre la tige traversant cette rondelle.

L'ensemble de cette garniture très légère est maintenu dans une sorte de boîte boulonnée après les fonds du cylindre et peut y jouer librement dans le sens vertical, pour suivre la flèche correspondant à chacune des sections transversales de la tige.

II

TRAVAIL MOTEUR ET TRAVAIL RÉSISTANT DANS LES MACHINES SOUFFLANTES

Nous ne pouvons nous rendre compte de la nécessité qui existe d'appliquer aux souffleries un moteur qui leur soit spécialement approprié, sans examiner au préalable et en détail ce qui se passe dans un cylindre à vent pendant l'instant qui précède et celui qui suit la période de refoulement.

Ainsi que nous l'avons déjà fait remarquer précédemment, un certain espace doit être réservé entre le piston à fin de course et les fonds du cylindre à vent pour prévenir le heurt et le défoncement de ces derniers, par le piston, à la suite d'usure des coussinets dans les articulations, d'allongement des tiges ou de défectuosités de montage. Quelquefois ce jeu est encore augmenté, comme dans la plupart des cylindres à vent horizontaux, pour permettre l'ouverture des clapets d'aspiration. Dans la plupart des cylindres à vent verticaux, cet espace s'augmente encore du vide assez considérable existant à l'intérieur des chapelles sur lesquelles sont disposés les clapets. Cet espace vide est augmenté bien plus encore dans les machines, telles que les souffleries sans volant, ne possédant aucun organe pour limiter d'une façon absolument certaine les longueurs de course du piston à vent. Enfin, on rencontre encore cet espace, non prévu ici, mais existant quand même, dans les pistons à vent creux, dans ceux en tôle surtout, dont on ne s'est pas assuré, avant la mise en place, de la parfaite imperméabilité au vent.

L'espace total qui en résulte est quelquefois supérieur au 1/20 de la cylindrée et est rempli à fin de course par de l'air qui y reste momentanément emprisonné, après la période de compression.

En rétrogradant, le piston à vent est donc soumis à l'action de cet air comprimé qui va se détendre jusqu'à être ramené à la pression atmosphérique, après les quelques premiers centimètres de la course du piston. Ce n'est qu'à partir de cet instant que pourront s'ouvrir les clapets d'aspiration.

Tandis qu'à l'origine de son parcours rétrograde, le piston est poussé sur l'une de ses faces par l'air comprimé qui se détend, son autre face doit refouler devant elle la cylindrée d'air aspirée précédemment.

Cette cylindrée d'air exige avant toute évacuation dans le réservoir un certain travail préalable de compression qui, en réduisant le volume d'air, doit l'amener à la même tension que celle de l'air existant dans le réservoir. Ce n'est qu'après que ce degré de compression aura été atteint que les clapets de refoulement, en s'ouvrant, livreront passage à l'air comprimé, refoulé dans le réservoir par le piston achevant sa course.

Le travail de compression qu'il a été nécessaire de développer est allé en croissant avec la pression de la cylindrée d'air (pression en excès sur la pression atmosphérique) qui, de nulle qu'elle était à l'origine de la course, a atteint son maximum au commencement de l'évacuation pour demeurer constante pendant toute sa durée ; il en est de même du travail de refoulement.

C'est ce qu'il est facile de constater en relevant un diagramme pendant une course de piston sur un cylindre à vent quelconque, mais dans lequel l'aspiration et le refoulement de l'air se font au moyen de clapets. On peut, du reste, aussi s'en rendre compte au moyen du calcul.

Soit   A, la surface du piston soufflant ;
   C, sa longueur de course ;
  dAC, l'espace nuisible (par exemple $d = \dfrac{AC}{50} = 0,02AC$) ;
   P, la pression du vent sur l'unité de surface ;
   dans le réservoir d'air ;
   p, la pression atmosphérique ;

A l'instant de la fin de course du piston, par suite de l'air comprimé existant dans l'espace nuisible, la pression sur l'unité de surface de l'une des faces du piston soufflant sera $P + p$, tandis que sur son autre face, elle ne sera que p ; après avoir fait un léger chemin mC, la pression du vent devient :

$$(\text{P} + p)\,\frac{d\text{AC}}{d\text{AC} + m\text{CA}} = (\text{P} + p)\,\frac{d}{d + m}$$

de l'autre coté :

$$p\,\frac{d\text{AC} + \text{AC}}{d\text{AC} + \text{AC} - m\text{CA}} = p\left(\frac{d + 1}{d + 1 - m}\right)$$

Ainsi la réaction de l'air comprimé dans l'espace nuisible est, sur le piston, par unité de surface :

$$(\text{P} + p)\,\frac{d}{d + m} - p\left(\frac{d + 1}{d + 1 - m}\right)$$

et ne sera éteinte que lorsque l'on aura :

$$(\text{P} + p)\,\frac{d}{d + m} = p\left(\frac{d + 1}{d + 1 - m}\right)$$

c'est-à-dire après que la valeur de m sera devenue :

$$m = \frac{d\text{P}\,(d + 1)}{d\,(\text{P} + 2\,p) + p}$$

A partir de cet instant, l'équilibre existe sur les deux faces du piston et la pression à vaincre par la force motrice est nulle. Les clapets d'aspiration vont s'ouvrir après un nouveau parcours total m_1C tel que l'on ait :

$$(\text{P} + p)\,\frac{d}{d + m_1} = p$$
$$(\text{P} + p)\,d = p\,(d + m_1) = pd + pm_1$$

d'où :

$$m_1 = \frac{\text{P}d}{p}$$

Si nous admettons qu'à partir du moment de l'ouverture des clapets la face du piston qui se retire demeure jusqu'à la fin de sa

II. TRAVAIL MOTEUR ET TRAVAIL RÉSISTANT

course soumise à la pression atmosphérique, la contre-pression par unité de surface exercée sur l'autre face par la compression de l'air sera, pour un nouveau chemin total parcouru m_2C, égale à :

$$p\left(\frac{d\text{AC} + \text{AC}}{d\text{AC}+\text{AC}-m_2\text{CA}}\right) - p = p\left(\frac{d+1}{d+1-m_2}\right) - p = p\left(\frac{d+1}{d+1-m_2} - 1\right)$$

Les clapets de refoulement s'ouvriront et la contre-pression à vaincre par la force motrice deviendra constante et égale à P après le chemin total parcouru m_3C, dès que l'on aura :

$$p\left(\frac{d\text{AC} + \text{AC}}{d\text{AC} + \text{AC} - m_3\text{CA}}\right) - p = \text{P}$$

ou bien :

$$p\left(\frac{d+1}{d+1-m_3}\right) = \text{P} - p$$

d'où :

$$m_3 = \frac{\text{P}}{\text{P} + p}(d+1)$$

ou encore, si on néglige l'influence de l'espace nuisible :

$$m_3 = \frac{\text{P}}{\text{P} + p}$$

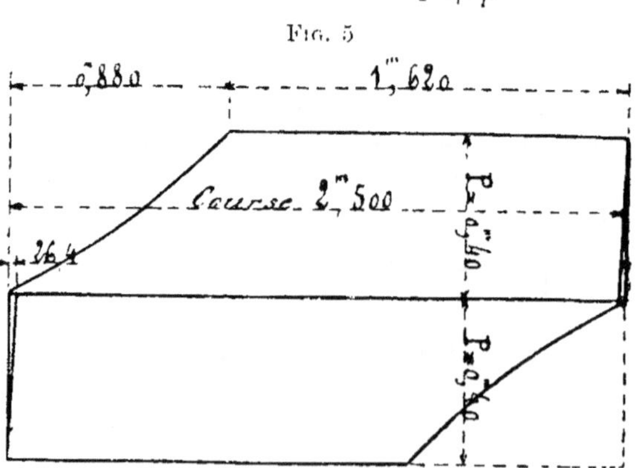

Fig. 5

Le tracé, à une certaine échelle d'abcisses et d'ordonnées, du diagramme (fig. 5), correspondant à une pression P $=$ 0^m,40 de mercure (pression que l'on devrait pouvoir réaliser dans toute soufflerie nouvellement nstallée), à une longueur de course C $=$ 2^m,50, pour le piston à vent, et à un espace nuisible de $\dfrac{1}{50}$ AC (espace nuisible $d = 0,02$ qui ne devrait jamais être dépassé dans une bonne soufflerie) montre la marche de la pression de l'air durant une course double du piston. Il a été obtenu en calculant les valeurs de mC, m_1C, m_3C, d'après :

$$m = \frac{d\mathrm{P}\,(d + 1)}{d\,(\mathrm{P} + 2p) + p} = \frac{0,02 \times 0,40\,(0,02 + 1)}{0,02\,(0,40 + 2 \times 0,76) + 0,76} = 0,0102$$

d'où $\qquad m\mathrm{C} = 0,0102 \times 2^{\mathrm{m}},50 = 0^{\mathrm{m}},0255$

$$m_1 = \frac{\mathrm{P}d}{p} = \frac{0,40 \times 0,02}{0,76} = 0,01055$$

d'où : $\qquad m_1\mathrm{C} = 0,01055 \times 2^{\mathrm{m}},50 = 0^{\mathrm{m}},0264$

et $\quad m_3 = \frac{\mathrm{P}}{\mathrm{P} + p}\,(d + 1) = \frac{0,40}{0,40 + 0,76}\,(0,02 + 1) = 0,351$

d'où $\qquad m_3\mathrm{C} = 0,351 \times 2^{\mathrm{m}},50 = 0^{\mathrm{m}},88$

Il est essentiel de remarquer la poussée à laquelle est soumis le piston à vent à l'origine de sa course rétrograde, le développement progressif de la pression depuis le commencement de la période de compression et enfin la constance de la pression et par conséquent de la force motrice à développer pendant toute la durée de l'évacuation qui, pour ce cas, est un peu inférieure aux 2/3 de la course.

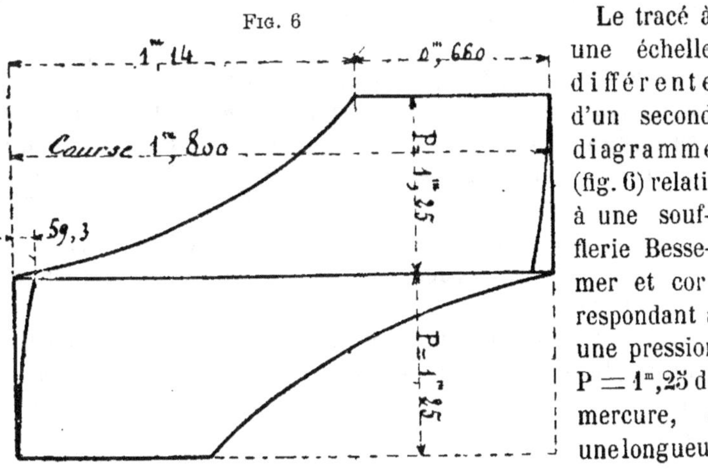

Le tracé à une échelle différente d'un second diagramme (fig. 6) relatif à une soufflerie Bessemer et correspondant à une pression P = 1ᵐ,25 de mercure, à une longueur

de course $C = 1^m,80$ et à un espace nuisible de $\frac{1}{50}$ AC mettra bien
mieux encore en évidence les diverses phrases de la compression
de l'air et de la force motrice qu'il sera nécessaire d'appliquer à
chaque instant de la course pour obtenir la compression d'abord et
ensuite l'évacuation de l'air comprimé.

Ce degré de compression donne lieu aux différentes valeurs
de mC, m_1C et m_3C suivantes :

$$m = \frac{dP(d+1)}{d(P+2p)+p} = \frac{0.02 \times 1.25\,(0.02+1)}{0,02\,(1,25+2\times0,76)+0,76} = 0,0313$$

d'où : $\qquad mC = 0,0313 \times 1^m,80 = 0^m,0562$

$$m_1 = \frac{Pd}{p} = \frac{1.25 \times 0,02}{0,76} = 0,0329$$

d'où : $\qquad m_1C = 0,0329 \times 1^m,80 = 0,0593$

$$m_3 = \frac{P}{P+p}\,(d+1) = \frac{1.25}{1,25+0,76}\,(0,02+1) = 0,632$$

d'où : $\qquad m_3C = 0,632 \times 1^m,80 = 1^m,14$

Ici, la période de compression de l'air s'étend donc presque aux
2/3 de la course.

La simplicité qui s'impose dans des constructions aussi
coûteuses que celle des puissantes souffleries vient dicter pour
ainsi dire l'agencement de leurs organes et demander de les
réduire à leur plus simple expression. C'est ainsi que l'emploi d'un
seul cylindre à vapeur par cylindre à vent est si général, et
presque toujours ce cylindre à vapeur est placé de telle sorte que
le piston à vent soit directement attaqué par le piston à vapeur ;
c'est dans l'hypothèse de cette disposition que nous allons
poursuivre.

Passons maintenant à l'étude du travail de la vapeur dans les
moteurs de souffleries pour arriver à en déduire les meilleures
conditions d'emploi.

La première condition économique à réaliser est évidemment l'application d'une détente aussi étendue qu'il soit raison-
nable de le faire ; c'est-à-dire que, pour obtenir le maximum d'effet
utile de la puissance motrice de la vapeur dans sa détente, il faut

qu'à la fin de la course du piston, la pression de la vapeur détendue dépasse la contre-pression suffisamment pour faire équilibre à toutes les résistances passives de la machine.

Allonger la détente au-delà serait augmenter les résistances nuisibles sans recueillir aucune quantité de travail utilisable, et, de plus, cette prolongation vicieuse de la détente conduirait à une plus grande déperdition de chaleur et demanderait l'adoption de volants plus puissants.

Il résulte de cette limite pratique que la pression de la vapeur à la fin de sa détente dans les puissantes souffleries doit être supérieure à la contre-pression d'au moins $0^{kg},50$ par centimètre carré, afin de pouvoir vaincre les résistances passives de la machine, et, suivant que ces machines sont à condensation ou non, que la pression finale doit être de :

$$0^{kg},15 + 0^{kg},50 = 0^{kg},65, \text{ au moins,}$$

dans les machines marchant avec condensation, la contre-pression due au condenseur se rapprochant habituellement de :

$$0^{kg}15, \text{ par centimètre carré;}$$

et de $\qquad 1^{kg},15 + 0^{kg},50 = 1^{kg},65, \text{ au moins,}$

dans les machines marchant à échappement libre, la contre-pression atmosphérique atteignant $1^{kg},10$ à $1^{kg},20$ et quelquefois plus, quand l'échappement n'est pas direct, surtout quand la vapeur est utilisée à sa sortie, au chauffage de l'eau d'alimentation des chaudières.

Avec de la vapeur dont la pression par centimètre carré est comprise entre $4^{kg},5$ et 5^{kg}, telle qu'on l'emploie habituellement dans les usines du continent, la limite pratique de détente serait donc comprise entre :

$$\frac{4,5}{0,65} = 7 \text{ et } \frac{5}{0,65} = 7,7$$

dans les machines à condensation, et entre :

$$\frac{4,5}{1,65} = 2,72 \text{ et } \frac{5}{1,65} = 3,03$$

dans les machines sans condensation. Pour obtenir la détente 5 dans ces dernières, il faudrait que la pression initiale de la vapeur fût portée à :

$$5 \times 1^{kg},65 = 8^{kg},25$$

et encore, doit-on tenir compte : 1° de ce que la pression dans la boite à vapeur d'un cylindre est le plus souvent inférieure de $0^{kg},1$ à $0^{kg},2$ à celle existant dans la chaudière, et 2° de la différence qui existe entre la détente nominale et la détente effective, cette dernière étant toujours inférieure à la première par le fait des espaces nuisibles se composant des conduits depuis la table du tiroir jusqu'à l'intérieur du cylindre, de l'espace réservé entre le piston à fin de course et les fonds ; ce dernier espace, par nécessité de construction, conserve toujours une certaine valeur de 20 à 25 millimètres dans les puissantes machines ; mais on évite la répétition de l'espace nuisible en augmentant la course par rapport au diamètre, ce qui diminue le nombre des courses pour une même vitesse de piston. On réduit aussi l'effet de cet espace nuisible par la compression finale de la vapeur détendue.

Si nous appelons V_0 le volume de vapeur admise à pleine pression dans le cylindre, V' le volume de l'espace nuisible, et V le volume de la cylindrée après la détente, le volume total de vapeur effectivement dépensé par course simple du piston sera $V_0 + V'$, le volume total après la détente sera $V + V'$, la détente effective sera donc :

$$\frac{V + V'}{V_0 + V'}$$

tandis que la détente nominale est :

$$\frac{V}{V_0}$$

et comme V' est rarement inférieur à $0,05V$, en admettant cette dernière valeur, si l'on fait $V_0 = 1$ et $\frac{V}{V_0} = 5$, on obtiendra pour détente effective correspondante :

$$\frac{V + V'}{V_0 + V'} = \frac{5 + 0,25}{1 + 0,25} = 4,2 \text{ seulement}$$

ou, en faisant $\dfrac{V}{V_o} = 7$:

$$\frac{V + V'}{V_o + V'} = \frac{7 + 0.35}{1 + 0,35} = 5,45$$

Il y a donc tout intérêt à réduire le plus possible les espaces nuisibles pour obtenir le bénéfice des grandes détentes.

On annule bien en partie l'influence de l'espace nuisible par la compression de la vapeur à l'arrière du piston ; cette compression détermine en même temps une élévation de température qui atténue les condensations au moment de l'introduction de la vapeur. Le travail absorbé dans cette compression se retrouve au coup suivant et il ne résulte de son emploi qu'une légère augmentation du diamètre du piston pour une force donnée ; la compression a donc pour effet de diminuer le poids de vapeur réellement dépensée ; mais cette compression absorbe quand même un certain travail. M. de Fréminville, dans son Étude sur les machines Compound, a cherché, en se basant uniquement sur la loi de Mariotte, quelle est la limite de cette compression au-delà de laquelle il n'y a plus économie, il a trouvé ainsi que, pour des machines à condensation et une pression P de vapeur égale à 5^{kg}, la compression limite p correspondait à $p = 0,5P$.

Revenant aux cylindres à vapeur de machines soufflantes, pour fixer les idées, choisissons pour exemple une machine à condensation devant fournir du vent à une pression effective de $0^m,40$ de mercure, en actionnant un piston à vent de 3 mètres de diamètre et $2^m,50$ de course ; en admettant que la pression de la vapeur employée soit de 5^{kg} (pression rarement dépassée en pratique).

Le maximum d'effet utile du travail de la vapeur à une pression initiale de 5^{kg} correspond pratiquement, comme nous l'avons vu, à une détente effective voisine du degré 5, dans une machine à condensation. Adoptons ce degré de détente et supposons que l'attaque du piston à vent s'obtienne directement par le piston à vapeur.

Si nous construisons un diagramme (fig. 7) donnant simultanément la pression de la vapeur et la contre-pression du vent sur leurs pistons respectifs (1), en admettant pour plus de simplicité

(1) Dans ce diagramme (fig. 7) les ordonnées représentent à une

que la vapeur dans sa détente suive la loi de Mariotte et que le
degré de condensation soit absolu (1), l'examen de ce diagramme
nous fera remarquer d'abord que la pression de la vapeur est à
son maximum pendant les premiers instants de la course, alors
que la contre-pression du vent est à son minimum ; et ensuite,
qu'à la contre-pression du vent la plus élevée correspond la plus

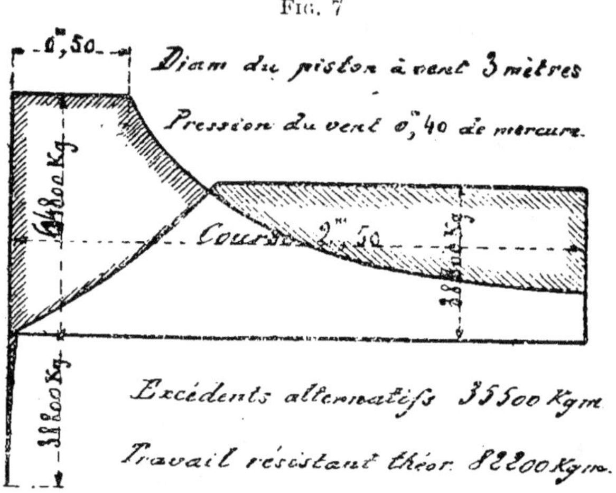

Fig. 7

faible pression de la vapeur, dans les derniers instants de la
course des pistons. Dans ce diagramme composé, les courbes
de pression viennent se couper assez loin de l'origine de la
course, ce point de rencontre donne l'instant pour lequel il
y a égalité entre l'action de la vapeur et la réaction du vent
sur les pistons conjugués. Pendant toute la partie de la course
qui précède cet instant, c'est le travail moteur qui se trouve en
excès sur le travail résistant ; et à partir de cet instant, jusqu'à la

certaine échelle le produit de la pression, par unité de surface, agissant
sur chacun des pistons à vapeur et à vent, par la surface de ces
pistons.

(1) Nous évitons à dessein, dans ce traité élémentaire plutôt pratique
que théorique, tous les facteurs compliqués de l'analyse des phénomènes
qui entrent en jeu dans un cylindre à vapeur pendant l'admission et la
détente de la vapeur, n'ayant en vue que la recherche des moyens de
comparaison des divers systèmes et une estimation relative de leur
valeur comme consommation de vapeur, douceur de marche et élasticité de production de vent.

fin de la course, c'est au contraire le travail résistant qui excède le travail moteur de toute la quantité dont précédemment le travail moteur surpassait le travail résistant.

La quadrature de la partie de surface des diagrammes représentant ces excès alternatifs du travail moteur et du travail résistant l'un sur l'autre nous donne environ $35,500^{kg}$ qui doivent être tour à tour absorbés et restitués par l'inertie des pièces mouvantes de la machine. Or, par rapport au travail résistant qui est d'environ $82,200^{kg}$, si l'on ne tient compte des résistances passives développées pendant le mouvement de la machine (1), cette quantité de

(1) Dans un cylindre à vent de 3 mètres de diamètre, de $2^m,50$ de course du piston comprimant l'air à la pression $0^m,40$ de mercure, la longueur de course de compression étant $0^m,83$, l'excédent $1^m,62$ de course correspondra à l'échappement du vent dans le réservoir.

La surface du piston sera :

$$\frac{\pi D^2}{4} = \frac{3,1416 \times 9}{4} = 7^{m2},0685$$

et le volume de la cylindrée d'air sera :

$$7^{m2},0685 \times 2^m,5 = 17^{m3},67$$

Suivant la loi de Mariotte, le travail résistant développé pendant une course simple du piston à vent sera :

$$T_r = 10,000 \left(PV_0 + PV_0 \log. \text{hyp.} \frac{V}{V_0} - pV \right)$$

Expression dans laquelle :

     P est la pression absolue de l'air comprimé ;
     p est la contre-pression ou pression atmosphérique ;
     V_0 est le volume d'air comprimé ;
     V est le volume d'air avant la compression.

$$P \text{ est égal à : } \frac{1^{kg},033 \,(0,40 + 0,76)}{0,76} = 1^{kg},58$$

$$p \text{ est égal à : } 1^{kg}.033$$

$$V_0 \text{ est égal à : } \frac{17^{m3},67 \,(0,40 + 0,76)}{0,76} = 11^{m3},50$$

et   V est égal à $17^{m3},67$

La valeur $\dfrac{V}{V_0} = \dfrac{17,67}{11,50} = 1,58$ et log. hyperb. $1,58 = 0,432$

Remplaçant, dans l'expression du travail résistant T_r, les quantités P, V_0, V et p par leur valeur, il vient :

$$T_r = 10,000 \,(1,58 \times 11,59 + 1,58 \times 11,59 \times 0,432 - 1,033 \times 17,67)$$

En effectuant, on trouve :

$$T_r = 186,000^{kgm} + 78,200^{kgm} - 182,000^{kgm} = 82,200^{kgm}$$

Le travail résistant correspondant à la période de compression de l'air est :

$$T = 78,200^{kgm} - 1,033 \,(17,67 - 11,59) \, 10,000 = 14,200^{kgm}$$

travail, alternativement en excès et en défaut dans une même course simple, est considérable et exige pour être absorbée de très fortes masses mobiles, si l'on ne veut tomber dans une vitesse excessive des organes en mouvement. Ainsi, si cette machine

et le travail résistant correspondant à la période de refoulement de l'air dans le réservoir est :

$$T_c = 186,000^{kgm} - 1,033 \times 11,59 \times 10,000 = 68,600^{kgm}$$

Pendant toute la durée de la période de refoulement de l'air dans le réservoir, la pression sur le piston à vent est :

$$7^{m2},0685 \times 10,000 \, (1,58 - 1,033) = 38,800^{kg}$$

Enfin, à l'origine de la course rétrograde du piston à vent, l'air emprisonné dans l'espace nuisible réagit en développant dans sa détente une quantité de travail T_d égale à :

$$T_d = 10,000 \left(Pv_0 \, \text{log. hyp} \, \frac{v}{v_0} - p \, (v - v_0) \right)$$

Dans cette expression $P = 1^{kg},58$ et $p = 1^{kg},033$, comme précédemment v, le volume de l'espace nuisible que nous avons admis égal à $\frac{1}{50}$ AC est :

$$v = \frac{1 \times 17^{m3},67}{50} = 0^{m3},3535$$

v_0, le volume de l'air de l'espace nuisible, après que, par sa détente, il a été ramené à la pression atmosphérique, est égal à :

$$v_0 = \frac{0^{m3},3535 \times 1,58}{1\,033} = 0^{m3},5385$$

Remplaçant ces différentes quantités par leur valeur dans l'expression du travail de la détente de l'air de l'espace nuisible, il vient :

$$T_d = 10,000 \, [1,58 \times 0,3535 \, \text{log. hyp.} \, \frac{v}{v_0} - 1,033 \, (0,5385 - 0,3535)]$$

et comme $\qquad \dfrac{v}{v_0} = \dfrac{0,5385}{0,3535} = 1,58 \qquad\qquad \text{log. hyp.} \, \dfrac{v}{v_0} = 0,432$

d'où $\qquad\qquad T_d = 10,000 \, (0,242 - 0,191) = 510^{kgm}$

Cette quantité de travail, en regard de celle correspondant à une course simple du piston à vent ($82,200^{kgm}$) est évidemment négligeable ; mais ce qui ne l'est pas, c'est l'énorme pression de $38,800^{kg}$ que l'air comprimé dans l'espace nuisible laisse sur le piston à l'origine de sa course rétrograde.

En admettant que, dans cette soufflerie, la course du piston à vapeur soit égale à celle du piston à vent, que la pression absolue de la vapeur soit de 5^{kg} par centimètre carré et que le degré de détente soit égal à 5, il est facile de déterminer le diamètre qu'il conviendrait de donner au piston à vapeur, pour le rendre capable de vaincre le travail résistant qui agit sur le piston à vent dans les conditions admises précédemment.

Dans une machine à détente, le travail moteur de la vapeur est donné

$$T_m = 10,000 \, K \left(PV_0 + PV_0 \, \text{log. hyp.} \, \frac{V}{V_0} - P'V \right.$$

devait, comme les souffleries anglaises primitives, et il en existe encore, n'avoir comme pièces mobiles que ses pistons et leurs tiges, généralement pendus aux extrémités d'un balancier et qui donneraient un poids mouvant moyen d'environ 15,000 kg.

dans laquelle :

K est un coefficient de correction déduit de la pratique, pour cette machine, nous le supposerons égal à 0,80.

P est la pression absolue de la vapeur par cm², il est égal ici à 5kg.

V_0 est le volume de vapeur dépensée par cylindrée.

V est le volume engendré par le piston $= 0,7854\ D^2C$.

P' est la contre-pression, derrière le piston à vapeur, en kg par cm².

Désignons par P'' la pression de la vapeur après sa détente, elle est égale à $\dfrac{PV_0}{V}$;

par D, le diamètre du piston en mètres, sa section $S = \dfrac{\pi D^2}{4}$

est aussi égale à $0,7854 D^2$;

par C, la course du piston $= 2^m,50$.

L'expression précédente du travail moteur peut s'écrire :

$$T_m = 10,000\ KV_0 \left[P \left(1 + \text{log. hyp. } \frac{V}{V_0} \right) - P' \frac{V}{V_0} \right]$$

ou encore $T_m = 10,000\ KV_0P \left(1 + \text{log. hyp. } \dfrac{V}{V_0} - \dfrac{P'V}{PV_0} \right)$

remarquons que $\dfrac{P'V}{PV_0} = \dfrac{P'}{P''}$

puisque $V_0 = \dfrac{VV_0}{V}$ et $V = 0,7854\ D^2\ C$

En fonction des dimensions du cylindre à vapeur, la formule précédente peut s'écrire :

$$T_m = 10,000K \times 0,7854 D^2\ C\ \frac{V_0}{V}\ P \left(1 + \text{log. hyp. } \frac{V}{V_0} - \frac{P'}{P''} \right)$$

et pour $\dfrac{V_0}{V} = \dfrac{1}{5}$ et $C = 2^m,50$

$$T_m = \frac{7,854KD^2 \times 2,5}{5} \times 5 \left(1 + \text{log. hyp. } 5 - \frac{P'}{P''} \right)$$

remarquons qu'ici $P'' = 1$ et faisons $P' = 0^{kg},15$, il viendra :

$$T_m = 7,854 \times 0,8 \times D^2 \times 2,5 \left(1 + 1,61 - \frac{0,15}{1} \right)$$

En effectuant, il vient :

$$T_m = 38,600\ D^2$$

Ayant trouvé précédemment que le travail résistant T_r est égal à $82,200^{kgm}$, égalant T_r à T_m, il vient :

$$82,200^{kgm} = 38,600 D^2$$

(rapporté aux extrémités du balancier), partant du repos, ces pièces acquièreraient, sous l'action de l'excédent de travail moteur développé au commencement de la course, une vitesse que nous pouvons déduire de :

$$T = \frac{MV^2}{2} = \frac{PV^2}{2g}$$

d'où : $$V = \sqrt{\frac{T \cdot 2g}{P}} = \sqrt{\frac{35.500 \times 19.61}{15,000}} = 6^m,82$$

A cause de la simplicité extrême d'une machine ainsi construite, une vitesse aussi considérable pourrait, à la rigueur, encore passer si elle n'avait sur l'admission de l'air et de la vapeur les conséquences les plus graves par les dépressions qu'elle engendre (1),

d'où $$D = \sqrt{\frac{82.200}{38,600}} = 1^m,46$$

La surface de ce piston sera $0,7854 \times \overline{1,46}^2 = 1^{m2},67$.

Et P′ étant égal à $0^{kg},15$, $P = 5^{kg}$, la pression de la vapeur sur ce piston sera, à l'origine de sa course :

$$10,000 \times (5 - 0,15)\, 1^{m2},67 = 81,000 \text{ kg}$$

La réaction de l'air emprisonné dans l'espace nuisible du cylindre à vent venant s'ajouter à la pression de la vapeur à l'origine de course, la pression totale agissant sur l'ensemble du piston à vapeur et du piston à vent sera donc :

$$81,000 + 33,800 = 119,800 \text{ kg}$$

tandis que, théoriquement, en négligeant le coefficient de correction K, on eut trouvé :

$$T_m = 10,000\ V_o \left[P\left(1 + \log.\ \text{hyp.}\ \frac{V}{V_o}\right) - P' \frac{V}{V_o} \right]$$

d'où $T_m = 48,250\ D^2$.

et $$D = \sqrt{\frac{82.200}{48,250}} = 1^m,304$$

La surface de ce piston serait $0,7854 \times \overline{1,304}^2 = 1^{m2},335$;

et pour $P' = 0,15$, $P = 5^{kg}$, la pression de la vapeur sur ce piston, à l'origine de sa course, serait :

$$10,000\ (5 - 0,15)\, 1^{m2},335 = 61,800^{kg}$$

chiffre théorique que nous avons admis dans le diagramme (fig. 7).

(1) Ainsi, dans la construction de cylindres à vapeur de fort diamètre, les lumières d'admission de la vapeur atteignent à peine 1/20 de la surface du piston ; dans ces conditions, avec la vitesse de $6^m,82$ du piston,

et surtout si elle ne conduisait à réserver dans les cylindres à vent et à vapeur des espaces nuisibles exagérés, puisque, pour limiter la course très variable des pistons, il n'existe d'autres organes que les tocs de commande de la distribution de vapeur.

Dans ces machines, en effet, la distribution se fait ordinairement à l'aide de soupapes de Cornwall alternativement soulevées par une tringle, généralement une tige de piston de pompe, conduite par le balancier et portant des tocs réglés à volonté et disposés de telle sorte qu'aux extrémités de course ces tocs ouvrent, d'un côté du piston à vapeur, la soupape de décharge au condenseur ou à l'air libre, et de l'autre côté, la soupape d'admission après que la fermeture de la soupape d'évacuation a été opérée ; la durée de l'ouverture de la soupape d'admission est presque toujours réglée par le jeu d'une cataracte.

Or, si comme cela se produit souvent, en raison soit d'une diminution de la pression du vent (ouverture de tuyères) dans son réservoir, soit d'une augmentation de tension de la vapeur, soit de ces deux causes réunies, le travail moteur développé dans une course devient supérieur au travail résistant, tout son excès de travail se traduira, aux fins de course, en force vive possédée par les pièces mobiles, force vive qui devra être détruite par contre-vapeur pour obtenir du jeu des soupapes l'inversion de marche des pistons. Le coup de vapeur déterminé par l'introduction ne suffit pas toujours pour amener l'arrêt instantané des pistons et souvent ils parcourent encore un certain espace assez étendu, en marchant à contre-vapeur, pour user cette force vive et éteindre leur mouvement.

la vitesse de la vapeur au passage des lumières serait $20 \times 6^m,82 = 136^m$, au lieu de 35 à 40 mètres, vitesse reconnue en pratique comme limite maximum que l'on ne peut dépasser sans qu'il en résulte une dépression très sensible entre la chaudière et le cylindre. Dans les cylindres à vent, on donne à l'aspiration et au refoulement une surface qui, en moyenne atteint à peine 1/4 de celle du piston soufflant, et, comme dans leur plus grande ouverture les clapets ne livrent guère que les 2/5 de la section d'orifice qu'ils recouvrent, avec la vitesse de $6^m,82$ du piston, la vitesse d'entrée d'air dans le cylindre et de refoulement d'air dans le réservoir pourrait atteindre $6^m,82 \times 4 \times \dfrac{5}{2} = 68^m,2$, vitesse excessive et trop nuisible au rendement, par les dépressions qu'elle produit, pour être acceptée.

Dans cette marche avec travail moteur en excès, si l'on ne vient immédiatement régler la durée de l'admission, les causes d'accélération persistant et ne cessant de croître à chaque course augmenteront de plus en plus le parcours à contre-vapeur qui finirait, quelque soit le jeu laissé entre les fonds de cylindre et les pistons à fin de course, par les défoncer, s'ils n'étaient protégés par des heurtoirs portés soit par les tiges, soit par les pistons, soit encore par les extrémités du balancier, dans les machines qui en sont pourvues, venant butter sur des arrêts élastiques qui limitent l'étendue de ces courses désordonnées.

Mais alors, c'est sur le bâtiment de la machine que se reportent les chocs violents qui ont lieu, frappements non seulement désagréables, mais qui encore laissent craindre d'ébranler toute la construction.

Ce système primitif de souffleries, que sa grande simplicité avait fait adopter au début, ne permet que l'application de détente excessivement restreinte ; elles ne fonctionnent sans choc qu'à une vitesse tempérée, 10 à 12 coups doubles par minute, et sont soumises au danger d'emportements ; le jeu laissé entre les couvercles de cylindres et les pistons devant être très grand, les espaces nuisibles dans les cylindres à vent aussi bien que dans les cylindres à vapeur sont considérables.

Les souffleries de ce système doivent donc être absolument proscrites dès que l'on recherche une marche économique ; ce n'est que dans les districts houillers, où l'on était encombré de charbon menu invendable, que leur extrême simplicité a pu en favoriser l'emploi.

Des souffleries de ce genre ont fonctionné longtemps dans les forges de Decazeville, Bessèges et Terre-Noire, en France ; de Gartshérrie et Langloan, en Écosse ; peut-être y existent-elles encore et servent-elles à l'occasion de souffleries de rechange.

Nous venons de voir qu'en pratique la marche de souffleries aussi primitives que celles dont il vient d'être question ne pouvait se concilier qu'avec l'emploi d'une détente de vapeur insignifiante, et, en effet, plus le degré de détente diminue, plus l'excès du travail moteur sur le travail résistant pendant la première partie de la course se réduit, et, par suite, moins les pièces mobiles peuvent s'emporter sous l'action de cet excédent de travail moteur.

Pour le reconnaître, il suffit de tracer quelques diagrammes analogues à celui de la fig. 7 et relatifs aux mêmes conditions de

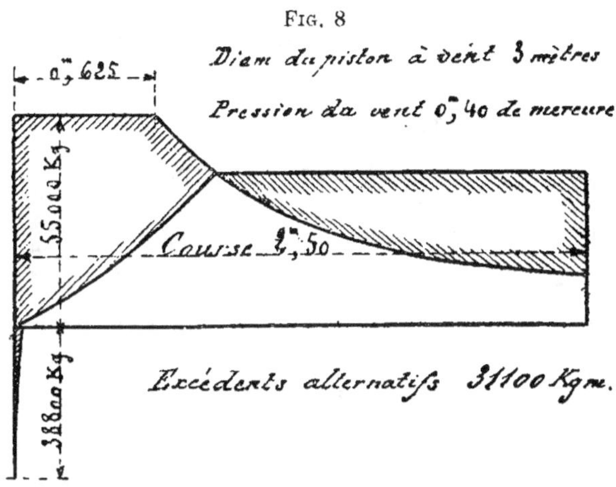

Fig. 8

diamètre et de pression d'air dans le cylindre à vent, et en admettant qu'au lieu de 1/5 d'admission à pleine pression de vapeur, nous n'employions plus que :

1/4 d'admission de la vapeur à pleine pression, diagramme (fig. 8).
1/3   —   —   —   — (fig. 9).
1/2   —   —   —   — (fig. 10).

Fig. 9

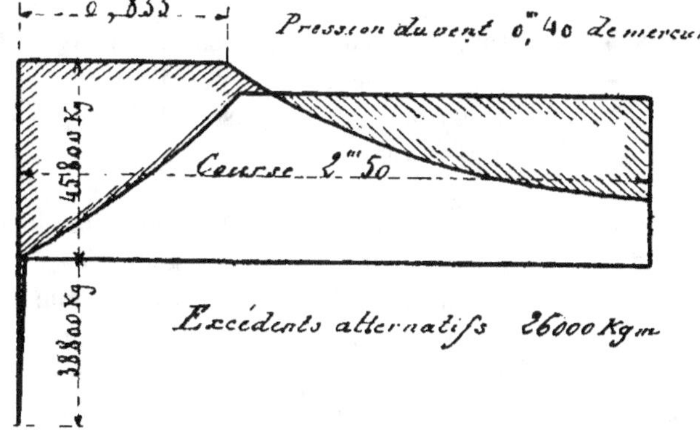

Par la quadrature des parties de surface de ces diagrammes, nous trouvons que dans la marche au degré 4 de détente, les excédents alternatifs du travail moteur sur le travail résistant dans la première partie de la course et du travail résistant sur le

Fig. 10

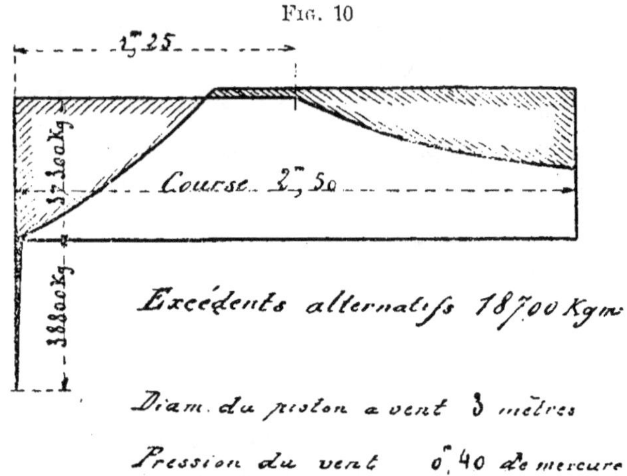

travail moteur à la fin de la course sont d'environ 31,100ᵏᵍᵐ au lieu de 35,500ᵏᵍᵐ qu'ils étaient, pour 82.200ᵏᵍᵐ de travail total, lorsque la détente était effectuée au degré 5.

Ces mêmes excédents descendent à environ 26,000ᵏᵍᵐ pour la marche avec degré de détente 3 et s'abaissent jusqu'à environ 18,700ᵏᵍᵐ dans la marche avec détente pendant la moitié de la course ; c'est-à-dire que dans la détente :

5, les excédents ne sont que peu inférieurs à 1/2 du travail total,

4,   —   sont supérieurs au   1/3   —

3,   —   à peu près équivalents au 1/3   —

2,   —   à peu près le   1/4   —

Le rapport de ces excédents au travail total tend donc à se réduire de plus en plus et la marche de ces souffleries à devenir moins saccadée, plus uniforme, plus douce, à mesure que le degré de détente devient plus faible, que la durée de l'admission de vapeur correspond à la plus grande partie de la course ; mais, même avec une admission pendant toute la longueur de la course

du piston à vapeur, ces excédents ne disparaissent pas, comme le
montre le diagramme (fig. 11), l'excédent alternatif du travail

Fig. 11

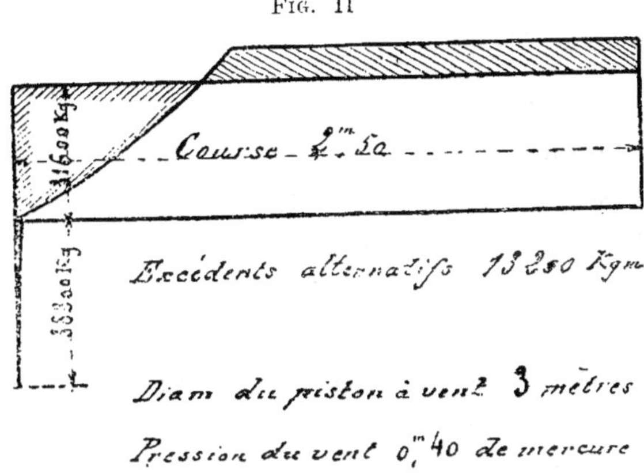

moteur sur le travail résistant et vice-versa est encore d'environ
13,200^{kgm} soit près de 1/6 du travail total. Dans des machines
aussi puissantes et consommant autant de vapeur, c'est trop
chèrement acheter une douceur de marche aussi limitée.

Dans ces souffleries, ajouter au premier un second cylindre à
vapeur, pour les transformer en machines système Woolf, rendre
possible une expansion plus étendue et par suite une moindre
consommation de vapeur, est une amélioration qui permet de
réduire, sans toutefois les éviter, les inconvénients de l'excédent
de travail moteur durant la période de compression de l'air.

En effet, si nous désignons par :

S, la surface du grand piston à vapeur d'une machine système
    Woolf, ou celle du piston unique d'une machine ordinaire,
    produisant le même travail avec le même degré de détente
    que dans la machine Woolf ;
C, la longueur de course du grand piston de la machine Woolf,
    ou du piston simple d'une machine ordinaire ;
s, la surface du petit piston de la machine système Woolf, si la
    course de ce piston est égale à celle du grand piston ;
    s deviendrait arbitraire et devrait être tiré de l'égalité :

$$s_1 c_1 = sC, \text{ d'où } s = \frac{s_1 c_1}{C}$$

si, comme cela a généralement lieu dans les machines à balancier, la course c_1 du petit piston était inférieure à celle du grand piston ;

P la pression de la vapeur, par unité de surface des pistons, avant sa détente ;

p_1 la pression de la vapeur, par unité de surface des pistons, après sa détente dans le petit cylindre ;

p_2 la pression finale de la vapeur détendue ;

q la contre-pression par unité de surface des pistons à vapeur.

Pour une condensation complète, on aurait $q = o$; et pour l'échappement de la vapeur à l'air libre, sans condensation, $q = 1$ kg; c'est-à-dire la pression atmosphérique.

En désignant encore par a la fraction de course à pleine admission de vapeur dans le cylindre de la machine simple et par b la fraction de course à pleine admission dans le petit cylindre de la machine Woolf, en nous basant sur la loi de Mariotte pour l'expansion de la vapeur et sans avoir égard aux espaces nuisibles, nous aurons :

Effort initial sur le piston à vapeur de la machine simple, au commencement de la course :

$$SP - Sq = S(P - q)$$

c'est évidemment là la pression maximum.

A la fin de la course, la pression sera minimum et deviendra :

$$SP \frac{aCS}{CS} - Sq = S(Pa - q)$$

La différence entre les pressions au commencement et à la fin de la course ou entre le maximum et le minimum de pression sera :

$$S(P - q) - S(Pa - q) = SP(1 - a)$$

L'effort initial total sur les **2** pistons à vapeur de la machine système Woolf est, au commencement de la course :

$$sP + (S - s)\, P\, \frac{bCs}{Cs} - Sq =$$

$$= S\left[P\left(\frac{s}{S} + \left(1 - \frac{s}{S}\right)b\right) - q\right]$$

c'est le maximum de pression.

A la fin de la course, la pression sera minimum et égale à :

$$sP \cdot \frac{bCs}{Cs} + (S - s)\, P\, \frac{bCs}{Cs} \cdot \frac{sC}{SC} - Sq =$$

$$S\left[Pb\left(\frac{s}{S} + \left(1 - \frac{s}{S}\right)\frac{s}{S}\right) - q\right]$$

La différence entre la pression au commencement et à la fin de la course ou entre le maximum et le minimum de pression sera :

$$SP\left[(1 - b)\frac{s}{S} + \left(1 - \frac{s}{S}\right)^2 b\right]$$

Si $b = 1$, c'est-à-dire si dans le petit cylindre la course se fait à pleine pression et qu'alors :

$$\frac{s}{S} = a$$

la différence :

$$SP\left[(1 - b)\frac{s}{S} + \left(1 - \frac{s}{S}\right)^2 b\right]$$

devient :

$$SP\,(1 - a)^2$$

Ainsi, à course à pleine admission dans le petit cylindre et égal degré de détente finale, les différences de pression dans une machine simple et dans une machine système Woolf consommant la même quantité de vapeur pour produire la même quantité de travail sont dans le rapport :

$$\frac{SP\,(1 - a)}{SP\,(1 - a)^2} = \frac{1 - a}{(1 - a)^2} = \frac{1 - a}{(1 + a)\,(1 - a)} = \frac{1}{1 - a}$$

de sorte que dans une machine fonctionnant au degré de détente 5, suivant que cette machine serait à un seul cylindre ou du système

Woolf, à 2 cylindres, mais marchant à pleine admission dans le petit cylindre, les différences des pressions de la vapeur sur les pistons seraient dans le rapport :

$$\frac{1}{1-a} = \frac{1}{1-0,20} = 1,25$$

Bien qu'assez sensible, ce rapport n'est pas considérable. Toutefois, il peut être porté au-delà, en répartissant la détente de la vapeur dans les deux cylindres Woolf, c'est-à-dire en faisant déjà commencer la détente dans le petit cylindre.

Mais la répartition de la détente entre ces deux cylindres n'est pas indéterminée et elle doit être faite de telle façon que l'effort initial ou maximum de la vapeur agissant simultanément sur les 2 pistons soit un minimum pour un travail et une détente donnés.

Pour déterminer cette répartition de la détente, posons :

$$\frac{P}{p_2} = a, \qquad \text{d'où } p_2 = \frac{P}{a}$$

nous pourrons écrire :

$$p_1 s = p_2 S, \quad \text{d'où } \frac{p_1}{p_2} = \frac{S}{s} \quad \text{et } S = \frac{p_1 s}{p_2}$$

posons encore :

$$\frac{p_1}{p_2} = x$$

alors :

$$p_1 = x p_2 . = \frac{x P}{a}$$

Soit M l'action effective maximum de la vapeur sur les deux pistons quand ils vont commencer leur course, nous aurons, dans une machine à condensation, en admettant, pour plus de simplicité, que la compression $q = o$

$$M = Ps + p_1 S - p_1 s$$

comme :

$$S = \frac{p_1 s}{p_2} = x s$$

en remplaçant S par cette dernière valeur, dans l'égalité précédente, il viendra :

$$M = Ps + \frac{xP.rs}{a} - \frac{xPs}{a} = Ps\left(1 + \frac{x^2}{a} - \frac{x}{a}\right)$$

si nous désignons par V_0 le volume de la vapeur admise à pleine pression dans le petit cylindre, sur une longueur h de la course c de son piston, par V le volume du petit cylindre, nous pourrons écrire :

$$V_0 P = V p_1 \text{ ou } shP = scp_1$$

donc :

$$\frac{sh}{sc} = \frac{p_1}{P} \text{ et comme } p_1 = \frac{xP}{a}$$

$$\frac{sh}{sc} = \frac{x}{a} \text{ ou } \frac{V_0}{sc}$$

Substituons dans la dernière valeur de M celle de s ainsi déterminée, il viendra :

$$M = \frac{PaV_0}{cx}\left(1 + \frac{x^2}{a} - \frac{x}{a}\right) = \frac{PV_0}{c}\left(\frac{a}{x} + x - 1\right)$$

Puisque $\frac{PV_0}{c}$ est une quantité constante, pour une quantité de travail déterminée, le minimum de la valeur de M correspondra évidemment à celui de :

$$\frac{a}{x} + x$$

Or, le minimum de cette somme aura lieu quand chacun de ses termes sera égal à la racine carrée du produit qu'ils donneraient, c'est-à-dire quand :

$$\frac{a}{x} = x = \sqrt{\frac{ax}{x}} = \sqrt{a}$$

donc, la valeur minimum de M sera :

$$M = \frac{Pv}{c}\left(\sqrt{2a} - 1\right)$$

ce qui aura lieu quand :

$$x = \frac{S}{s} = \frac{p_1}{p_2} \text{ sera égal à } \sqrt{a} = \sqrt{\frac{P}{p_2}}$$

c'est-à-dire quand :

$$p_1 = p_2 \sqrt{\frac{P}{p_2}} = \sqrt{P p_2}$$

et qu'alors la pression p sera une moyenne proportionnelle entre la pression initiale P et la pression finale p_2.

Donc, pour que l'effort initial total sur les deux pistons à vapeur d'une machine système Woolf soit le plus faible possible, il faut que la pression p_1 de la vapeur après sa détente dans le petit cylindre, soit une moyenne proportionnelle entre la pression P de la vapeur avant sa détente et la pression finale p_2 de la vapeur détendue.

Ainsi, en employant de la vapeur à 5^{kg}, et détendant cette vapeur jusqu'à 1^{kg}, la pression de la vapeur dans le petit cylindre devrait être $p_1 = \sqrt{5 \times 1} = 2^{kg},24$, la fraction de course b à pleine pression, dans le petit cylindre, serait alors : $b = \dfrac{2,24}{5}$

et $\qquad\qquad s = \dfrac{S}{2,24} \qquad\qquad$ ou $\dfrac{s}{S} = \dfrac{1}{2,24}$

La consommation de vapeur sera égale aussi bien pour :

$$s = \frac{S}{2,24} \text{ et } b = \frac{2,24}{5} \text{ que pour } s = \frac{S}{5} \text{ et } b = 1$$

tandis que la différence des efforts initials et finals sera dans le premier cas :

$$SP\left[(1-b)\frac{s}{S} + \left(1-\frac{s}{S}\right)^2 b\right] = SP\left[\left(1-\frac{2.24}{5}\right)\frac{1}{2,24} + \left(1-\frac{1}{2,24}\right)^2 \frac{2,24}{5}\right]$$
$$= 0{,}394 SP$$

et dans le second cas :

$$SP(1-a)^2 = SP\left(1-\frac{1}{5}\right)^2 = SP\frac{16}{25} = 0{,}64 SP$$

et ces différences sont entre elles dans le rapport :

$$\frac{0{,}64 SP}{0{,}394 SP} = 1{,}62$$

au lieu de $1{,}25$ que nous avions trouvé pour le même degré de détente, lorsque dans le petit cylindre la vapeur était admise à pleine pression durant toute la course du petit piston.

Remarquons que le maximum M de l'action effective de la vapeur sur les deux pistons quand ils vont commencer leur course, dans l'expression de sa valeur

$$M = \frac{PV_0}{c}\left(\frac{a}{x} + x - 1\right)$$

correspond à celui de $\frac{a}{x} + x$, lequel aura lieu quand x lui-même sera maximum ; or le maximum de x ne peut être, dans ce cas, que $x = a$,
ce qui exige que toute la détente s'opère dans le grand cylindre, la valeur correspondante de M devient alors :

$$M = \frac{PV_0}{c}(1 + a - 1) = \frac{PV_0 a}{c}$$

mais

$$PV_0 = p_2 Sc \text{ et } a = \frac{P}{p_2}$$

donc

$$PV_0 a = \frac{p_2 ScP}{p_2} = ScP$$

et

$$M = \frac{PV_0 a}{c} = \frac{ScP}{c} = SP$$

Donc, si au lieu d'une machine à 2 cylindres, dans laquelle toute la détente de la vapeur s'opère dans le plus grand seulement, on prend une machine à un cylindre unique pour détendre au même degré le même volume de vapeur, ce cylindre unique devra recevoir la même section que celle du cylindre le plus grand de la machine à deux cylindres Woolf, en supposant les courses de pistons égales dans ces deux machines.

Cela était du reste évident à priori, puisque, dans chacune de ces deux machines, le volume final de la vapeur détendue doit être le même, et que, dans la machine à deux cylindres, ce volume de vapeur doit être entièrement contenu par le grand cylindre de détente. Il s'ensuit que, dans l'une et l'autre de ces machines, la pression de la vapeur à l'origine de la course des pistons serait

S (P — q) et par conséquent que, sous ce rapport, la machine Woolf à deux cylindres ne serait pas plus avantageuse que celle à un seul.

Mais, en comparant le diagramme (fig. 7), se rapportant à l'exemple choisi précédemment, au diagramme (fig. 12), se

Fig. 12

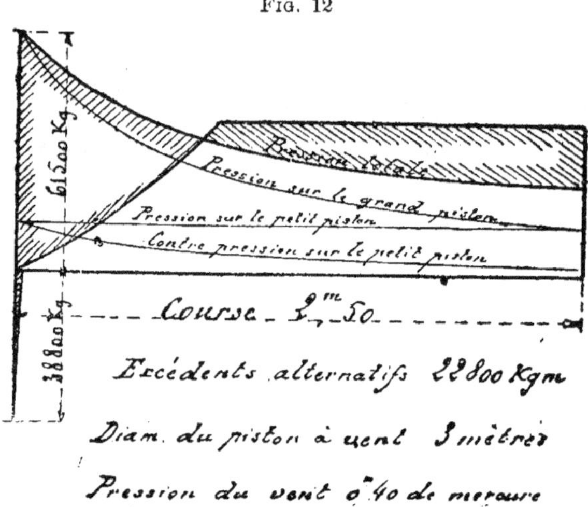

rapportant à une machine système Woolf dans laquelle la détente au même degré s'opérerait entièrement dans le grand cylindre, nous reconnaissons que l'excédent de travail moteur développé dans la période accélérée de la course est bien moindre avec celle à 2 cylindres qu'avec celle à un seul, tandis qu'il est environ de 35,500 kgm. avec un seul cylindre (fig. 7), il n'est plus qu'à peu près 22,800 kgm. avec deux cylindres, dont un seul détend (fig. 12), et il ne serait plus que d'environ 17,000 kgm. si, comme le montre le diagramme (fig. 13), la détente était répartie dans les deux cylindres de façon à donner la pression minimum au départ des pistons.

Malgré cette répartition de la détente dans les deux cylindres à vapeur d'une machine système Woolf, l'excédent de travail moteur pendant la période de compression de l'air est encore presque aussi élevé que celui de 18,700 kgm. que l'on obtiendrait par l'emploi d'un seul cylindre à vapeur dans lequel l'admission à pleine pression s'opérerait sur moitié de longueur de la course ; aussi, les souffleries à deux cylindres à vapeur système Woolf, sans

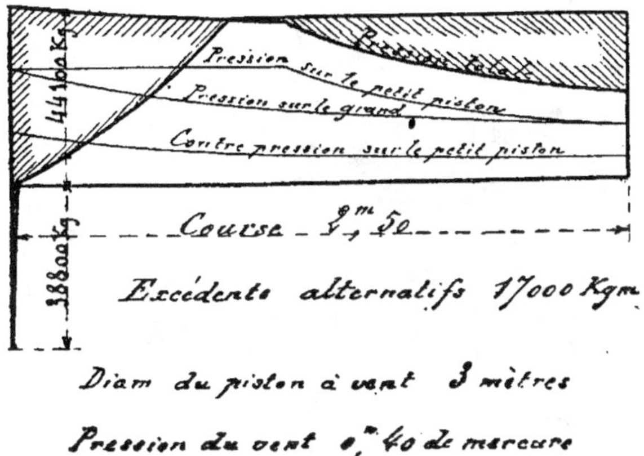

Fig. 13

volant, présentent-elles les mêmes inconvénients comme courses désordonnées et espaces nuisibles considérables que les souffleries, sans volant, à un seul cylindre à vapeur et sont-elles peu recommandables.

Le journal anglais *Engineer*, dans son numéro du 4 juin 1869, donna les dessins (fig. 14 et 15) de 3 machines soufflantes à cylindres à vapeur système Woolf, à balancier double disposé à la partie inférieure et à cylindres à vent situés à chacune des extrémités de balancier et au-dessus des cylindres à vapeur et désigna cet ensemble de souffleries, construites vers 1869 pour la Wigan Coal and Iron Company's Works, Kirkless Hall, comme le plus grand établissement de machines soufflantes du monde. L'installation extérieure de ces puissantes machines est très élégante, le bâtiment qui les contient est un palais ; mais cependant on n'entend pas en faire d'éloges.

Voici ce que rapporte l'*Engineering* du 9 août 1872, au sujet de la visite faite à cette usine par l'Institution of Mechanical Engineers à l'occasion de son assemblée annuelle :

« Le soufflage est donné aux hauts-fourneaux par trois machines soufflantes système Woolf. Les machines sont construites d'après

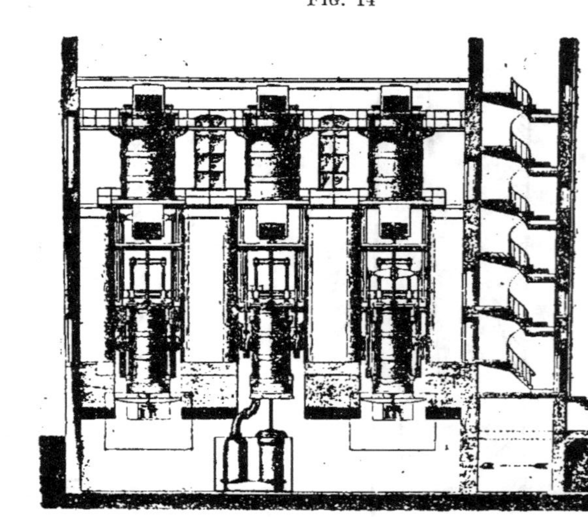

Fig. 15

Fig. 14

le système à balancier renversé. Le cylindre à haute pression se trouve d'un côté, le cylindre à détente se trouve de l'autre côté du balancier. Au-dessus de chaque cylindre à vapeur est disposé un cylindre soufflant dont le piston est directement attelé au piston du cylindre à vapeur correspondant.

« Il résulte de cette disposition que chaque machine a deux cylindres soufflants dont le diamètre est de

2^m,54 (100 pouces), pendant que le diamètre des cylindres à haute et à basse pression est de 1^m,143 (45 pouces) et 1^m,524 (66 pouces).

« Les machines n'ont pas de volant et la durée d'ouverture des soupapes d'admission est réglée par cataracte, de la même manière que pour les pompes à vapeur Cornwall.

« Les cylindres sont assez longs pour une course de 3^m,658 (12 pieds) ; mais la course est beaucoup plus faible et durant la visite de l'Institution of Mechanical Engineers, les machines ne fonctionnaient qu'à raison d'environ 3^m,048 (10 pieds) à 10 1/2 courses doubles par minute. Par suite de cette course raccourcie, reconnue nécessaire pour éviter les chocs à fin de course, les cylindres à vapeur et soufflants travaillent avec un espace nuisible énorme et la production de vent est beaucoup plus faible que celle qui correspond à la contenance des cylindres soufflants, pendant que la faible vitesse des pistons est nuisible à la production de ces souffleries.

« Ces machines ont été construites par la maison Nasmyth, Wilson et C°, à Patricroft, et elles sont des échantillons d'une bonne construction ; mais leur système est peu convenable au soufflage. Nous croyons qu'elles seraient améliorées de beaucoup en y ajoutant des volants pour les faire marcher avec une course plus régulière et une plus grande vitesse de pistons. »

L'application d'un volant aux machines soufflantes entraîne celui d'un arbre de couche commandé par une bielle et une manivelle, ce qui, non seulement augmente considérablement le prix de ces machines, mais encore les rend plus compliquées et introduit une plus grande sujétion dans l'entretien par les articulations qui vont exister et exigeront des soins continus ; mais ces divers inconvénients sont largement compensés par l'avantage d'une plus grande production de vent résultant d'espaces nuisibles moindres et d'une plus grande vitesse de pistons, d'une plus grande sécurité dans la marche et d'un emploi plus économique de la vapeur.

La rotation de la manivelle limite la longueur de course, et le volant aide à passer les points morts ; une détente étendue devient donc admissible.

A cause de ce volant, l'accélération produite durant la première partie de la course de compression de l'air dans le mouvement des pistons abandonnés à eux-mêmes va se produire suivant une toute autre loi, maintenant qu'ils sont liés à une masse mouvante de poids considérable.

Cette loi de mouvement peut être établie graphiquement en supposant au volant un mouvement uniforme et admettant, pour rentrer dans l'exemple choisi précédemment, que la vitesse soit de 15 tours par minute, dans notre soufflerie de 2^m,50 de longueur de course des pistons.

Il suffit de prendre pour abcisses, à une certaine échelle (fig. 16), le chemin rectifié décrit par le bouton de manivelle et de

Fıɢ. 16

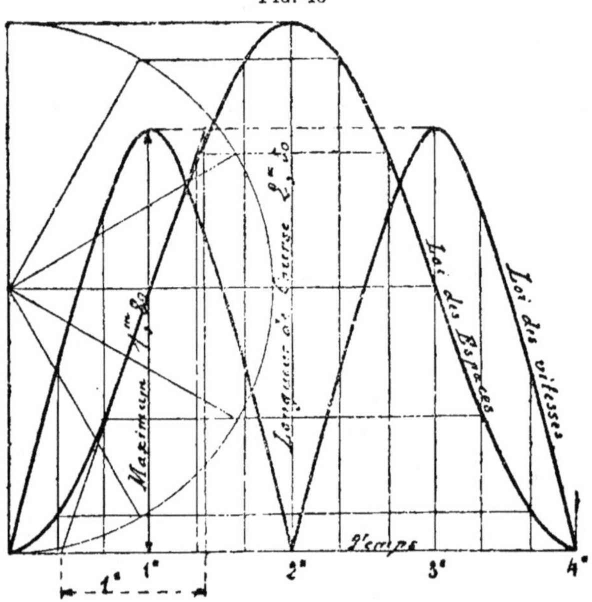

prendre pour ordonnées les chemins correspondants parcourus par les pistons depuis l'origine de leur course ; en reliant ces ordonnées par une courbe continue, nous obtiendrons la loi de relation des mouvements de la manivelle à ceux des pistons, et comme nous avons supposé uniforme le mouvement du volant, celui de la manivelle l'est également, la ligne d'abcisses de cette loi peut représenter les temps et dès lors cette courbe nous représente encore la loi de relation des espaces parcourus par les pistons avec les temps employés à les parcourir.

Dans cette figure, l'ordonnée maximum représente la course qui est de $2^m,50$ et l'abcisse représente le temps qui est de $\dfrac{60''}{15} = 4''$ par tour ou $2''$ par course simple.

Aidé de cette loi d'espaces, il est facile de trouver graphiquement la vitesse des pistons en un point quelconque de leur course ; il suffit de supposer qu'à partir de ce point, le mouvement des pistons devient uniforme, auquel cas la loi d'espaces correspondant à ce mouvement uniforme deviendrait tangente à la loi tracée.

Dans ce mouvement uniforme, $v = \dfrac{e}{t}$ si $t = 1''$, $v = e$; la vitesse est donc donnée par l'espace parcouru en $1''$, il suffit alors de prendre pour abcisse une longueur représentant $1''$, à partir du point de rencontre de cette tangente avec l'axe d'abcisses. L'ordonnée, correspondant à cette longueur d'abcisse et limitée à son point de rencontre avec la tangente, donne cette vitesse.

En faisant une série de recherches semblables et portant les vitesses trouvées sur les ordonnées correspondant à chacun des points de la loi des espaces sur laquelle on a opéré, puis réunissant les extrémités des nouvelles ordonnées par une courbe continue, on aura, par cette nouvelle courbe, la loi des vitesses avec lesquelles l'espace parcouru par les pistons s'est effectué.

Cette dernière loi (fig. 16) nous montre que la vitesse des pistons atteint son maximum au milieu de leur course et que, dans l'exemple choisi, elle est de $1^m,80$.

C'est bien ce qui arriverait si le mouvement du volant n'était soumis à aucune perturbation et demeurait uniforme ; mais nous avons vu que, dans la course accélérée des pistons, un excédent de travail moteur de 35,500 kgm. (fig. 7) se produit dans la marche au degré de détente 5 ; cet excédent de travail moteur doit pouvoir se transformer en force vive dans les pièces en mouvement de la machine pour être absorbé pendant la première partie de la course des pistons, c'est-à-dire avant que l'effort résistant ne surpasse l'effort moteur ; ce qui a lieu avant d'arriver au milieu de la course; il doit être restitué peu à peu durant la seconde partie de la course, à partir du point où l'effort moteur devient inférieur à l'effort résistant.

Le maximum de vitesse des pistons lié à celui de la vitesse du volant deviendra donc supérieur à $1^m,80$, et d'autant plus que l'inertie de ce volant sera plus faible. Ainsi que nous l'avons fait remarquer déjà, l'inconvénient d'une trop grande vitesse du piston à vent est de déterminer une vitesse trop considérable de l'air aspiré ou refoulé dans le passage de cet air sous les clapets, et de causer du côté de l'aspiration une dépression d'air, du côté du refoulement un excès de pression, dépression, d'une part, et surpression, d'autre part, augmentant la résistance au mouvement du piston à vent et par suite la force motrice à y appliquer. Mais non seulement le volant doit avoir pour effet de s'opposer aux excès de vitesse des pistons, son but essentiel doit être de faire passer les points morts de la machine, aux extrémités de course des pistons.

Proposons-nous de déterminer le poids du volant qu'il conviendrait d'appliquer à la machine que nous avons choisie comme exemple, en lui imposant la condition de ne pas, dans sa plus faible vitesse, au passage des points morts, perdre plus de moitié de sa vitesse normale, et en supposant à sa couronne un diamètre moyen de 7 mètres. En mouvement uniforme, et à raison de 15 tours par minute, la vitesse normale moyenne de la couronne de ce volant serait :

$$\frac{\pi D \times 15 \text{ tours}}{60''} = \frac{3,1416 \times 7^m \times 15}{60} = 5^m,50$$

sa vitesse minimum devrait être :

$$5,50 - \frac{5,50}{2} = 2^m,75$$

Si nous admettons qu'à l'instant de la course du piston à vent, à partir duquel la réaction occasionnée par la compression du vent fait équilibre à la pression motrice du piston à vapeur le volant ait repris sa vitesse normale, il faudra que, depuis cet instant jusqu'à celui qui correspond au passage du point mort, le volant, en perdant la moitié de sa vitesse, restitue, par son inertie, au piston à vent le travail moteur $35,500^{kgm}$ emmagasiné dans la période précédente de la course du piston à vent ; par suite, le poids P de la couronne du volant devra être tel que l'on ait :

$$T_m = \frac{P}{2g} (V^2 - V'^2)$$

ou : $35,500\,\text{kgm.} = \dfrac{P}{2 \times 9,81} (\overline{5,5}^2 - \overline{2,75}^2)$

d'où : $P = 30,600 \text{ kg.}$

Un tel poids de volant est évidemment élevé pour un degré de régularité aussi minime ; mais on ne doit pas en être surpris quand on ne possède qu'une aussi faible vitesse de rotation pour absorber un travail aussi considérable ; cela fait comprendre jusqu'à un certain point que l'on puisse reculer devant l'adoption de détentes si étendues, surtout si l'on remarque que non seulement le volant, mais encore la plupart des autres pièces de la machine doivent recevoir un poids relativement presque aussi exagéré, pour résister à l'effort initial de la vapeur auquel elles sont soumises.

Il est vrai que non seulement la couronne du volant est mobile, mais encore ses bras, son moyeu ; la bielle, les pistons et leur tige participent au mouvement et peuvent aussi alternativement accumuler et restituer une partie de l'excès du travail moteur, ce que nous avons négligé ; mais souvent les bras du volant sont en fer et présentent peu de masse (la fig. 17, représentant le volant des souffleries de Hayange, est un bel exemple de construction de volant avec bras en fer), la bielle et les pistons n'agissent qu'à l'extrémité de la manivelle, avec un levier de $1^m,25$; dans ce cas (course $2^m,50$), tandis que la couronne supposée de 7 mètres de diamètre moyen a un levier de $3^m,50$, pour son moment d'inertie, les masses sont donc beaucoup mieux utilisées dans la couronne qu'elles ne le seraient dans les autres pièces et l'action régulatrice de ces autres pièces vis-à-vis de celle de la couronne du volant est presque négligeable. De plus, comme ici nous ne tenons compte que du travail théorique, tandis que le travail réel serait au moins de 15 à 25 p. 0/0 plus élevé, nous pouvons bien négliger l'influence des masses autres que celle de la couronne du volant pour compenser plus ou moins

Fig. 17

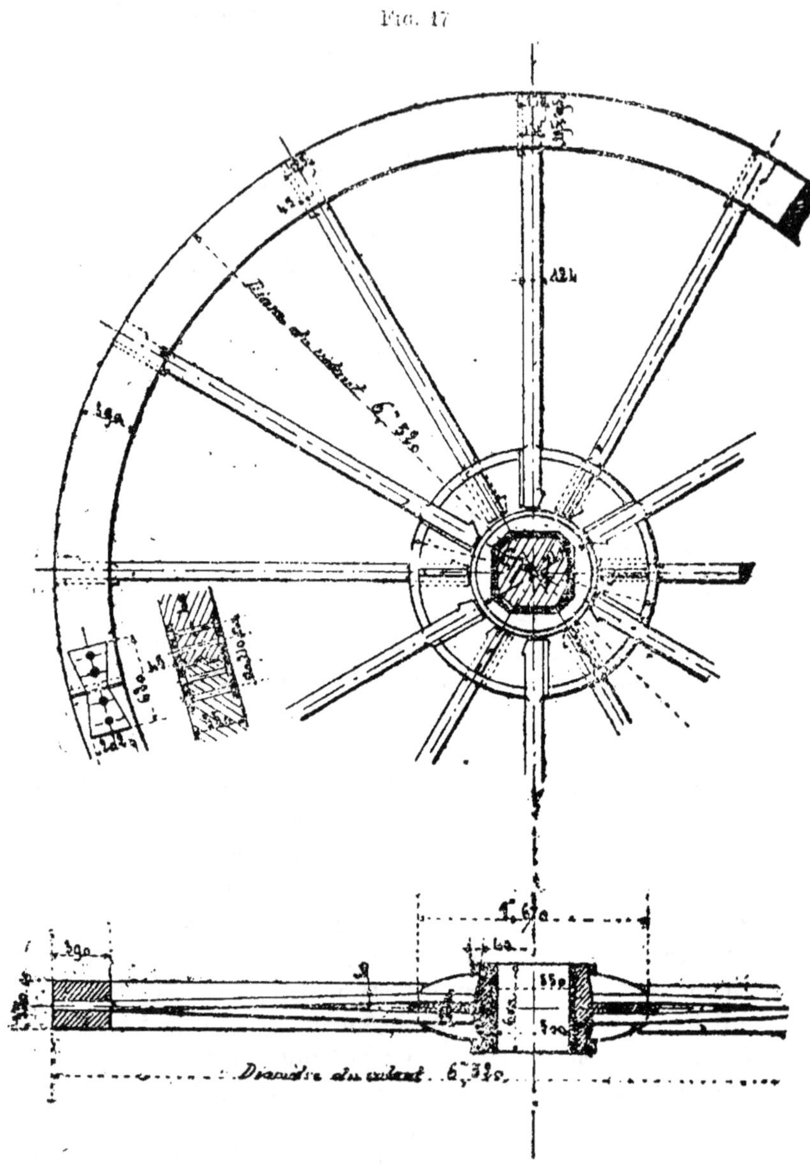

l'excès du travail réel sur le travail théorique, excès que nous négligeons également.

Bien que très faible, le degré de régularisation 1/2, auquel nous nous sommes tenus, peut paraître trop élevé et dépasser le but dans des machines de cette puissance ; et l'on pourrait être tenté de le réduire pour diminuer l'énorme poids du volant, ainsi que les frottements auxquels il doit donner lieu.

Si la machine soufflante, dont nous avons choisi les dimensions pour exemple, devait fonctionner pendant toute la durée de son existence dans les conditions de pression et de volume de vent que nous nous sommes imposées, on pourrait à la rigueur adopter un degré de régularisation plus faible encore et employer un volant de poids inférieur à celui que nous avons trouvé ; mais, dans la conduite des hauts-fourneaux, il arrive qu'à un moment donné, soit pour vaincre un engorgement, soit que les matériaux chargés soient plus menus, plus difficiles à pénétrer, soit encore que les hauts-fourneaux soient élargis et surhaussés, que l'on ait besoin de vent à plus forte pression, par exemple, à $0^m,76$ de pression au lieu de $0^m,40$ (pression de mercure); en diminuant le degré de détente et augmentant l'emplissage à pleine pression du cylindre à vapeur, on pourra arriver à produire le travail nécessaire à une plus grande compression du vent ; mais, comme l'excédent alternatif du travail moteur sur le travail résistant et vice-versa augmente sensiblement, que deviendrait, en cas de réduction de poids du volant adopté pour la marche normale, le degré de régularisation obtenu.

C'est ce que nous pouvons étudier en établissant le diagramme (fig. 18) correspondant à une marche à $0^m,76$ de pression de mercure du piston soufflant de 3 mètres de diamètre et $2^m,50$ de course, la pression de la vapeur sur le piston à vapeur demeurant ce qu'elle était dans le diagramme (fig. 7), mais s'exerçant sur une plus grande partie de la course de ce piston.

Dans cette marche, pour qu'il y ait égalité entre le travail moteur de la vapeur et le travail résistant du vent, le remplissage du cylindre à vapeur doit se faire sur environ 1/2 de la course, ou sur $1^m,25$ au lieu de 1/5 ou $0^m,50$ qu'il était dans la marche normale et la quadrature de l'excédent de travail de la vapeur sur celui du vent pendant la période accélérée de la course donne, d'après ce diagramme (fig. 18), environ 40,700^{kgm}, quantité relativement peu supérieure aux 35,500^{kgm} que nous avions trouvés pour cet excé-

Fig. 18

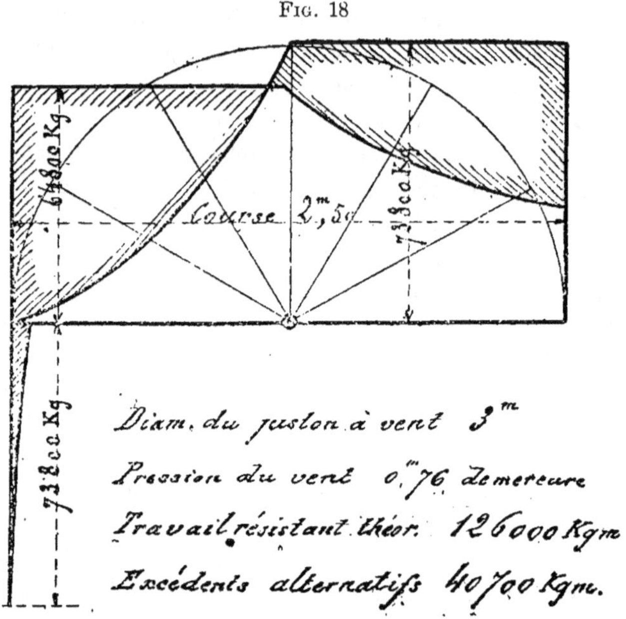

dent dans la marche normale à degré de détente 5. Cette faible différence 5,200^{kgm}, eu égard à l'accroissement de :

$$126,000^{\text{kgm}} - 82,200^{\text{kgm}} = 43,800^{\text{kgm}}$$

résultant de l'élévation de la pression du vent, provient évidemment de ce que la détente est moins étendue que dans la marche normale. L'excédent eut été autrement plus considérable si, au lieu d'augmenter la longueur de l'admission à pleine vapeur pour produire 43,800^{kgm} de plus par course simple, on eût augmenté la pression de la vapeur pour maintenir le même degré de détente.

Quoiqu'il en soit, recherchons dans cette marche à 0^m,76 de pression du vent à partir de quelle limite inférieure de poids de couronne de volant, le mouvement de ce volant s'arrêterait au point mort ; cet arrêt se produira évidemment quand

$$40,700^{\text{kgm}} \text{ égalera } \frac{\text{P}' \times \overline{5,5}^2}{2 \times 9,81}$$

P′ étant le poids limite inférieure de cette couronne

d'où :
$$P' = \frac{40{,}700 \times 2 \times 9{,}81}{5{,}5^2} = 26{,}400^{kg} \text{ environ}$$

Ainsi donc, dans cette marche accidentelle, à pression de vent très élevée, si nous voulions limiter à 1ᵐ,80 le maximum de vitesse des pistons, à la fin de la période accélérée de leur course, maximum de vitesse correspondant à 5ᵐ,50 de vitesse moyenne de la couronne du volant, nous n'aurions, avec notre volant, qu'un excédent de poids de :

$$30{,}600 - 26{,}400 = 4{,}200^{kg}$$

pour faciliter le passage du point mort, ce qui est bien faible et pourrait devenir tout-à-fait insuffisant dans le cas où la vitesse de la machine viendrait à ralentir, soit parce que la pression de la vapeur venant à baisser provoquerait ce ralentissement, soit parce que l'on aurait besoin d'un moindre volume de vent que le volume normal, en cas de diminution de section ou de suppression de quelques tuyères, ce qui arrive dans la conduite des hauts-fourneaux ; soit encore en cas de mise hors feu de l'un des fourneaux desservis par cette soufflerie.

Ainsi, en admettant que cette machine soufflante soit appliquée au soufflage de deux hauts-fourneaux, si, à un moment donné, elle ne doit plus fournir de vent qu'à un seul, sa vitesse normale devra pouvoir être réduite à moitié : c'est-à-dire passer de 15 tours à 7 tours et demi. On peut se demander ce qu'il adviendra de cette réduction de vitesse.

Pour la pression normale de vent, 0ᵐ,40 de mercure, l'excédent alternatif du travail moteur sur le travail résistant et vice-versa étant 35,500ᵏᵍᵐ, dans la vitesse réduite à 7 1/2 tours, la vitesse moyenne de la couronne du volant sera $\frac{5^m,5}{2} = 2^m,75$, et, en dési gnant par v la vitesse moyenne de cette couronne, quand la manivelle passera aux points morts, on aura :

$$35{,}500 = \frac{30{,}600}{2 \times 9{,}81} \left(\overline{2{,}75}^2 - v^2\right)$$

d'où on tire :
$$v = -3^m,77$$

c'est-à-dire que v serait une quantité négative, ce qui, en pratique, se traduirait par l'impossibilité du passage des points morts, la force vive du volant étant épuisée bien avant que le piston à vent ne soit parvenu à fond de course.

Dans bien des souffleries où l'on a cherché à économiser sur le poids du volant, ce fait de l'impossibilité de marche à une vitesse réduite à moitié de la vitesse normale se présente, et se présenterait bien plus fréquemment encore si l'on faisait plus largement usage de détentes étendues.

Cet écueil des faibles vitesses dans les machines soufflantes à grande détente se rencontre surtout dans les machines verticales à action directe, dont les pistons, leurs tiges et la bielle ne sont jamais que fort imparfaitement équilibrés par les évidements pratiqués dans la couronne du volant, en regard du bouton de la manivelle ou par des recharges disposées sur la couronne du volant du côté opposé au bouton de manivelle ; le mouvement de descente des pistons produit alors une accélération dans la vitesse générale, tandis que leur mouvement ascensionnel détermine une décroissance de vitesse qui, venant s'ajouter à celle qui est due à l'excédent du travail résistant sur le travail moteur, rend le passage au point mort de la manivelle, à la partie supérieure, encore plus difficile quand la machine doit fonctionner à faible vitesse. Assez souvent on pare à ce défaut d'équilibre, dans les souffleries verticales à action directe, en augmentant le remplissage de vapeur à pleine pression sous le piston, à la partie inférieure du cylindre à vapeur et, en diminuant ce remplissage au-dessus du piston, à la partie supérieure du cylindre à vapeur ; c'est-à-dire en augmentant le travail moteur développé pendant la course de soulèvement des pistons et diminuant ce travail moteur pendant leur course de descente. C'est ainsi que, dans les dernières souffleries de ce genre établies au Creusot, la longueur moyenne de l'admission de vapeur est $0^m,46$ pour une course de $2^m,50$ des pistons ; mais cette admission a lieu sur $0^m,546$ de la course du piston à vapeur dans son mouvement ascendant et sur $0^m,372$ seulement dans son mouvement descendant, pour compenser le poids de l'attirail pendant la descente. Ce n'est là encore qu'un moyen d'équilibrage assez imparfait et qui doit être complété par l'action régulatrice du volant.

Revenons à notre exemple précédent, et recherchons la vitesse inférieure à partir de laquelle le volant commencera à s'arrêter au passage des points morts.

Supposons que cette vitesse limite soit $\frac{1}{n}$ de la vitesse normale de la machine fonctionnant à 15 tours et l'on aura :

$$35,500^{kgm} = \frac{30,600^{kg}}{2 \times 9,81} \left(\frac{\overline{5^m,5}^2}{n^2} - v^2 \right)$$

Dans cette égalité, il faut que v devienne égal à zéro, pour qu'il y ait arrêt du volant au passage des points morts,

d'où :
$$35,500 = \frac{30,600}{2 \times 9,81} \frac{\overline{5,5}^2}{n^2}$$

de cette égalité on tire :
$$n = 1,15$$

par conséquent la vitesse limite inférieure de cette machine serait :
$$\frac{15 \text{ tours}}{1,15} = 13 \text{ tours}$$

Avec ce volant de 30,600 kg. de poids de couronne, pour que la soufflerie, marchant à 5 de degré de détente et à une pression de vent de $0^m,40$ de mercure, ne subisse pas d'arrêt au passage des points morts, il faudrait que l'on n'eût jamais à la faire fonctionner à la vitesse réduite de 13 tours, même en admettant l'équilibrage parfait de tout son attirail mobile dans l'ascension et la descente. On conçoit qu'une machine ainsi établie soit réellement trop peu élastique comme production de vent et que, s'il n'y avait moyen de l'employer lorsque les quantités de vent à lancer doivent être notablement inférieures au volume normal, souvent on ne préfère employer des détentes beaucoup moins étendues pour obtenir avec le même poids de volant une plus grande variation possible dans la production du vent ; mais, en pratique, on peut tourner cette difficulté de marche, en faisant fonctionner la machine soufflante à sa plus faible vitesse possible, et pour éviter que la pression du vent ne devienne trop élevée, en lâchant dans l'atmosphère, par la soupape de sûreté établie sur le réservoir d'air, tout l'excès de vent que l'on n'a pas à utiliser.

C'est là un artifice permettant de laisser fonctionner la soufflerie au-dessus de sa vitesse nécessaire ; mais ce procédé n'est rien moins qu'économique et si, dans une usine, cette marche avec excès de vent devait avoir quelque durée, il serait préférable, en allongeant le remplissage à pleine pression dans le cylindre à vapeur, de réduire le degré de la détente, sauf à diminuer encore la pression initiale de la vapeur, ce qui réduirait les excédents alternatifs du travail moteur et du travail résistant l'un sur l'autre et permettrait, avec un volant de poids moyen, de faire fonctionner la soufflerie à vitesse beaucoup plus faible que sa vitesse normale. Mais le mieux est encore, pour conserver une marche économique quelles que soient les circonstances de la consommation de vent et même en cas de réduction importante de son débit, de pouvoir obtenir cette diminution par la réduction de la vitesse de la machine, sans modifier le degré de sa détente.

Pour cela, il faut que le poids du volant soit autrement plus fort que celui que nous avons déterminé, en adoptant pour base du calcul de son poids le degré de régularité 1/2.

Dans une usine où le cas se présenterait que la soufflerie établie pour fournir le vent à deux hauts-fourneaux doive pouvoir, à un moment donné, n'en alimenter qu'un seul, le volant à appliquer à cette soufflerie devrait être calculé en se basant sur la possibilité de marche avec une vitesse qui ne serait que moitié de la vitesse normale, et, dans ce cas, le poids P'' du volant devrait être tel que, dans la soufflerie que nous avons prise pour exemple, on ait :

$$35{,}500^{\text{kgm}} = \frac{P''}{2 \times 9{,}81}\left(\frac{\overline{5{,}5}^{2}}{\overline{2}^{2}} - v^{2}\right)$$

v étant la vitesse moyenne de la couronne correspondant au passage des points morts, si nous faisons $v = o$, nous obtiendrons le minimum de la valeur de P'' et nous aurons :

$$35{,}500 = \frac{P''}{2 \times 9{,}81}\left(\frac{\overline{5{,}5}^{2}}{\overline{2}^{2}}\right)$$

d'où
$$P'' = 92{,}000 \text{ kg. environ}$$

C'est évidemment là un poids excessif ; mais cependant des poids relativement aussi élevés ne sont pas rares dans les souffleries à détente un peu étendue.

C'est ainsi que la grosse machine soufflante de Dowlais admettant la vapeur à 4 atmosphères de pression, fonctionnant sans condensation, avec degré de détente 3 et faisant en marche normale 20 tours par minute, en soufflant à $0^m,19$ de mercure de pression de vent, possède un volant de 35 tonnes.

Dans la machine soufflante d'Ebbw-Vale fonctionnant à 17 tours et au degré de détente 3 environ, lançant du vent à la pression de $0^m,208$ de mercure, le poids de son volant qui, primitivement, était de $8,000^{kg}$, a dû être successivement porté à $40,000^{kg}$, puis à plus de $80,000^{kg}$.

Dans ses quatre souffleries anciennes, verticales, à action directe, de $2^m,75$ de diamètre de piston à vent, $1^m,20$ de diamètre de piston à vapeur et 2 mètres de course commune, le Creusot admettait la vapeur à 5 1/4 atmosph. pour la détendre au degré 4, en marchant à une vitesse de 14 à 15 tours et produisant du vent à la pression $0^m,16$ de mercure, le poids des volants de chacune de ces machines était de $40,000^{kg}$.

Des volants de poids aussi considérable ne sont cependant pas absolument indispensables et tous les moyens que l'on pourra employer pour affaiblir les excédents alternatifs du travail moteur et du travail résistant l'un sur l'autre permettront de réduire dans le même rapport le poids des volants, en conservant une détente aussi étendue et une élasticité de production de vent aussi grande.

Nous avons déjà vu que, par l'emploi du système Woolf à détente répartie dans les deux cylindres, il était possible de ramener à environ $17,000^{kgm}$ l'excédent alternatif du travail, pendant une course simple, qui serait de $35,500^{kgm}$ dans l'emploi d'un seul cylindre à vapeur dans lequel l'admission de la vapeur à pleine pression se ferait sur 1/5 de la longueur de la course.

Le volant à appliquer à cette machine système Woolf, pour lui permettre de marcher jusque moitié de sa vitesse normale, serait de poids P_1 tel que l'on ait :

$$17,000^{kgm} = \frac{P_1}{2 \times 9,81} \left(\frac{5,5}{2}\right)^2$$

$$\text{ou :} \quad P_1 = \frac{P'' \times 17,000}{35,500} = \frac{92,000 \times 17,000}{35,500} = 44,000^k$$

C'est-à-dire que, dans ce dernier système, le poids P_1 du volant pourrait être sensiblement inférieur à $\dfrac{P''}{2}$

Un autre moyen, qui se présente pour réduire les excédents alternatifs de travail moteur et résistant l'un sur l'autre et qui pourrait s'appliquer aussi bien aux machines système Woolf, qu'aux machines simples à un seul cylindre à vapeur, consisterait à faire en sorte que l'origine de course des pistons à vapeur et à vent ne coïncide plus au même instant; et que, par le déplacement, le retard de l'origine de course du piston à vapeur, ce dernier ne commence à partir, en recevant de la vapeur à pleine pression, que lorsque le piston à vent sera arrivé déjà presque en pleine charge (fig. 19). Alors, l'excès si considérable, au commencement de la course, de la pression motrice, qui est à son maximum, sur la pression résistante, qui est à son minimum, sera diminué, de même que l'excédent du travail moteur sur le travail résistant pendant la période de compression de l'air.

Mais, en construction, un tel déplacement d'origine de courses des pistons à vapeur et à vent est le plus souvent impossible à réaliser sans amener d'énormes complications que le résultat obtenu est loin de racheter ; ce ne serait guère praticable que dans les machines horizontales dont l'arbre de couche, attaqué à une extrémité par la manivelle du piston à vapeur, commanderait par l'autre extrémité la manivelle du piston à vent. Alors, il suffirait de caler la manivelle du piston à vent, en lui donnant une certaine avance sur la manivelle du piston à vapeur, et en quantité telle que l'air comprimé donne lieu déjà, sur le piston à vent, à une réaction voisine de la pression motrice agissant sur le piston à vapeur, lorsque ce dernier arrive à fin de course et fonctionne avec de la vapeur parvenue à la limite de sa détente.

Dans notre exemple de soufflerie à un seul cylindre à vapeur marchant au degré 5 de détente pour lancer du vent à $0^m,40$ de pression de mercure, adoptons pour la manivelle du piston à vapeur un angle de retard de $60°$ sur la manivelle du piston à vent. Sur l'épure (fig. 19), contenant la circonférence décrite par les boutons de manivelles et donnant par les projections des points de leur trajectoire sur l'axe d'abcisses les déplacements des pistons à partir de leur origine de course, remarquons que les espaces simultanément décrits par le piston à vent et le piston à vapeur deviennent inégaux quoique correspondant à des angles égaux décrits par leur manivelle respective ; nous ne pourrons donc plus, ainsi que nous l'avions fait précédemment, déterminer les excédents alternatifs de travail moteur et résistant par la quadrature de la différence de surface des diagrammes existant à gauche et à droite du point d'intersection de ces diagrammes et correspondant à l'égalité entre la force motrice et la force résistante ; pour obtenir les excédents alternatifs relatifs à chaque course simple du piston à vent, nous devrons recourir à une nouvelle épure (fig. 20) donnant à côté du travail résistant le travail moteur qui y a correspondu pendant le parcours simultané d'une demi-révolution des 2 manivelles divisée en angles d'une certaine grandeur : 30° par exemple.

Au départ du piston à vent, pendant que sa manivelle décrit l'angle I de 30°, le piston à vapeur quitte le point a' (épure fig. 19)

FIG. 19

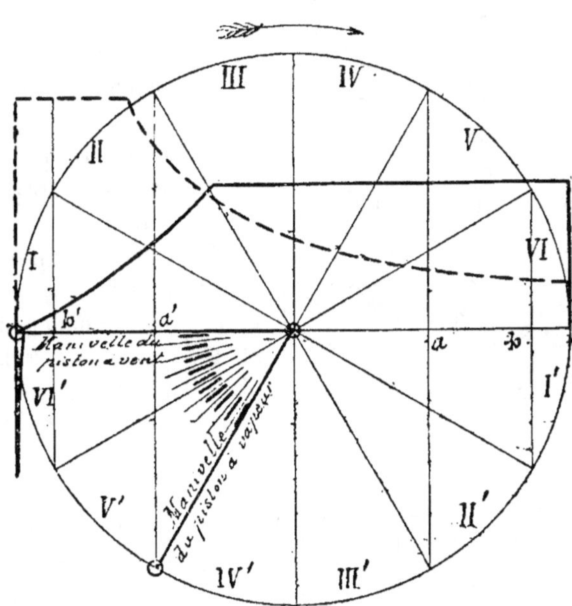

pour arriver au point b', pendant que sa manivelle décrit l'angle V', de 30° également ; le travail moteur effectué est égal à celui qui eût été produit dans le parcours *ab* correspondant à l'angle V, de 30°, décrit par la manivelle du piston à vapeur quand les pistons à vent et à vapeur étaient réunis par une même tige.

De même, le travail résistant développé pendant le parcours angulaire II = 30°, de la manivelle du piston à vent, a pour correspondant le travail moteur produit pendant le parcours angulaire VI' = 30°, de la manivelle du piston à vapeur ; le travail résistant développé pendant le parcours de l'angle III de la manivelle du piston à vent a pour correspondant le travail moteur produit pendant le parcours de l'angle I de la manivelle du piston à vapeur ; le travail résistant relatif à :

Angle IV correspond au travail moteur angle II
 — V — — — — III
 — VI — — — — IV

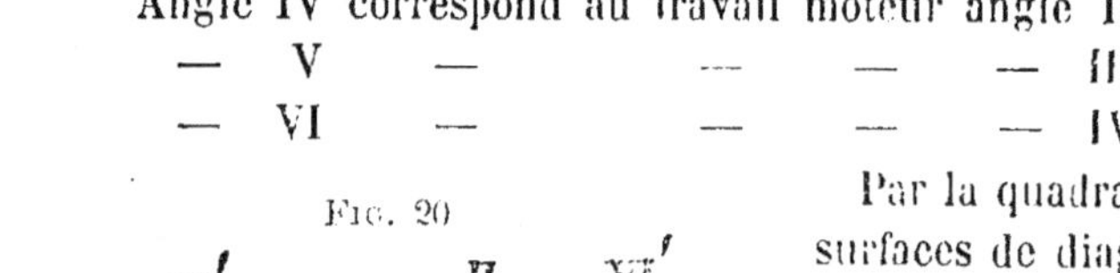

Fig. 20

Par la quadrature des surfaces de diagrammes partiels (fig. 20) correspondant à chaque angle de 30° parcouru simultanément par les manivelles et donnant à droite le travail résistant et à gauche le travail moteur qui y correspond, nous trouvons que le travail résistant a excédé le travail moteur durant les parcours angulaires II et III de la manivelle du piston à vent, tandis qu'au contraire le travail résistant a été inférieur au travail moteur pendant les parcours angulaires I, IV, V et VI de la manivelle du piston à vent.

Calculant, d'une part, l'excès du travail résistant sur le travail moteur durant les angles II et III décrits par la manivelle du piston à vent et, d'autre part, l'excès du travail moteur sur le travail résistant pendant le parcours des angles IV, V, VI et I, nous trouvons que ces deux quantités sont égales et correspondent à un excès alternatif de travail de $16,300^{kgm}$ environ.

Ce déplacement ou retard angulaire de 60° de la manivelle du piston à vapeur sur la manivelle du piston à vent permet donc de réduire de plus de moitié l'excédent alternatif de $35,500^{kgm}$ environ existant (fig. 7) lorsque les 2 pistons sont réunis sur une même tige, et de réduire par conséquent aussi d'environ moitié le poids du volant nécessaire à cette soufflerie.

Si, dans la machine soufflante à 2 cylindres Woolf entre lesquels la détente est répartie, nous appliquons ce même retard de 60° de la manivelle des pistons à vapeur sur celle du piston à vent, et que nous recherchions au moyen des épures (fig. 21 et 22) la

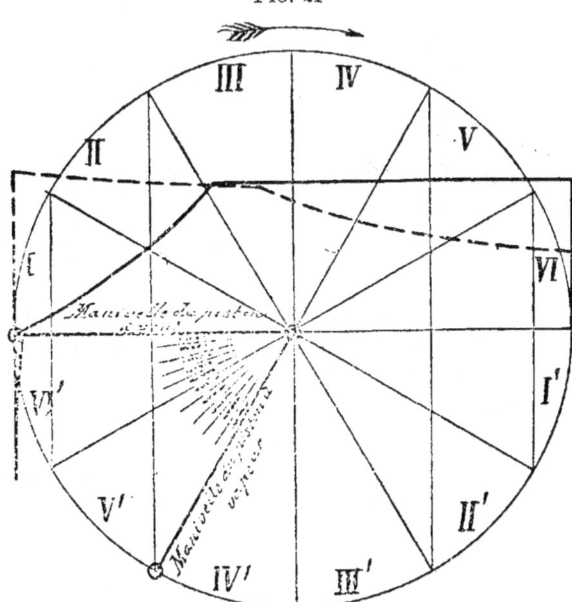

FIG. 21

valeur des excédents alternatifs de travail, par course simple du piston à vent, qui en résulte, en traçant l'épure (fig. 22) comme nous l'avons indiqué pour la figure 20, nous trouvons que le travail résistant l'emporte sur le travail moteur pendant le parcours, par la manivelle du piston à vent, des angles II, III et IV

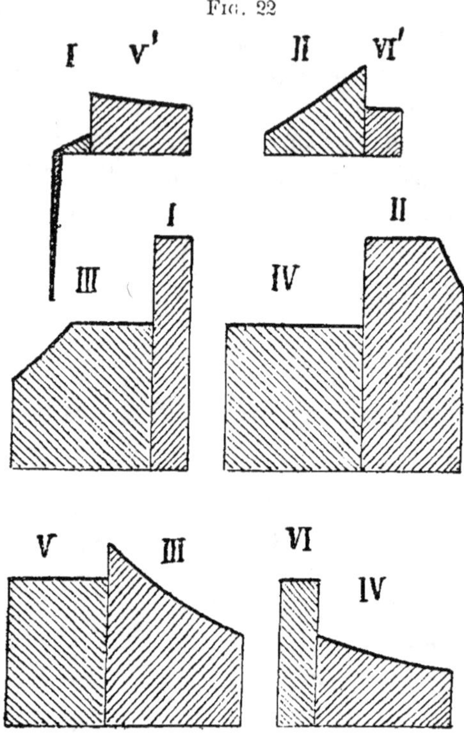

Fig. 22

et qu'au contraire le travail moteur surpasse le [travail résistant pendant]le]parcours des angles V, VI et I par la manivelle du piston à vent ; et que la somme des excès de travail moteur durant le parcours des angles V, VI et I, par la manivelle du piston à vent, est égale]à la somme des excès]de travail résistant correspondant aux angles II, III et IV décrits par la manivelle du piston à vent.]Ces excès alternatifs de travail sont d'environ 24,300^{kgm} au lieu de 17,000^{kgm} qu'ils étaient seulement lorsque le mouvement du piston à vent était directement lié à celui des pistons à vapeur.

Dans ce cas de soufflerie à 2 cylindres Woolf dans lesquels]la détente est répartie, ce retard de 60° de la manivelle motrice sur la manivelle du piston à vent, que nous avons choisi, conduirait donc à un résultat plus nuisible qu'avantageux et il est évident, en effet, que l'angle à donner au retard pour obtenir le minimum d'excès alternatif de travail n'est pas indifférent et qu'il doit être déterminé pour chaque cas particulier.

Ce moyen de réduire par un mode de construction onéreux, les excédents alternatifs du travail dans les souffleries, est en tous cas trop peu pratique pour que nous nous y arrètions davantage ; cependant, il était bon de le signaler.

D'autres moyens, d'exécution plus facile, existent, et c'est à ceux-là que toujours l'on devrait recourir dans les établissements qui emploient de puissants soufflages.

Ces moyens résident dans la réunion de 2 ou 3 machines soufflantes de même puissance, accouplées sur un même arbre de couche à l'aide de manivelles motrices calées à angle droit dans les souffleries doubles et à 120° dans les machines soufflantes triples.

On atteint encore le même but en formant une soufflerie double ou triple à l'aide de machines à vapeur Compound à deux ou trois cylindres et manivelles motrices calées à 90° dans les machines Compound à 2 cylindres, ou à 120° dans les machines Compound à 3 cylindres qui, alors, deviennent analogues aux machines marines créées par M. Dupuy de Lòme.

L'épure (fig. 23) relative à une soufflerie jumelle de notre type de 3 mètres diamètre cylindre soufflant, pression de vent 0^m,40 de mercure, avec vapeur à 5 kg. de pression, admise pendant 1/5 de la course, est semblable à l'épure (fig. 7) elle va nous servir à l'établissement des épures (fig. 24) correspondant à chaque angle de 30° décrit par les manivelles et nous permettre de calculer les excédents alternatifs de travail pendant un demi-tour de volant.

Ici, nous n'avons plus comme précédemment un seul cylindre à vapeur pour un cylindre à vent, avec manivelles correspondantes faisant entre elles un certain angle et donnant lieu à des espaces inégaux simultanément parcourus par les pistons ; mais deux cylindres à vapeur avec 2 cylindres à vent disposés de telle sorte que le piston à vapeur et le piston à vent de chacune de ces deux souffleries soient situés sur la même tige et parcourent simulta-nément des espaces égaux quoique différents d'une soufflerie à l'autre, par suite du calage à angle droit de la manivelle qui les relie.

Ainsi, quand le piston à vapeur et le piston à vent de la

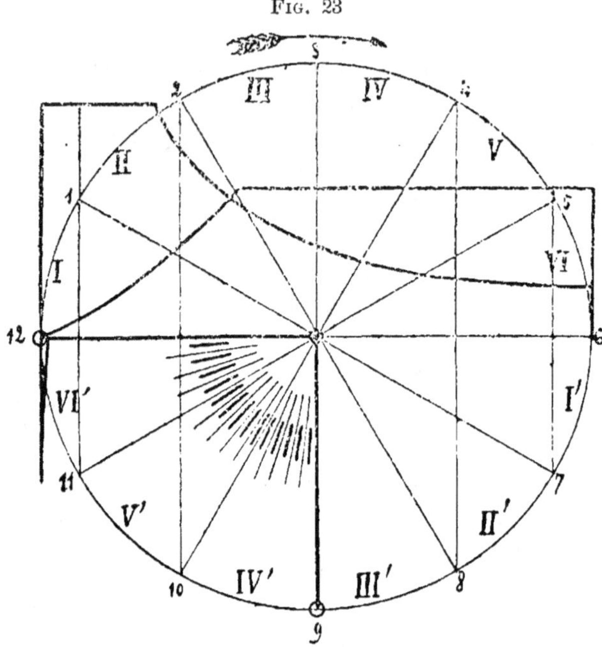

Fig. 23

première soufflerie parcourront l'espace correspondant à l'angle I décrit par leur manivelle, le piston à vapeur et le piston à vent de la seconde soufflerie parcourront l'espace correspondant à l'angle IV' décrit par leur manivelle.

Le travail moteur correspondant à ce déplacement simultané des pistons est, dans la première soufflerie, la partie du diagramme relatif à la vapeur comprise entre les 2 premières ordonnées (fig. 23) ; dans la seconde soufflerie, il est la partie du diagramme, relatif à la vapeur, comprise entre les ordonnées des points 9 et 10, laquelle est égale à la partie du diagramme, située au-dessus de l'axe d'abcisses, comprise entre les ordonnées des points 3 et 4.

Le travail résistant correspondant à ce même déplacement simultané des pistons est, dans la première soufflerie, la partie du diagramme relatif à l'air et comprise entre les deux ordonnées des points 0 et 1 ; dans la seconde soufflerie, il est la partie du diagramme relatif à l'air, située en-dessous de l'axe d'abcisses et

Fig. 24

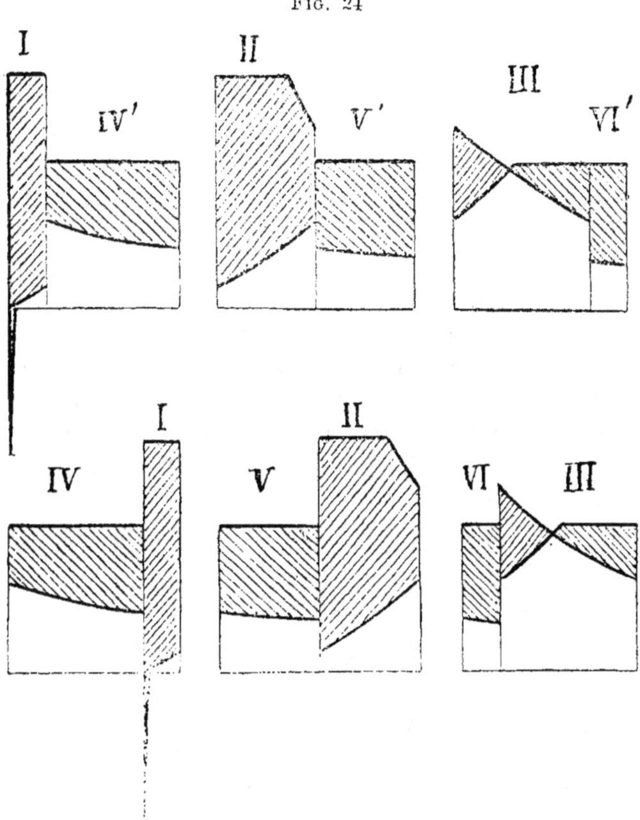

comprise entre les ordonnées des points 9 et 10, laquelle est égale à la partie du diagramme supérieur relatif à l'air et comprise entre les ordonnées des points 3 et 4.

Les excès de travail moteur et résistant, l'un sur l'autre, sont donnés par la différence de surface de ces parties de diagrammes.

De même, quand le piston à vapeur et le piston à vent de la première soufflerie parcourront l'espace correspondant à l'angle II décrit par leur manivelle, le piston à vapeur et le piston à vent de la seconde soufflerie parcourront l'espace correspondant à l'angle V′ décrit par leur manivelle et le travail moteur développé dans ce parcours sera, dans la première soufflerie, la partie du diagramme à vapeur comprise entre les ordonnées des points 1 et 2; dans la deuxieme soufflerie, la partie du diagramme à vapeur comprise entre les ordonnées des points 10 et 11, laquelle est égale à la partie du diagramme à vapeur supérieur comprise entre les ordonnées des points 4 et 5. Le travail résistant correspondant à ce même mouvement angulaire des manivelles sera, dans la première soufflerie, sur le diagramme relatif à l'air, la partie comprise entre les ordonnées des points 1 et 2 ; dans la seconde soufflerie il sera, sur le diagramme inférieur relatif à l'air, la partie comprise entre les ordonnées des points 10 et 11, laquelle est égale, sur le diagramme supérieur relatif à l'air, à la partie comprise entre les ordonnées des points 4 et 5.

Et ainsi de suite jusqu'à l'extrémité de l'axe d'abcisses correspondant à l'arrivée à fin de course des pistons à air et à vapeur de la première soufflerie, arrivée correspondant à l'angle VI décrit par sa manivelle, tandis que la manivelle de la seconde soufflerie décrit l'angle III.

En résumé, pendant que la manivelle de la première soufflerie décrit les angles :   (fig. 23)

	Le travail moteur, dans la 1re soufflerie, est la partie du diagramme à vapeur tracée (fig. 24).		Le travail moteur dans la 2e soufflerie est (fig. 24)		Le travail résistant de la 1re soufflerie est (fig. 24)		Le travail résistant de la 2e soufflerie est (fig. 24)	
I		I		IV		I		IV
II		II		V		II		V
III		III		VI		III		VI
IV		IV		I		IV		I
V		V		II		V		II
VI		VI		III		VI		III

et les excès simultanés de travail moteur ou de travail résistant, l'un sur l'autre, sont les différences existant entre les parties de diagramme à vapeur et à air,

Pour angle   I : (à vapeur)   I + IV — (à air)   I + IV
«   II :   «   II + V —   «   II + V
«   III :   «   III + VI —   «   III + VI
«   IV :   «   IV + I —   «   IV + I
«   V :   «   V + II —   «   V + II
«   VI :   «   VI + III —   «   VI + III

Remarquons que, dans chaque période de 3 angles de 30° parcourus successivement, ou dans chaque quart de tour, le travail moteur ainsi que le travail résistant sont égaux au travail moteur et au travail résistant pendant une course simple des pistons dans la machine soufflante non géminée ; par conséquent, ces quantités de travail sont égales entre elles et les excédents alternatifs de travail moteur et résistant dans une soufflerie double dont les manivelles sont calées à angle droit se détruisent dans chaque quart de tour. De plus, en faisant la quadrature de ces excès alternatifs pendant les quarts de tour de I à III, de III à VI, nous trouvons pour leur valeur $16,200^{kgm}$ environ, soit moitié seulement des excédents alternatifs correspondant à une course simple des pistons dans la soufflerie non géminée. Donc, pour une soufflerie double, un volant de poids égal à moitié seulement de celui qui est nécessaire à la machine soufflante simple, de puissance deux fois plus faible, suffit à assurer le même degré de régularité de marche, la même élasticité dans la production du vent.

Cependant, il ne serait pas prudent d'adopter un poids de volant aussi faible, car il peut arriver qu'à un moment donné, soit par suite de réparations à faire à l'une des deux souffleries jumelles, soit pour toute autre cause, que l'on doive découpler ces deux machines soufflantes pour ne laisser fonctionner que l'une ou l'autre comme soufflerie simple, et alors un volant de poids double serait nécessaire pour assurer la marche de cette soufflerie devenue indépendante de sa jumelle.

Il est donc préférable, en prévision de découplage possible de ces machines, de leur donner un volant qui leur permette de marcher soit comme machines simples, soit comme machine double, on y gagnera dans le fonctionnement comme machines soufflantes géminées une plus grande régularité de mouvement, plus de douceur dans la marche, plus d'élasticité dans la puissance de production de vent.

Si, au lieu d'accoupler ces souffleries par deux, on les réunissait par trois pour former une machine triple dans laquelle les manivelles seraient calées à 120° l'une sur l'autre, on obtiendrait bien plus de régularité encore et par suite un bien moindre poids de volant serait nécessaire à ces trois souffleries réunies.

C'est ce que l'on peut reconnaître en employant le diagramme o
(fig. 25) pour tracer les parties de diagramme (fig. 26) donnant l

FIG. 25

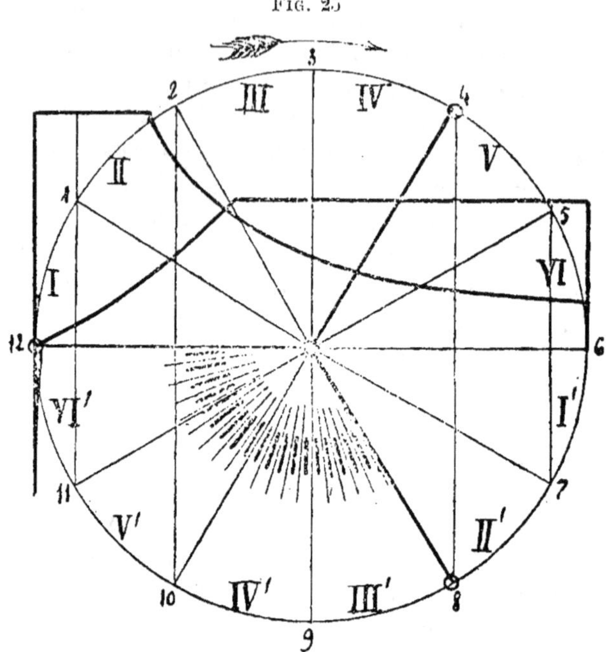

les excédents alternatifs de travail moteur et de travail résistant
dans chaque parcours angulaire simultané de 30° des manivelles
pendant une demi-révolution de la machine.

Par l'épure (fig. 25), nous voyons que les manivelles de ces
3 souffleries décrivent simultanément les angles :

I, V et III'

II, VI et IV'

III, I' et V'

IV, II' et VI'

V, III' et I

VI, IV et II

et que les quantités de travail moteur et de travail résistant qui y
correspondent sont données par les parties de diagramme (fig. 26)

Fig. 26

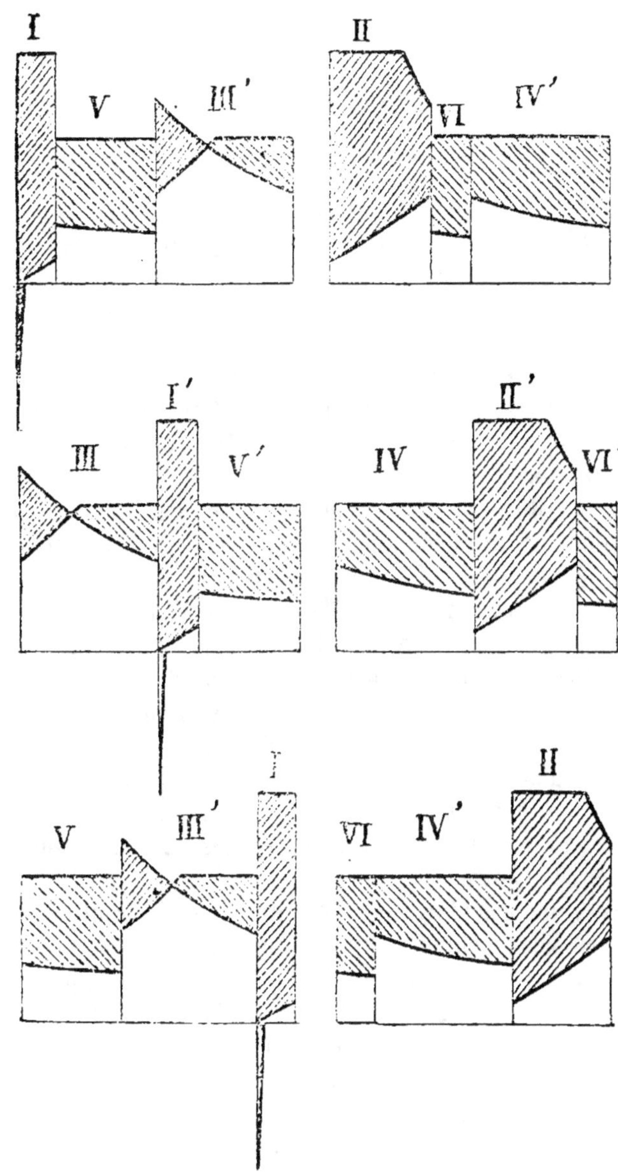

$$
\begin{aligned}
&I + V + III \\
&II + VI + IV \\
&III + I + V \\
&IV + II + VI \\
&V + III + I \\
&VI + IV + II
\end{aligned}
$$

de sorte que, pendant chaque parcours de 2 fois un angle de 30°, ou de 60°, correspondant à un sixième de tour, il est développé une quantité de travail égale au travail moteur de l'une de ces souffleries pendant une course simple $(I + II + III + IV + V + VI)$ et l'on a eu aussi à vaincre une égale quantité de travail résistant $(I + II + III + IV + V + VI)$ quoique ces différentes quantités de travail se soient effectuées dans un ordre différent.

Donc périodiquement, et à raison de 3 fois dans une course de piston, l'excès de travail résistant doit être compensé par l'excès de travail moteur.

La quadrature des différences de surface des parties de diagramme (fig. 26) donne pour valeur de ces excès alternatifs $3{,}170^{\text{kgm}}$, soit moins que 1/10 des excédents alternatifs $35{,}500^{\text{kgm}}$ que nous avons trouvés dans la soufflerie simple avec piston à vent et vapeur situés sur la même tige. Donc, il suffirait d'employer un volant de poids 10 fois moindre pour assurer dans cette soufflerie triple la même douceur et souplesse de marche que dans l'une de ces mêmes souffleries fonctionnant seule ; mais ici encore, il serait prudent d'admettre qu'à un moment donné ces 3 machines puissent être séparées et de leur appliquer un volant capable d'assurer leur fonctionnement même en cas de marche indépendante l'une de l'autre.

Du reste, une machine triple de cette puissance rentrerait dans la catégorie des machines soufflantes monstrueuses de Dowlais et d'Ebw-Vale ; or il est douteux qu'il y ait avantage à employer des souffleries aussi puissantes à cause des accidents qui peuvent leur survenir et qui, forçant à les arrêter, mettraient en détresse ou hors marche deux ou plus de hauts-fourneaux à la fois ; quelle que soit l'importance d'une usine, cette usine ne pouvant avoir comme rechange des souffleries de puissance aussi élevée, de construction aussi coûteuse. Ainsi que nous l'avons fait remarquer déjà, des machines soufflantes s'appliquant à un seul haut-fourneau sont d'un emploi plus rationnel, si elles sont construites de façon à suivre toutes les nécessités du soufflage, c'est-à-dire si, par l'élasticité de leur puissance; elles se prêtent tout aussi bien à la production de vent à pression beaucoup plus élevée que la pression normale, qu'à un soufflage aussi réduit qu'il peut être nécessaire en pression et en volume d'air lancé. Dans ces conditions, une soufflerie de rechange est facile à ménager et quelque accident qu'il arrive à l'une des machines soufflantes en marche, les hauts-fourneaux n'en souffriront pas, la machine de rechange étant substituée à la soufflerie qui demande des réparations.

En général, les souffleries jumelles, avec manivelles à 90°, sont celles qui peuvent donner le plus de satisfaction ; elles n'exigent pas, comme les souffleries simples, un poids de volant excessif même pour un faible degré de régularisation et la possibilité de marche à une vitesse peu inférieure à la vitesse normale. Avec un volant de poids strictement nécessaire à une soufflerie simple de moitié aussi puissante, les souffleries jumelles prennent une régularité, une douceur de marche et une élasticité de vitesse et de production de vent que, même les souffleries simples d'égale puissance à 2 cylindres à vapeur système Woolf, dans lesquels la détente se répartit, ne peuvent fournir.

Enfin, les souffleries jumelles peuvent être établies avec leurs deux cylindres à vapeur du système Compound et réunir alors à peu près les avantages des machines soufflantes à cylindres système Woolf et des machines jumelles ordinaires à manivelles disposées à 90° si, entre les deux cylindres à vapeur, on intercale un réservoir de vapeur chauffé par vapeur directe.

Dans ces machines Compound, il y a toujours détente dans les deux cylindres ; les manivelles étant calées à 90°, la vapeur sortant du petit cylindre, passe d'abord dans un réservoir inter-médiaire et de là dans le second cylindre dès que commence la course de son piston.

Comme dans les machines à cylindre unique, la détente totale est représentée par le rapport du volume final de la vapeur à son volume initial.

Le travail total pour une machine bien réglée, en marche normale, est aussi sensiblement le même que dans la machine à un seul cylindre. On peut donc, en prenant les volumes comme abcisses et les pressions comme ordonnées, représenter le travail

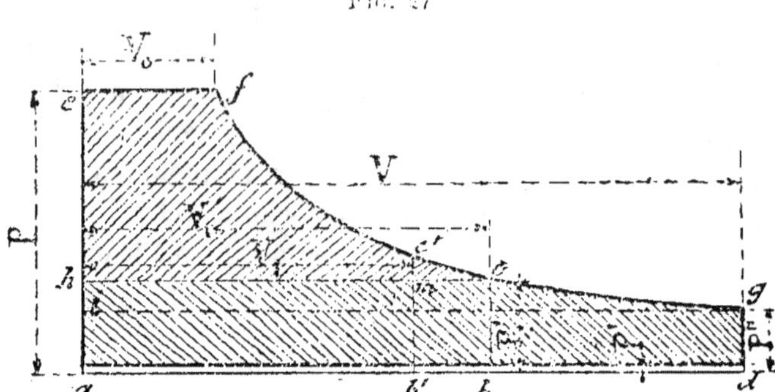

Fig. 27

total théorique par un diagramme (fig. 27) analogue à celui de la fig. 7.

Désignons par :

P   la pression initiale absolue de la vapeur, par cm² ;

P′   la contre-pression à l'échappement derrière le grand piston ;

P″   la pression finale de la vapeur détendue ;

P_1'' la pression de la vapeur sortant du petit cylindre ;

V_0 le volume de vapeur à l'introduction ;

V_1 le volume du petit cylindre ;

V   le volume du grand cylindre :

V_0' le volume d'introduction au grand cylindre ;

P_1' la pression correspondante ; c'est celle qui règne dans le réservoir intermédiaire ;

$\dfrac{V}{V_0}$ est le degré de détente ;

et $\dfrac{V_1}{V_0}$ est la détente au petit cylindre.

A l'état de régime, la pression P_1' dans le réservoir est sensiblement constante. Le petit cylindre fournit à ce réservoir un volume V_1 à la pression P_1'' et le réservoir à son tour fournit au grand cylindre un volume V_0' à la pression P_1'. Il faut, pour que la pression reste constante au réservoir, que :

$$P_1'' \, V_1 = P_1' \, V_0'$$

Or, pour éviter toute perte de travail, il est nécessaire qu'il n'y ait pas de chute de pression du petit cylindre au réservoir ; c'est-à-dire que :

$$P_1'' = P_1'$$

Cette condition sera remplie si :

$$V_1 = V_o'$$

Il faut donc, pour éviter toute perte de travail, que le volume correspondant à l'introduction dans le grand cylindre soit égal au volume du petit cylindre.

Si, sur la fig. 27, nous prenons ab pour représenter en même temps le volume V_1 et le volume d'introduction V_o', on aura bc pour représenter la pression $P_1'' = P_1'$.

Le travail sur le petit piston sera $hcfe$ et sur le grand piston $adgch$.

On voit de suite que l'on peut satisfaire de plusieurs façons à cette condition $V_1 = V_o'$.

En effet, on peut prendre $V_o' = V_1 = V_o = ef$; dans ce cas, tout le travail est développé dans le second cylindre, comme dans un cylindre unique ;

ou $$V_1 = V_o' = V = ad,$$

dans ce cas, le travail sur le premier piston est $igfe$, et le travail sur le second piston est $adgi$; ce second piston ne subit alors que la pression $P'' = P'$.

Il convient, pour obtenir la plus grande uniformité de mouvement, surtout dans une soufflerie double, de répartir aussi également que possible le travail total sur les deux pistons à vapeur ; c'est-à-dire de faire en sorte que le travail moteur développé sur chacun des deux pistons à vapeur soit égal au travail résistant que chacun des deux pistons à vent, conjugués aux pistons à vapeur, doit vaincre.

Pour arriver à répartir le travail total également sur les deux pistons, rappelons la formule générale

$$T_m = PV_o \left(1 + \log. \text{hyp.} \frac{V}{V_o} - \frac{P'V}{PV_o} \right)$$

dans laquelle $$\frac{P'V}{PV_o} = \frac{P'}{P''}$$

Appliquons cette formule au petit cylindre, puisque par hypothèse la pression au réservoir est égale à la pression à la sortie de ce petit cylindre

$$\frac{P'}{P''} = \frac{P_1'}{P_1''} = 1$$

et la formule pour ce cylindre se réduit à :

$$T_m = PV_0 \log. \text{ hyp. } \frac{V_1}{V_0}$$

Faisons ce travail égal à la moitié du travail total, on aura :

$$\log. \text{ hyp. } \frac{V_1}{V_0} = \frac{1}{2} \left(1 + \log. \text{ hyp. } \frac{V}{V_0} - \frac{P'V}{PV_0} \right)$$

Telle est l'expression qui donne le rapport $\frac{V_1}{V_0}$ de la détente au petit cylindre pour des diagrammes théoriquement égaux et une perte de travail nulle.

Nous avons encore comme donnée la détente totale $\frac{V}{V_0} = \alpha$

Ayant déterminé par le calcul le volume V_0 de la vapeur à dépenser suivant la puissance à obtenir, il sera facile de déduire de l'expression ci-dessus les dimensions des 2 cylindres à vapeur à employer (1)

---

(1) Pour rechercher les diamètres à donner aux pistons à vapeur dans une soufflerie Compound à deux cylindres, dans laquelle les 2 pistons à vapeur sont attelés directement aux deux pistons à vent de 3 mètres de diamètre, $2^m,50$ de longueur de course et devant refouler l'air à $0^m,40$ de pression de mercure, comme dans les souffleries que nous avons prises pour types, appliquons la formule

$$T_m = PV_0 \left(1 + \log. \text{ hyp. } \frac{V}{V_0} - \frac{P'V}{PV_0} \right)$$

en admettant qu'en marche normale la détente totale $\frac{V}{V_0}$ soit égale à 5 et faisant entrer dans cette formule un coefficient de correction $K = 0,80$.

Précédemment, nous avons trouvé pour valeur du travail résistant dans ces cylindres à vent $T_r = 82,200^{kgm}$ par course simple; comme dans cette machine Compound double chaque demi-tour de manivelle correspond à 2 courses simples de piston à vent, le travail résistant total par demi-tour de manivelle sera :

$$T_r = 2 \times 82,200^{kgm} = 164,400^{kgm}$$

Pour éviter toute perte de travail dans le passage de la vapeur du petit au grand cylindre, il faudrait, comme nous l'avons remarqué, que la pression à la fin de la course du petit piston soit égale à la contre-pression

$$P_4'' = P_4',$$

ce qui donnerait lieu à une pression effective nulle sur le petit piston à la fin de sa course; mais de même que, pour les machines

et le travail moteur total à développer par demi-tour de manivelle sera :

$$T_m = 164,400^{kgm} = KPV_0 \left(1 + \log. \text{hyp.} \frac{V}{V_0} - \frac{P'V}{PV_0}\right)$$

Pour le petit cylindre à vapeur, la formule se réduisant à :

$$T_m = KPV_0 \log. \text{hyp.} \frac{V_1}{V_0}$$

et cette quantité de travail devant être égale à la moitié du travail total, ou à $82,200^{kgm}$, nous poserons :

$$KPV_0 \log. \text{hyp.} \frac{V_1}{V_0} = \frac{1}{2} KPV_0 \left(1 + \log. \text{hyp.} \frac{V}{V_0} - \frac{P'V}{PV_0}\right)$$

cette expression simplifiée devient :

$$\log. \text{hyp.} \frac{V_1}{V_0} = \frac{1}{2} \left(1 + \log. \text{hyp.} \frac{V}{V_0} - \frac{P'V}{PV_0}\right)$$

Ici encore, faisons comme précédemment :

$$P = 5^{kg} \qquad\qquad P' = 0^{kg},15$$

par hypothèse, nous avons :

$$\frac{V}{V_0} = 5$$

en substituant, il viendra :

$$\log. \text{hyp} \frac{V_1}{V_0} = \frac{1}{2} \left(1 + \log. \text{hyp.} 5 - \frac{0,15}{5} \times 5\right) = 1,23$$

d'où :

$$\log. \frac{V_1}{V_0} = \frac{1,23}{2,3} = 0,5344 \text{ et } \frac{V_1}{V_0} = 3,423$$

le degré de détente dans le petit cylindre devra donc être 3,423 et puisque

$$\frac{V}{V_0} = 5, \quad V = 5 V_0$$

et

$$\frac{V}{V_1} = \frac{5 V_0}{3,423 V_0} = 1,46$$

le degré de détente dans le grand cylindre sera 1,46.

Nous avons aussi trouvé précédemment que pour la même pression à un seul cylindre, il convient en pratique de conserver une certaine pression effective sur le piston pour vaincre les résistances passives ; si nous voulons que cette pression soit de $0^{kg},5$ nous prendrons sur la fig. 27

$$c'b' = cb + 0,5 = P_1''$$

nous diminuerons ainsi le volume V_1 et la détente au petit cylindre deviendra :

$$\frac{V_1}{V_0} = \frac{ab'}{cf}$$

L'introduction au grand cylindre restant égale à :

$$V_0' = hc = ab$$

la pression dans le réservoir reste

$$bc = P_1'$$

le premier diagramme est alors $hefc'm$,

$P = 5$ kg., le même degré de détente totale $\frac{V}{V_0} = 5$ et le même coefficient de rendement $K = 0,80$, pour conduire un piston à vent de 3 mètres de diamètre marchant à la pression de $0^m,40$ de mercure, la surface du piston à vapeur devait être $1^{m2},67$ et l'admission se faire sur $\frac{2^m,50}{5} = 0^m,50$ de longueur de sa course, le volume de vapeur V_0 employé par course simple est donc

$$1^{m2},67 \times 0^m,50 ;$$

dans notre machine Compound, puisque 2 pistons à vent identiques sont à conduire, le volume de vapeur à dépenser par demi-tour de manivelle devra être double, c'est-à-dire :

$$2 \times 1^{m2},67 \times 0^m,50 = 1^{m3},67 = V_0$$

et nous aurons $V_1 = 3,423 \, V_0 = 3,423 \times 1^{m3},67 = 5^{m3},716,$

pour volume de la cylindrée de vapeur du petit cylindre

et $\qquad V = 5 \, V_0 = 5 \times 1^{m3},67 = 8^{m3},35$

pour volume de la cylindrée de vapeur du grand cylindre, la longueur de course des pistons dans chacun des deux cylindres à vapeur étant $2^m,50$, la surface et le diamètre des pistons devront être :

$$\textit{petit piston}, \text{ surface } s = \frac{5^{m3},716}{2^m,50} = 2^{m2},29$$

correspondant au diamètre $d = 1^m,71$.

$$\textit{grand piston}, \text{ surface } S = \frac{8^{m3},35}{2^m,50} = 3^{m2},33$$

correspondant au diamètre $D = 2^m,06$.

le second diagramme reste *ahcgd*, et la perte de travail résultant de cette chute de pression est *c'mc*.

Mais, indépendamment de cette perte, il en existe une seconde provenant de ce que la pression sur le grand piston est toujours inférieure à la pression qui règne dans le réservoir, cette différence résulte du mouvement de la vapeur à travers les conduits, des condensations, etc., elle peut atteindre $0^{kg},1$ et plus.

La pression sur le grand piston est alors $P_1' - 0,1$.

La figure 28 représente maintenant les diagrammes exacts A et B des deux cylindres.

$$A = hefc'm$$
$$B = adgca_1$$

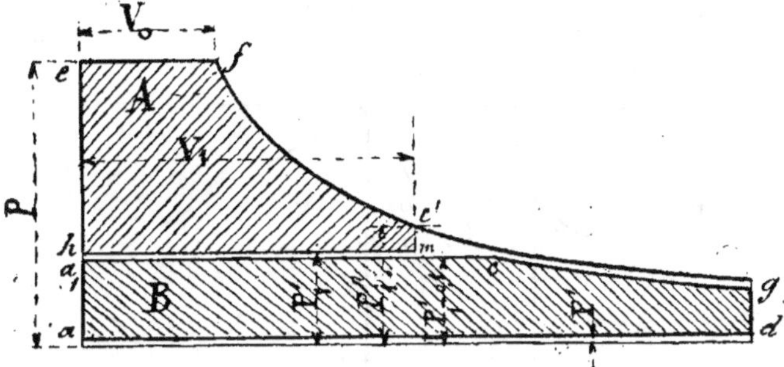

Fig. 28

Il faut observer que la pression effective *dg*, qui règne sur le grand piston à la fin de sa course, doit être suffisante pour vaincre les frottements, soit $0^{kg},3$ à $0^{kg},5$.

Le diagramme (fig. 29) relatif à une soufflerie jumelle Compound de notre type de 3 mètres diamètre cylindre soufflant, $2^m,50$ longueur de course des pistons, pression du vent $0^m,40$ de mercure, avec vapeur à 5 kg de pression et 5, degré de détente totale, va nous servir à la construction des tracés (fig. 30) correspondant à chaque angle de 30° décrit par les manivelles et nous permettre de déterminer graphiquement les excédents alternatifs du travail moteur sur le travail résistant, et réciproquement, durant chaque demi-tour des manivelles.

Ainsi, quand le piston à vent et le petit piston à vapeur de l'une des deux souffleries parcourent l'espace correspondant à l'angle I décrit par leur manivelle, le piston à vent et le grand

piston à vapeur de la seconde soufflerie parcourront l'espace
correspondant à l'angle IV′ décrit par leur manivelle.

Le travail moteur développé pendant ce déplacement simultané

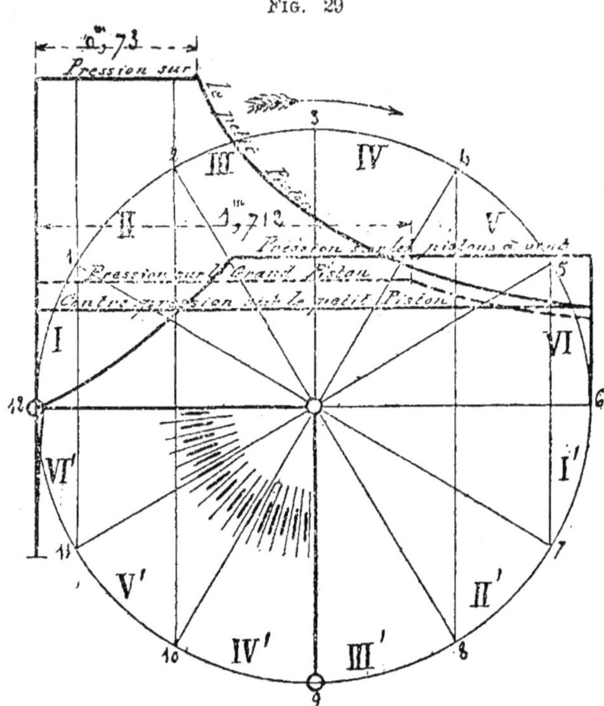

Fig. 29

des pistons est représenté, dans la première soufflerie, par la
partie du diagramme (fig. 29) comprise entre les deux premières
ordonnées et correspondante à la pression effective de la vapeur
sur le petit piston ; dans la seconde soufflerie, il est représenté
par la partie du diagramme comprise entre les ordonnées des
points 9 et 10 et relative à la pression de la vapeur sur le grand
piston ; cette surface est égale à la partie du diagramme située
au-dessus de l'axe d'abcisses et comprise entre les ordonnées des
points 3 et 4 diamétralement opposés aux points 9 et 10.

Le travail résistant correspondant à ce même déplacement
simultané des pistons est, dans la première soufflerie, représenté
par la partie du diagramme relative à l'air et comprise entre les

ordonnées des points 12 et 1 ; dans la seconde soufflerie, il est représenté par la partie du diagramme relative à l'air, située

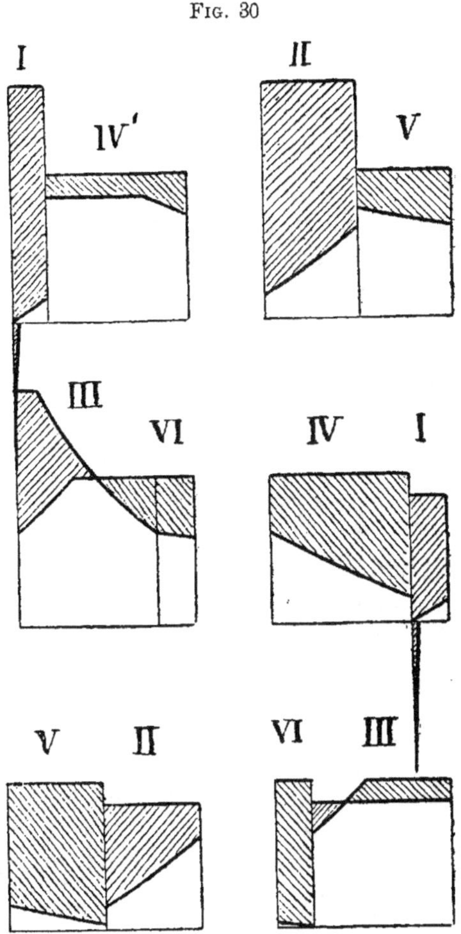

Fig. 30

au-dessus de l'axe d'abcisses et comprise entre les ordonnées des points 3 et 4.

Dans le parcours des angles suivants, on trouverait de même que les excès de travail moteur et résistant l'un sur l'autre sont représentés par la différence de surface des parties de diagramme qui y correspondent. Du reste, l'épure (fig. 29) montre que les deux manivelles de cette soufflerie Compound double décrivent simultanément les angles :

$$
\begin{aligned}
&\text{I et IV}'\\
&\text{II et V}'\\
&\text{III et VI}'\\
&\text{IV et I}\\
&\text{V et II}\\
&\text{VI et III}
\end{aligned}
$$

comme dans une soufflerie double ordinaire, et que les quantités de travail moteur et de travail résistant correspondant à ces parcours simultanés sont données par la surface des parties de diagrammes (fig. 30) :

$$
\begin{aligned}
&\text{I + IV}\\
&\text{II + V}\\
&\text{III + VI}\\
&\text{IV + I}\\
&\text{V + II}\\
&\text{VI + III}
\end{aligned}
$$

Les excès simultanés de travail moteur ou de travail résistant l'un sur l'autre sont les différences existant entre la surface des parties de diagramme relatives aux pistons à vapeur et aux pistons à air :

pour angles	décrits par la manivelle du petit piston à vapeur		manivelle du petit piston à vapeur		manivelle du grand piston à vapeur	pistons à air
I		I	+ IV		— (I + IV)	
II		II	+ V		— (II + V)	
III		III	+ VI		— (III + VI)	
IV		IV	+ I		— (IV + I)	
V		V	+ II		— (V + II)	
VI		VI	+ III		— (VI + III)	.

Mais ici, bien que dans chaque période de 3 angles de 30° successivement parcourus, ou dans chaque quart de tour, le travail résistant se répète comme dans les souffleries doubles avec manivelles à 90°, il n'en est plus de même du travail moteur ; par suite de la différence de pression de la vapeur agissant sur les pistons et de la différence de diamètre de ces pistons, la période de répétition du travail moteur ne correspond plus qu'à chaque demi-tour et, dans la fig. 30, la quadrature des parties de surface représentant les excédents alternatifs de travail moteur et résistant l'un sur l'autre à la fin de chaque demi-révolution correspond approximativement à $22,800^{kgm}$, ce qui revient à environ :

$$\frac{22,800}{2} = 11,400^{kgm}$$

si l'on ramène cet excédent à une seule cylindrée de vent.

Dans la soufflerie double avec manivelles calées à 90°, nous avions trouvé $16,200^{kgm}$ d'excédents alternatifs se compensant 2 fois par demi-révolution, ce qui revient à $16,200^{kgm}$ par cylindrée de vent ; donc la machine Compound avec ses deux manivelles calées à 90° donne, pour le même degré de détente 5, un mouvement plus doux que la machine jumelle ordinaire, à deux pistons à vapeur d'égal diamètre, et pourrait recevoir un volant plus faible que cette dernière pour assurer la même régularité de marche, la même élasticité dans la production de vent.

Dans cette soufflerie Compound double, il ne serait cependant pas prudent d'employer un volant trop léger ; il est préférable de se réserver la possibilité de la découpler et de faire fonctionner isolément soit l'un soit l'autre des pistons à vapeur comme dans une machine simple conduisant le piston soufflant auquel il est attelé ; et pour que cela soit possible, il faut évidemment que le poids du volant adopté soit assez grand pour assurer la marche, avec un degré de régularité suffisant, de chacune des deux parties de la Compound double fonctionnant indépendamment l'une de l'autre.

Pour compléter l'étude de la question de prépondérance alternative du travail moteur sur le travail résistant et réciproquement, dans les souffleries, pendant chaque demi-révolution, établissons (fig. 31) le diagramme relatif à une soufflerie Compound triple, dans laquelle les 3 manivelles seraient calées à 120° l'une sur l'autre, le petit cylindre recevrait la vapeur des chaudières et les deux autres cylindres à vapeur, faits d'égal diamètre l'un et l'autre, seraient alimentés par la vapeur partiellement détendue dans le petit cylindre, après que cette vapeur s'est échappée du petit cylindre dans le réservoir intermédiaire.

Nous admettrons que, comme dans la soufflerie triple, chacun

des trois pistons à vapeur est directement attelé à un piston à
vent, que la course commune des pistons est 2ᵐ,50, que le
diamètre des pistons à vent est 3 mètres, que la pression du vent

Fig. 31

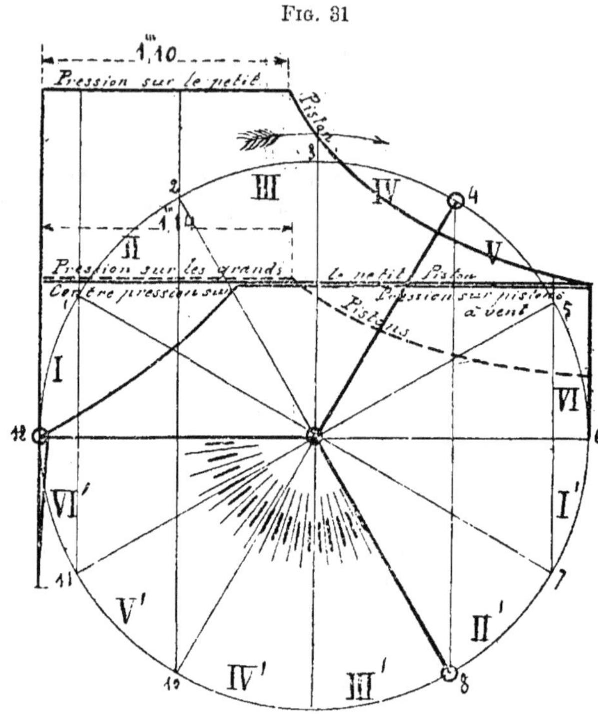

est de 0ᵐ,40 de colonne de mercure, et de plus, que le travail moteur
développé dans les trois cylindres à vapeur est égal dans chacun
d'eux et correspond au travail résistant dans chacun des cylindres
à vent (1).

(1) **La formule générale** du travail de la vapeur étant ici encore :

$$T_m = PV_0 \left(1 + \log. \text{ hyp. } \frac{V}{V_0} - \frac{P'V}{PV_0}\right)$$

pour rechercher les diamètres à donner aux pistons à vapeur, dans cette
machine Compound triple, en admettant qu'en marche normale la
détente totale produite soit $\frac{V}{V_0} = 5$, faisons entrer dans l'expression du
travail le coefficient de correction K = 0,80.

Nous avons trouvé précédemment pour valeur du travail résistant dans

Comme dans la soufflerie triple, les manivelles de la Compound triple décrivent simultanément les angles

$$
\begin{aligned}
&\text{I,} \quad \text{V et III}'\\
&\text{II,} \quad \text{VI et IV}'\\
&\text{III,} \quad \text{I}' \text{ et } \text{V}'\\
&\text{IV,} \quad \text{II}' \text{ et } \text{VI}'\\
&\text{V,} \quad \text{III}' \text{ et I}\\
&\text{VI,} \quad \text{IV}' \text{ et II}
\end{aligned}
$$

chacun des cylindres à vent, $T_r = 82{,}200$ kgm. De ce qu'à chaque demi-tour de manivelle correspondent 3 courses simples de piston à vent, dans cette Compound triple, le travail résistant total par demi-révolution du volant sera $T_r = 3 \times 82{,}200$kgm $= 246{,}600$kgm et le travail moteur à développer sera :

$$
T_m = 246{,}600\text{kgm} = \text{KPV}_0 \left(1 + \text{log. hyp. } \frac{V}{V_0} - \frac{P'V}{PV_0}\right)
$$

Pour le petit cylindre, la formule se réduisant à :

$$
T_m = \text{KPV}_0 \text{ log. hyp. } \frac{V_1}{V_0}
$$

et cette quantité de travail devant être égale au tiers du travail total, soit à 82,200kgm, nous poserons :

$$
\text{KPV}_0 \text{ log. hyp. } \frac{V_1}{V_0} = \frac{1}{3} \text{KPV}_0 \left(1 + \text{lo . hyp. } \frac{V}{V_0} - \frac{P'V}{PV_0}\right)
$$

cette expression simplifiée devient :

$$
\text{log. hyp. } \frac{V_1}{V_0} = \frac{1}{3} \left(1 + \text{log. hyp. } \frac{V}{V_0} - \frac{P'V}{PV_0}\right)
$$

Faisant $P = 5$kg $P' = 0$kg,15 et $\frac{V}{V_0}$ étant égal à 5, on aura :

$$
\text{log. hyp. } \frac{V_1}{V_0} = \frac{1}{3} \left(1 + \text{log. hyp. } 5 - \frac{0{,}15}{5} \times 5\right) = 0{,}82
$$

$$
\text{et log. } \frac{V_1}{V_0} = \frac{0{,}82}{2{,}3} = 0{,}356 \text{ d'où } \frac{V_1}{V_0} = 2{,}27
$$

et $V_1 = 2{,}27 V_0$.

puisque
$$
\frac{V}{V_0} = 5, \quad V = 5V_0 \text{ et } \frac{V}{V_1} = \frac{5V_0}{2{,}27 V_0} = 2{,}2
$$

le degré de détente dans le petit cylindre devra donc être 2,27 et le degré de détente dans les deux grands cylindres 2,2. Le volume de vapeur à dépenser par demi-révolution du volant dans cette Compound triple actionnant 3 pistons à vent de 3 mètres de diamètre, 2m,50 de longueur de course, à la pression de 0m,40 de mercure sera 3 fois plus grand que dans notre type de soufflerie simple, ou

$$
3 \times 1^{m2}{,}67 \times 0^m{,}50 = 2^{m3}{,}505 = V_0
$$

Les quantités de travail moteur et de travail résistant qui y correspondent sont données (fig. 32) par la surface des parties du diagramme (fig. 31)

<table>
<tr><td rowspan="6">petit cylindre</td><td>}</td><td>I +</td><td rowspan="6">grand cylindre</td><td>}</td><td>V +</td><td rowspan="6">grand cylindre</td><td>}</td><td>III' ou III</td></tr>
<tr><td></td><td>II +</td><td></td><td>VI +</td><td></td><td>IV' ou IV</td></tr>
<tr><td></td><td>III +</td><td></td><td>I' ou I +</td><td></td><td>V' ou V</td></tr>
<tr><td></td><td>IV +</td><td></td><td>II' ou II +</td><td></td><td>VI' ou VI</td></tr>
<tr><td></td><td>V +</td><td></td><td>III' ou III +</td><td></td><td>I</td></tr>
<tr><td></td><td>VI +</td><td></td><td>IV' ou IV +</td><td></td><td>II</td></tr>
</table>

Remarquons que, de même que dans la soufflerie triple ordinaire, dans cette Compound triple, le travail résistant se répète pendant chaque parcours de deux fois un angle de 30°, ou de 60° correspondant à chaque période d'un sixième de révolution du volant; mais il n'en est pas ainsi du travail moteur par suite de la différence de diamètre du petit piston et surtout de la pression élevée de la vapeur à laquelle est soumise ce petit piston. Ici, le travail moteur est prépondérant pendant le parcours des angles I, II et III par la manivelle du petit piston, tandis qu'au contraire le travail résistant devient prépondérant pendant le parcours des angles IV, V et VI par cette même manivelle. Ce n'est qu'à la fin de chaque demi-révolution que le travail moteur et le travail résistant s'égalisent, comme dans les Compound doubles.

La quadrature des différences de surface des parties de

Nous aurons alors pour volume de la cylindrée du petit cylindre à haute pression :

$$V_1 = 2{,}27 V_0 = 2{,}27 \times 2^{m3}{,}505 = 5^{m3}{,}68635$$

Et pour volume total des 2 cylindres recevant du réservoir la vapeur partiellement détendue :

$$V = 5 V_0 = 5 \times 2^{m3}{,}505 = 12^{m3}{,}525$$

Ou, pour leur cylindrée, ces 2 cylindres devant être égaux en diamètre :

$$V = \frac{12{,}525}{2} = 6^{m3}{,}2625$$

La longueur de course des pistons étant $2^m{,}50$, la surface des pistons à vapeur devra être :

$$petit\ piston\ \frac{5^{m3}{,}68635}{2^m{,}50} = 2^{m2}{,}28$$

correspondant au diamètre $1^m{,}71$

$$grands\ pistons\ \frac{6^{m3}{,}2625}{2^m{,}50} = 2^{m2}{,}50$$

correspondant au diamètre $1^m{,}79$.

diagramme (fig. 32) correspond à des excès alternatifs du travail moteur sur le travail résistant, et réciproquement, de 9,900^{kgm}

FIG. 32

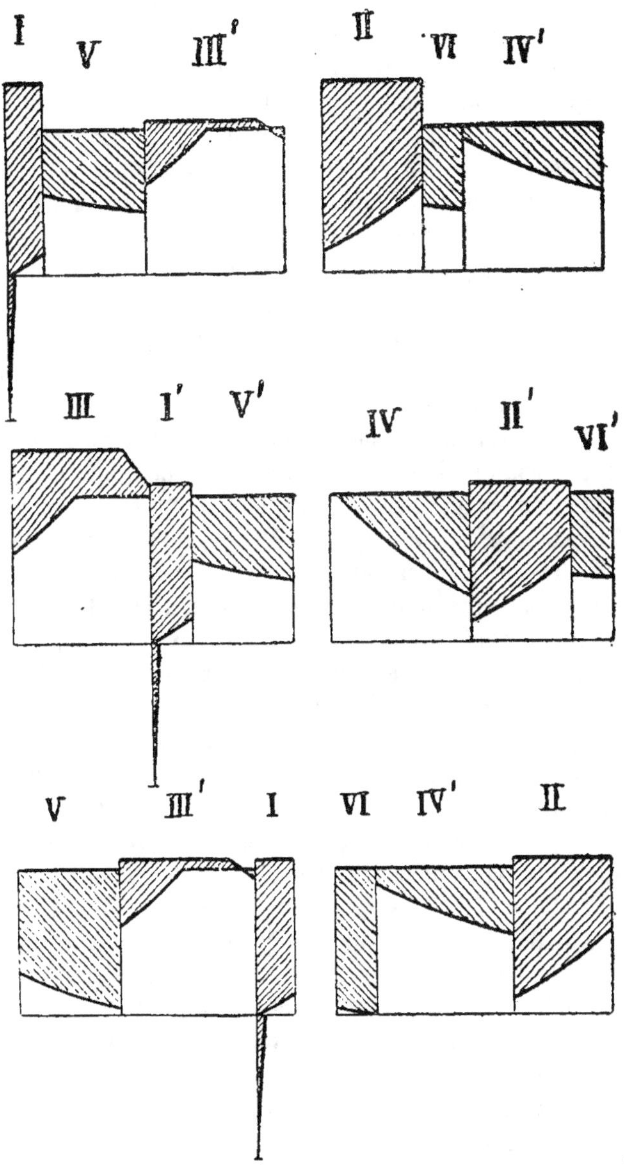

environ par période d'une demi-révolution du volant ; trois cylindrées d'air étant fournies dans chacune de ces périodes, les excédents alternatifs ramenés à une cylindrée d'air sont approximativement de 3,300^{kgm} seulement, au lieu de 11,400^{kgm} qu'ils étaient dans la Compound double et de 3,170^{kgm} que nous avons trouvés dans la soufflerie triple en ramenant ces excédents à la valeur correspondant à une cylindrée d'air. La Compound triple et la soufflerie triple sont donc à très peu près équivalentes comme douceur de marche, élasticité dans la vitesse et la production de vent, quoique fonctionnant à détente étendue, l'une aussi bien que l'autre pourraient marcher avec une très grande régularité, bien que ne possédant qu'un volant très léger.

Une Compound triple de la puissance de celle qui nous a servi d'exemple serait une soufflerie monstrueuse qu'il ne serait guère prudent d'adopter, un arrêt accidentel étant trop redoutable et ne pouvant être compensé par aucune soufflerie de réserve ; il serait évidemment préférable, pour profiter des qualités de marche du genre Compound triple, de l'établir avec des dimensions assez restreintes pour qu'elle ne corresponde, en marche normale, qu'au soufflage d'un seul haut-fourneau. Mais, pour conserver l'avantage de permettre la comparaison des divers systèmes de souffleries entre eux, tant au point de vue de la douceur de marche, de l'élasticité de production de vent que ces systèmes sont capables d'assurer, qu'au point de vue de l'importance du volant à leur appliquer, il était préférable de faire en sorte que nos divers exemples s'appliquent à de mêmes cylindrées d'air, à la même pression.

Pour résumer, si nous ramenons les excédents alternatifs de travail moteur et de travail résistant l'un sur l'autre à correspondre au travail résistant présenté par la compression d'air d'une cylindrée dont le diamètre de piston est 3 mètres, la longueur de course 2^m,50 et la pression est mesurée par une colonne de mercure de 0^m,40 de hauteur, ce qui exige un travail théorique de 82,200^{kgm}, nous formerons le tableau suivant qui nous donnera pour les divers systèmes étudiés le chiffre des excédents théoriques et leur proportion par rapport au travail résistant ; cette proportion est également celle du poids de volant à appliquer dans ces différents systèmes pour obtenir le même degré de régularité dans le fonctionnement.

SYSTÈMES DE MACHINES	Degré de détente	Excédents alternatifs	Proportion des excédents alternatifs au travail résistant
Machines ordinaires à 1 seul cylindre à vapeur	5 4 3 2 1 (sans détente)	35.500 kgm 31.100 » 26.000 » 18.700 » 13.200 »	43 p. 0/0 37.9 » 31.6 » 22.7 » 16.1 »
A 2 cylindres, système Woolf, à détente dans un seul cylindre.	5	22.800 »	27.8 »
A 2 cylindres, système Woolf, à détente répartie dans les deux cylindres.	5	17.000 »	20.6 »
Machine ordinaire à 60⁰ de retard de la manivelle motrice sur la manivelle du piston à vent.	5	16.300 »	19.8 »
A 2 cylindres, système Woolf, à détente répartie dans les deux cylindres et 60⁰ de retard de la manivelle motrice sur la manivelle du piston à vent.	5	21.300 »	29.5 »
Machines doubles avec manivelles calées à 90⁰ l'une sur l'autre.	5	16.200 »	19.7 »
Machines triples avec manivelles calées à 120⁰ l'une sur l'autre.	5	3.170 »	3.85 »
Machine Compound double avec manivelles calées à 90⁰ l'une sur l'autre.	5	11.400 »	13.9 »
Machine Compound triple avec manivelles calées à 120⁰ l'une sur l'autre.	5	3.300 »	4 »

De la comparaison des chiffres de ce tableau, il ressort :

1° Que les machines triples ou les Compound triples sont les les meilleurs systèmes de machines à appliquer aux souffleries marchant à grande détente ;

2° Que les souffleries, système Woolf, avec détente répartie dans les deux cylindres sont un peu inférieures aux Compound doubles avec manivelles à 90° et à peu près équivalentes aux souffleries doubles avec manivelles calées à 90° ; elles sont préférables aux machines ordinaires fonctionnant au faible degré 2 de détente ;

3° Que le système Woolf, marchant au degré 5 de détente effectuée entièrement dans le petit cylindre, bien qu'inférieur au même système dans lequel la détente au même degré 5 est répartie dans les deux cylindres, est encore préférable à la machine ordinaire fonctionnant au faible degré 3 de détente.

Inutile d'ajouter que ces conclusions ne visent uniquement que la douceur et la souplesse de marche de ces divers systèmes de souffleries, sans tenir aucun compte de leur fonctionnement plus ou moins économique ; le facteur essentiel de l'économie de vapeur étant l'étendue donnée à la détente et, le plus souvent aussi, la condensation à laquelle on doit recourir pour obtenir ces détentes étendues, quel que soit le système employé.

Les hauts-fourneaux de Firmy (dépendance des forges de Decazeville) possèdent une soufflerie à détente système Woolf et dans laquelle le petit cylindre reçoit de la vapeur fraîche pendant toute la durée de la course de son piston.

Construite en 1847 par l'éminent ingénieur Cadiat, et n'ayant cessé de fonctionner depuis cette époque, elle est encore aujourd'hui un remarquable exemple de la douceur et de la régularité de marche que ce système permet de réaliser, même en ne possédant pas l'égale répartition de la détente dans chacun des deux cylindres à vapeur.

Cette machine (fig. 33) est verticale et à condensation ; elle reçoit la vapeur des chaudières à une pression comprise entre 4^{kg} et $4^{kg},50$, et lance le vent à la pression de $2^m,20$ d'eau ($0^m,162$ de mercure) ; à 17 tours elle fournissait le vent à 3 hauts-fourneaux de 20 à 25 tonnes de production journalière.

Les principales dimensions des organes de cette machine sont (1) :

FIG. 33

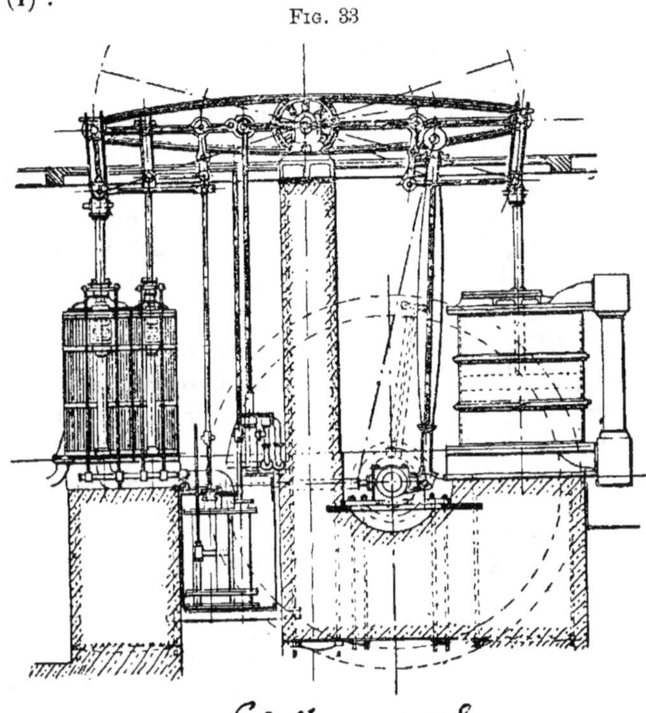

Diamètre du cylindre à vent.................... 2^m,90

Diamètre du cylindre à vent	2^m,90

Diamètre du cylindre à vent.................... $2^m,90$
Course du piston soufflant.................... $2^m,60$
Diamètre du petit piston à vapeur.............. $0^m,666$
Course de ce piston........................... $2^m, »$
Diamètre du grand piston à vapeur............. $1^m,165$
Course de ce piston........................... $2^m,60$
Degré de la détente........................... 4
Longueur du balancier......................... $9^m,30$
Diamètre du volant............................ $8^m,» »$
Poids du volant............................... $20,000^{kg}$

(1) Cette soufflerie verticale à balancier diffère essentiellement de la soufflerie horizontale (fig. 34) que des motifs de rapidité et d'économie de construction avaient fait établir à Decazeville par Cadiat.

La soufflerie horizontale, depuis longtemps disparue, se composait

7

Nous avons reconnu qu'à chaque commencement de course, le piston à vent reçoit, de l'air emprisonné dans l'espace nuisible de son cylindre, une poussée dont le maximum d'effet, dans les machines à rotation correspond au passage de la manivelle aux points morts, la bielle et la manivelle sont alors en ligne droite, et toute l'action de cette poussée se traduit en une augmentation de la tension ou de la compression due à la vapeur dans les pièces comprises entre le piston à vent et le volant.

La durée de cette poussée est excessivement courte; elle cesse dès que, par sa détente, l'air emprisonné dans l'espace

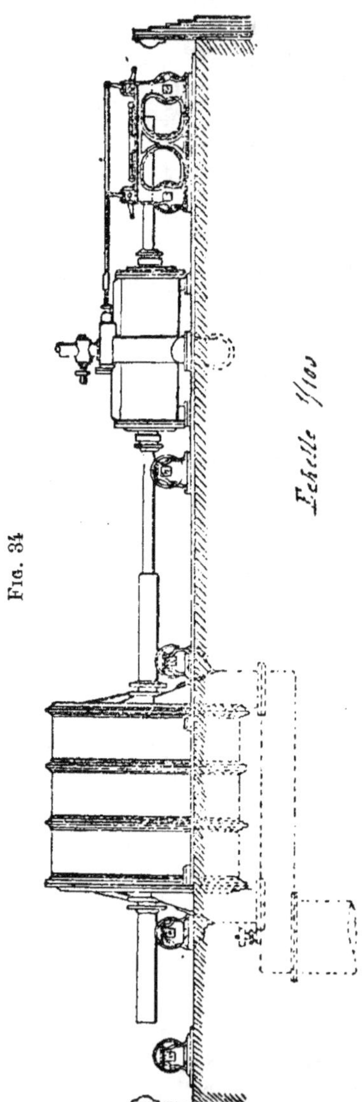

Fig. 34

d'un cylindre à vent, de 2^m,525 de diamètre, placé derrière un cylindre à vapeur de 0^m,75 diamètre, et d'une tige commune aux deux pistons, de 2^m de course; cette tige portait des tocs pour la manœuvre du tiroir et la longueur de course était limitée par des buttées élastiques disposées aux extrémités de la machine et contre lesquelles venait s'arrêter les extrémités de la tige des pistons. Cette tige était portée et guidée par de simples galets. Comme on le voit, cette machine sans condensation, sans détente, ni volant était, comme construction, une soufflerie réduite à la plus grande simplicité possible, mais par trop défectueuse sous tous les rapports. A l'époque de sa construction, Decazeville avait si peu à se préoccuper d'économie de combustible et de vapeur que les charbons menus, invendables étaient jetés au crassier.

nuisible est revenu à la pression atmosphérique ; ainsi, dans notre exemple, l'espace nuisible étant le 1/30ᵉ du volume de la cylindrée et la pression du vent étant de 0ᵐ,40 de mercure, nous avons trouvé (fig. 5) que la longueur de course pendant laquelle s'exerce cette poussée n'est que de 0ᵐ,0264.

L'effort maximum produit par cette poussée est égal à l'effort résistant pendant le refoulement de l'air hors du cylindre à vent dans le réservoir ; il serait d'environ 38.800 kg. dans notre exemple.

Ainsi donc, l'espace nuisible du cylindre à vent vient créer, à chaque passage de la manivelle du piston à vent au point mort, une poussée presqu'instantanée qui, lorsque la vapeur est admise dans le même instant, s'ajoute à l'effort initial de cette vapeur et amène l'effort moteur total à être compris entre

$$\frac{64,800^{kg} + 38.800^{kg}}{38,800^{kg}} = 2,65 \text{ fois l'effort résistant}$$

au lieu de 1,65 fois, qu'il devrait être dans les machines ordinaires à un seul cylindre de détente (fig. 7) et

$$\frac{44,100^{kg} + 38,800^{kg}}{38,800^{kg}} = 2,13 \text{ fois l'effort résistant}$$

au lieu de 1,13 fois qu'il devrait être dans les machines système Woolf à détente répartie dans les deux cylindres (fig. 13).

Non seulement cette poussée surcharge considérablement les organes sur lesquels elle et la vapeur agissent simultanément et conduit, pour y résister, à augmenter notablement la section et le poids de ces organes ; mais encore, par son instantanéité d'action, elle peut produire les effets les plus désastreux. Dans une machine, en effet, le mode de succession des efforts n'est pas sans influence sur la conservation des pièces qui y sont soumises, et l'on peut avancer que la source de destruction de ces pièces est tout entière dans les variations brusques de ces efforts ; la détérioration des surfaces de joints, la dislocation des articulations sont d'autant plus rapides que les variations instantanées sont plus grandes (1).

(1) L'expérience prouve qu'après avoir résisté à des efforts de traction ou de flexion déterminés les métaux se brisent à la longue sous l'action répétée de forces beaucoup moindres que leur résistance absolue ; c'est-

C'est principalement sur le bâti, dans les machines horizontales, et sur les fondations, dans les machines verticales, que se reportent les effets destructeurs dus à l'ensemble de la poussée de l'air renfermé dans l'espace nuisible et de la pression de la vapeur agissant dans le même sens pendant le passage de la manivelle aux points morts ; parce que ces parties ont à supporter totalement ces efforts, et que ce sont celles qui, de toutes les pièces de la machine, présentent le moins d'élasticité.

La plupart des constructeurs de souffleries se sont préoccupés de ces effets, mais n'y ont remédié qu'en apportant du retard à l'introduction de la vapeur; ils ne font cette introduction que lorsque la surcharge occasionnée par l'air de l'espace nuisible a complétement disparu ; c'est-à-dire quand le piston à vent a parcouru l'espace nécessaire pour ramener l'air comprimé à la pression atmosphérique.

Outre l'inconvénient d'une dépense de vapeur pour remplir l'espace déjà parcouru par le piston, quand l'introduction commence, le retard à l'admission fait perdre encore tout le bénéfice que la compression finale de la vapeur permettrait de retirer dans les détentes étendues, puisque cette compression de la vapeur doit être abandonnée si l'on veut atteindre le but que l'on se propose par le retard à l'admission.

La compression de la vapeur vers la fin de la course rétrograde du piston, dans la période précédant celle de l'admission, produit en effet deux résultats singulièrement avantageux et qu'il est vicieux de ne pas utiliser :

1° L'influence de l'espace nuisible, comme dépense de vapeur, est en partie annulée, puisque la nouvelle vapeur admise n'aura à le remplir que d'autant moins que le degré de compression effectué rapprochera plus la vapeur renfermée dans l'espace nuisible de sa pression initiale. Dans la course en avant du piston, la vapeur comprimée restituera à peu près intégralement le travail absorbé dans sa compression.

2° Les effets calorifiques produits par la compression auront pour résultat d'élever la température des surfaces en contact avec

à-dire qu'ils ne sont capables de supporter qu'une quantité de travail finie ; et que cette quantité de travail est en raison inverse de la force à laquelle on les soumet.

la vapeur comprimée (parois du cylindre et du piston) et par suite de
contribuer puissamment à empêcher la condensation de la vapeur
fraîche à son entrée. L'écart si fréquent de 1/4 à 1/2 d'atmosphère,
entre la pression des chaudières et celle du cylindre, est dû le
plus souvent à cette condensation qui croît avec l'étendue des
détentes.

Au point de vue de la fatigue des principaux organes de la
soufflerie, le retard à l'admission est un expédient déplorable.

En effet, quand le piston à vapeur commence sa course, il crée
derrière lui un vide que remplit en se détendant la vapeur qui se
trouvait confinée dans l'espace nuisible du cylindre, à la pression
atmosphérique ou à celle du condenseur ; pour vaincre la réaction
due à ce vide, il faut que ce soit le volant qui conduise le piston
à vapeur, ce qui détermine soit une tension, soit une compression
dans toutes les pièces servant d'intermédiaire entre ces deux
organes. Que la vapeur admise vienne tout à coup établir sa
pression à la place du vide qui réagissait sur le piston (comme
cela arrive par la distribution à soupapes si fréquemment
employée dans les puissantes souffleries et qui serait vicieuse
dans ce cas particulier si la levée des soupapes d'admission était
trop brusque), aussitôt un renversement dans le sens et l'intensité
des efforts se produit depuis le piston jusqu'au volant ; trois effets
se succèdent presque instantanément : d'abord il y a retrait des
pièces si elles étaient tendues, ou extension si ces pièces étaient
comprimées ; ensuite il y a rattrapage des jeux qui peuvent
exister dans les articulations de ces pièces ; enfin, il y a contraction de ces mêmes pièces par l'effet de la compression, ou
extension par l'effet de la traction.

Ces trois effets concourent au même résultat final, c'est-à-dire
qu'ils déterminent une course à vide dans toutes les articulations,
course dont la longueur est en somme celle des chemins élémentaires dus à chacun d'eux en particulier.

Ces courses à vide, sous la pression de la vapeur agissant sur le
piston, déterminent autant de coups de bélier qui, souvent répétés,
matent et écrasent peu à peu, dans les articulations, les surfaces
des axes, des coussinets, etc., expulsent l'huile destinée à les
lubrifier, et finalement donnent lieu à un entretien dispendieux.

Ajoutons enfin que ce retard à l'admission, par la détente qu'il produit dans l'espace nuisible, augmente le refroidissement des surfaces qui vont se trouver en contact avec de la vapeur fraîche, et provoque l'entraînement de l'eau de condensation de la conduite dans le cylindre, par suite de la grande vitesse avec laquelle la vapeur se précipite dans l'espace laissé vide par le piston.

Une réglementation si défectueuse se dénonce parfaitement, dans ces machines, par un choc violent qui correspond à l'instant de l'introduction de la vapeur et qui est faussement attribué à l'ouverture des clapets d'aspiration, laquelle se produit aussi dans le même instant.

Il suffirait cependant de donner, ici encore, un léger retard dans le calage de la manivelle du piston à vapeur sur celle du piston à vent pour empêcher la surcharge due à l'air comprimé dans l'espace nuisible du cylindre à vent d'agir en même temps que la pression maximum de la vapeur, mais pour que ce fût possible, la soufflerie devrait posséder ces deux manivelles spéciales, ce qui est tout-à-fait rare.

La solution générale la plus rationnelle que puisse recevoir ce problème de la suppression de cette surcharge est de la faire disparaître en provoquant la perte de pression de l'air renfermé dans l'espace nuisible avant que le piston à vent ne soit parvenu à la dernière limite de sa course.

Pour réaliser la perte de pression de l'air dans l'espace nuisible, il suffit d'appliquer sur chacune des faces du piston à vent un clapet appuyé contre son siège au moyen d'un ressort le maintenant fermé malgré la différence de pression existant de chaque côté du piston, et à l'aide d'un buttoir fixé sur chacun des fonds du cylindre à vent, de forcer ce clapet à s'ouvrir pendant le parcours des derniers centimètres de la course du piston à vent. Ce piston n'ayant plus qu'une vitesse presque nulle, l'ouverture du clapet qui y est appliqué se produirait sans choc appréciable et établirait une communication entre l'espace nuisible et l'air aspiré.

Par l'effet de cette communication à travers le piston, du côté du refoulement, la pression de l'air comprimé s'abaisserait et deviendrait inférieure à la pression de l'air du réservoir, les clapets de refoulement, se fermeraient et ce qui reste d'air comprimé de ce côté se rendrait de l'autre coté en se détendant, un équilibre de pression s'établirait ainsi de chaque côté du piston à vent au dernier instant de sa course. L'air demeuré dans l'espace nuisible partageant l'équilibre de pression deviendrait ainsi incapable de causer le moindre trouble, ni d'apporter la plus faible surcharge dans la marche de la soufflerie.

Ainsi donc, pour obtenir un résultat aussi important, à l'aide de la disposition fort simple de deux clapets s'ouvrant en sens inverse à travers le piston à vent, il suffit de sacrifier les deux ou trois derniers centimètres de sa course, ce qui, sous le rapport de l'économie est bien certainement préférable encore au retard à l'admission de vapeur.

III

CALCUL DES SOUFFLERIES

Le calcul rigoureux d'une machine soufflante est très difficile, si ce n'est impossible quand, étant donnée la pression du vent aux tuyères, on veut tenir compte de toutes les résistances que le vent doit rencontrer depuis son entrée dans le cylindre jusqu'à sa sortie par les tuyères du haut-fourneau.

Naturellement, le point de départ de ce calcul est la détermination de la quantité d'air à lancer dans un fourneau devant produire une quantité de fonte donnée en vingt-quatre heures.

Pour bien faire saisir le mode de détermination de la quantité d'air à faire pénétrer dans un haut-fourneau, suivons succinctement les phénomènes chimiques que cet air a pour but de développer.

Comme dans tous les fours à cuve, deux courants inverses sont en présence dans un haut-fourneau et réagissent l'un sur l'autre : un courant gazeux, ascendant, dont la température, d'abord fort élevée, décroît graduellement jusqu'à sa sortie par le gueulard du four ; un courant solide descendant, formé de minerai, de combustible et de fondants, dont la température va, par contre, sans cesse croissant sous l'influence du courant gazeux inverse. De ces deux courants, l'un est lent, l'autre fort rapide. Les matières solides descendent rarement avec une vitesse moyenne supérieure à un demi-mètre par heure, tandis que les gaz parcourent le même espace en moins d'une seconde. De plus, la masse d'air injecté dans un haut-fourneau est généralement supérieure aux matières solides chargées au gueulard dans le même temps, et le poids des gaz quittant le fourneau est souvent plus que double de celui des produits fondus s'écoulant par les orifices inférieurs.

L'oxygène de l'air projeté par les machines soufflantes dans le bas des hauts-fourneaux se convertit plus ou moins en acide carbonique, lequel se transforme presque immédiatement en oxyde de carbone.

Si donc le fourneau ne contenait aucun oxyde réductible par l'oxyde de carbone, ni aucune substance qui ne fût par elle-même, en tout ou en partie, volatilisable à de hautes températures, le courant gazeux ne subirait aucun changement de composition dans sa marche ascensionnelle, et le gaz qui se dégagerait en haut consisterait principalement en azote et en oxyde de carbone. Or, il n'en est pas ainsi, car il y a dans le fourneau de l'oxyde de fer, substance aisément réductible par l'oxyde de carbone, il y a aussi du calcaire qui peut être converti en chaux et en acide carbonique, et, à moins d'employer du carbone chimiquement pur, certaines matières volatiles se dégagent du combustible. L'oxyde de fer, en descendant, est réduit en partie par son contact direct avec le charbon incandescent, mais surtout par l'oxyde de carbone, et cette réduction peut se faire, et se fait en réalité selon le point du four que l'on considère, suivant trois modes différents (1).

En général, l'oxyde de carbone se transforme simplement en acide carbonique qui échappe tel quel du haut-fourneau, sans autre réaction. Ailleurs, l'acide carbonique, ainsi produit, reforme partiellement de l'oxyde de carbone, en brûlant le carbone solide ; ce qui conduit, en définitive, sous le rapport chimique et calorifique, au même résultat que si le carbone solide agissait directement sur l'oxygène du minerai, pour donner en dernière analyse soit de l'acide carbonique, soit de l'oxyde de carbone.

Si nous recherchons, par kilogramme d'oxygène enlevé au minerai de fer, les quantités de chaleur absorbées et dégagées dans chacun des trois modes de réduction mentionnés, nous trouverons que la chaleur absorbée est la même dans les 3 cas ; c'est la chaleur que produirait 1 kg. d'oxygène en s'unissant au fer métallique pour former du peroxyde ; cette valeur n'est pas rigoureusement connue, elle peut varier même avec la nature physique du peroxyde, mais elle paraît comprise entre 4,000 et 4,500 calories ; désignons par c ce nombre de calories.

____

(1) Grüner, *Études sur les hauts-fourneaux*.

Dans le premier cas, la chaleur dégagée résulte de la transformation de l'oxyde de carbone en acide carbonique.

Or, chaque kilogramme d'oxyde de carbone produit 2,403 calories, en prenant à l'oxyde de fer 4/7 kilogramme d'oxygène ; d'où il suit que, par kilogramme d'oxygène, la transformation de l'oxyde de carbone en acide carbonique est accompagnée d'un dégagement de chaleur de :

$$\frac{7}{4} \times 2{,}403^c = 4{,}205 \text{ calories}$$

Ainsi, la différence $c - 4{,}205^c$ représente la chaleur qu'exige finalement, par chaque kilogramme d'oxygène enlevé, la réduction du peroxyde de fer, sous l'action de l'oxyde de carbone passant à l'état d'acide carbonique. Ce premier mode de réduction se fait donc à peu près sans absorption de chaleur.

Dans le deuxième cas, le carbone solide se transforme en acide carbonique, par l'oxygène du minerai. Dans ces conditions, le kilogramme de carbonne développe 8,080 calories, en s'emparant de $\frac{8}{3}$ kilogrammes d'oxygène, ce qui donne par kilogramme d'oxygène $\frac{3}{8} \times 8{,}080^c = 3{,}030$ calories.

Par suite, la différence $c - 3{,}030$ calories est la chaleur nécessaire à la réduction, lorsqu'elle s'opère par le charbon solide donnant de l'acide carbonique.

Enfin, dans le troisième mode de réduction, les choses se passent comme si l'oxygène du minerai produisait directement de l'oxyde de carbone avec le carbone solide. Or, 1 kilogramme de carbone développe 2,473 calories lorsqu'il se transforme en oxyde de carbone et comme il s'empare alors de $\frac{4}{3}$ kilogrammes d'oxygène, la chaleur développée par chaque kilogramme d'oxygène est de $\frac{3}{4} \times 2{,}473^c = 1{,}855$ calories. Par suite, la différence $c - 1{,}855^c$ représente le nombre de calories qu'exige la réduction lorsqu'elle se fait par le carbone solide donnant de l'oxyde de carbone.

Comme on le voit, le premier mode de réduction est de

beaucoup le plus favorable ; par contre, le dernier est fort onéreux. Il importe donc que la réduction du minerai de fer, dans les hauts-fourneaux, se fasse autant que possible uniquement suivant le premier mode, c'est-à-dire par l'oxyde de carbone donnant de l'acide carbonique ; en d'autres termes, sans consommation de charbon solide. C'est ce que Grüner appelle la marche idéale des hauts-fourneaux.

Pour réaliser cette marche idéale, ou du moins s'en rapprocher le plus possible, il faut que la réduction se fasse dans une région du fourneau dont la température soit relativement faible, sinon l'acide carbonique ainsi engendré reformera constamment de l'oxyde de carbone aux dépens du charbon solide.

Il est évident que les minerais faciles à réduire (les mines douces poreuses) réaliseront plus facilement la marche idéale que les minerais compacts et siliceux ; mais, en général, quel que soit le minerai, la réduction ne s'achèvera complétement que dans les régions chaudes, où l'acide carbonique reproduira sans cesse de l'oxyde de carbone, et cela arrivera surtout pour les oxydes autres que l'oxyde de fer, provenant des gangues, tels que la silice, la chaux, la magnésie et l'oxyde de manganèse.

Revenons à la description des phénomènes chimiques du haut-fourneau. Nous avons vu l'oxyde de fer se réduire par son contact direct avec le charbon incandescent, et surtout par l'oxyde de carbone ; la température du fourneau allant en croissant à partir de son sommet et à mesure que la profondeur augmente ; vers la région inférieure et la plus chaude, le fer réduit se carbure et se convertit en fonte qui s'égoutte à l'état liquide au fond du creuset.

L'oxyde de fer n'est pas pur, il est mêlé de diverses matières terreuses telles que la silice, l'alumine, etc., et le combustible n'étant pas du carbone pur cède aussi des matières terreuses ou des cendres. Afin que le fer réduit puisse se séparer, il est essentiel que les matières minérales de ces deux provenances soient liquéfiées ; leur nature est ordinairement telle que la liquéfaction ne peut s'effectuer sans l'addition d'un fondant ; la chaux remplit sous tous les rapports admirablement cet objet. De plus, quand il se rencontre de la silice, ce qui arrive presque toujours, que cette silice soit libre ou combinée, ou encore dans les deux états, si les matières ferrifères et les cendres du combustible ne contenaient pas par elles-mêmes assez de bases terreuses pour former des silicates basiques, il pourrait se produire du silicate de protoxyde de fer qui s'échapperait à l'état de laitier, ce qui occasionnnerait une perte considérable de métal. La chaux tend à prévenir cet inconvénient en s'opposant à la formation de silicate de protoxyde de fer, ou, s'il s'en forme, elle le décompose et se substitue au protoxyde de fer.

Malgré cela, dans certaines circonstances, surtout celle d'une forte charge en minerai, c'est-à-dire d'une grande proportion de minerai par rapport à celle du combustible, cet inconvénient se produit encore.

Les laitiers jouent un rôle considérable en protégeant la surface du métal, dans le creuset, contre la décarburation qui pourrait avoir lieu sous l'influence oxydante du vent.

Il résulte de ce qui précède, que les quantités relatives d'acide carbonique et d'oxyde de carbone dans les gaz du gueulard, dépendent essentiellement, pour un lit de fusion donné, du mode de réduction ; par suite, le rapport plus ou moins élevé entre les deux gaz, permet d'apprécier le degré de perfection de la marche d'un haut-fourneau.

Un exemple suffira à le prouver. Comparons une bonne marche à la marche idéale, et considérons comme bonne marche celle qui correspond au rapport de l'acide carbonique à l'oxyde de carbone :

$$\frac{CO^2}{CO} = 0{,}673$$

C'est, en effet, le cas des meilleurs fourneaux du Cleveland, lorsque l'on tient compte tout à la fois des gaz provenant du coke et de ceux que fournit la castine.

Supposons, ce qui est aussi le cas des usines du Cleveland, que, par chaque kilogramme de fonte, la consommation réelle soit de 1^{kg} de carbone pur et de $0^{kg},60$ de castine. Calculons d'abord, d'après ces données, le poids de carbone contenu dans les gaz, par chaque kilogramme de fonte produite.

Le coke cède environ $0^{kg},03$ de carbone au fer.

D'autre part, les $0^{kg},60$ de calcaire renferment :

$$0{,}60 \times 0{,}12 = 0^{kg},072 \text{ de carbone.}$$

Par suite, les gaz contiendront, par kilogramme de fonte produite :

$$0^{kg},970 \text{ de carbone provenant du coke}$$
$$0^{kg},072 \qquad - \qquad - \qquad \text{de la castine}$$

soit en tout $\overline{1^{kg},042}$.

Or, comme le rapport ci-dessus admis :

$$\frac{CO^2}{CO} = 0,673$$

correspond à :

$$0,3 \text{ de carbone à l'état de } CO^2,$$
$$\text{pour } 0,7 \qquad - \qquad - \qquad CO,$$

on aura dans les gaz du gueulard :

$$0,3 \times 1,042 = 0,3126 \text{ de carbone à l'état } CO^2$$
$$0,7 \times 1,042 = 0,7294 \qquad - \qquad - \qquad CO$$

Mais, sur les 0,3126 de carbone contenu dans l'acide carbonique, le calcaire en fournit 0,072, il reste donc comme provenant du coke :

$$0^{kg},3126 - 0^{kg},072 = 0^{kg},2406$$

Ce qui donne enfin, comme chaleur produite par combustion, par kilogramme de fonte sortant du haut-fourneau :

$$0^{kg},2406 \times 8,080^c = 1,944 \text{ calories}$$
$$0^{kg},7294 \times 2,473^c = 1,804 \qquad -$$
$$\text{Total : } \overline{3,748} \text{ calories}$$

Cette même somme de chaleur devra être engendrée dans la marche idéale, en supposant d'ailleurs, pour plus de simplicité, que, dans les deux cas, le vent chaud apporte un égal nombre de calories, et que les gaz emportent aussi la même dose de chaleur sensible.

La marche idéale suppose que la réduction de l'oxyde de fer ait lieu uniquement par l'oxyde de carbone, sans intervention du charbon solide.

Or, il est facile de calculer le poids d'oxyde de carbone, transformé en CO^2 par la réduction du minerai, du moins en ne tenant compte que de l'oxyde de fer proprement dit.

Par kilogramme de fonte on a, dans l'oxyde de fer, $0^{kg},97$ de fer et $0,97 \times \dfrac{3}{7}$ d'oxygène, et cet oxygène transforme en CO^2 un poids de CO contenant une quantité de carbone égale aux $\dfrac{3}{4}$ de son point d'oxygène.

$$\text{soit } \frac{3}{4} \times \frac{3}{7} \times 0^{kg},97 = 0^{kg},312$$

La chaleur produite par ce carbone, dans sa transformation successive en oxyde de carbone au-dessus de la tuyère et en acide carbonique dans la zone de réduction, est de :

$$0,312 \times 8,080^c = 2,521 \text{ calories}$$

Par suite, l'oxyde de carbone restant aura à fournir :

$$3,748^c - 2,521^c = 1,227 \text{ calories}$$

Or, ces 1,227 calories exigeront $\dfrac{1,227}{2,473} = 0^{kg},496$ de carbone,

qui devra être brûlé auprès de la tuyère ; ce qui donne enfin, comme consommation totale :

$$0^{kg},030 + 0^{kg},312 + 0^{kg},496 = 0^{kg},838 \text{ au lieu de } 1^{kg}$$

soit, dans le cas de la marche idéale, une économie de :

$$1^{kg} - 0^{kg},838 = 0^{kg},162 \text{ par kilogramme de fonte produite}$$

Constatons que les quantités relatives d'oxyde de carbone et d'acide carbonique seront, dans le cas de la marche idéale, les suivantes :

$$0^{kg},312 + 0^{kg},072 \text{ (provenant de la castine)}$$
$$= 0^{kg},384 \text{ de carbone dans } CO^2$$

et $\quad 0^{kg},496$ de — — CO

soit carbone total dans les gaz $\overline{\quad 0^{kg},880\quad}$

d'où : $\quad\quad CO^2 = \dfrac{11}{3} \times 0,384 = 1^{kg},408$

et $\quad\quad\quad CO = \dfrac{7}{3} \times 0,496 = 1^{kg},157$

et, par suite : $$\frac{CO^2}{CO} = 1,217$$

Ce rapport $\frac{CO^2}{CO}$ dans les gaz du gueulard peut varier entre des limites fort étendues. Dans les usines modernes du Cleveland, qui ont tant d'analogie avec les usines de Meurthe-et-Moselle, en France, ce rapport est en général compris entre 0,50 et 0,70 en cas de bonne marche ; il est de 0,35 à 0,40 seulement, lorsque le fourneau est dans de mauvaises conditions; enfin il atteindrait 1,217 si l'on pouvait réaliser la marche idéale.

On voit donc que ce rapport est comme la mesure du degré de perfection de la marche du fourneau. A la vérité, d'un district à l'autre, ce rapport variera selon la richesse et la qualité du minerai, la nature et la pureté du combustible, la proportion de castine employée, le numéro de la fonte produite, etc. ; mais, dans une usine ou dans un district déterminé, ce rapport s'abaissera au-dessous ou s'élèvera au-dessus du chiffre moyen dans la mesure de la marche du fourneau.

La détermination directe de ce rapport permet non seulement de fixer, d'une façon rigoureuse, les quantités absolues d'oxyde de carbone et d'acide carbonique ; mais encore d'une façon approximative la composition complète des gaz, ainsi que leur poids et celui du *vent*.

La marche ordinaire ou normale du haut-fourneau fait connaître, par kilogramme de fonte produite, les poids de carbone brûlé et de castine consommée. On sait aussi, d'après la qualité de la fonte, la proportion de carbone uni au fer, on peut l'évaluer à environ 3 0/0 dans la fonte de forge ordinaire.

Soit a le carbone par kilogramme de fonte, b le carbone fourni par la castine ; d'où, pour le carbone total des gaz,

$$p = a + b - 0^{kg},03$$

Si l'on désigne par y le poids d'oxyde de carbone, et par m le rapport de $\frac{CO^2}{CO}$, nous aurons my pour le poids de CO^2, par suite, pour calculer y, l'équation :

$$\frac{3}{7}y + \frac{3}{11}my = p$$

formule qui exprime que les quantités contenues dans CO et CO² sont égales au carbone total des gaz.

On en tire :

$$y = \frac{77p}{33 + 21m}$$

L'oxygène contenu dans les gaz sera de même égal à l'oxygène fourni par le vent et le lit de fusion. C'est ce qu'exprime l'équation :

$$\frac{4}{7}\, y + \frac{8}{11}\, my = d + x$$

dans laquelle x représente l'oxygène apporté par le vent, et d celui que fournissent le minerai et l'acide carbonique de la castine.

De cette équation on tire :

$$x = \frac{y}{77}\, (44 + 56m) - d$$

ou

$$x = \left(\frac{44 + 56m}{33 + 21m}\right) p - d$$

Pour avoir x, il faut d'abord déterminer la valeur de d. Si l'oxyde de fer était seul réduit, d serait facile à calculer d'une façon rigoureuse ; il se composerait de deux termes : l'oxygène uni à b de carbone, dans l'acide carbonique de la castine,

$$\text{soit} \quad \frac{8b}{3}\,;$$

puis l'oxygène combiné aux $0^{kg},97$ de fer, soit :

$$\frac{3}{7} \times 0^{kg},97$$

si nous admettons le fer à l'état de peroxyde, de sorte que l'on aurait :

$$d = \frac{8b}{3} + \frac{3}{7} \times 0^{kg},97 = \frac{8}{3}\, b + \frac{2,91}{7}$$

Mais en général la fonte renferme, outre le fer et 3 0/0 de carbone, d'autres éléments tels que le silicium, le manganèse, etc., provenant aussi du minerai. Or, si l'on connaissait la composition de la fonte, il serait tout aussi facile de calculer l'oxygène provenant de ces divers éléments, que celui fourni par l'oxyde de fer.

En négligeant cette correction, on trouve en général une valeur un peu trop faible pour d, car cela revient à supposer que ces éléments étrangers se trouvaient unis à la même proportion d'oxygène que le fer, tandis que la silice, du moins, en fournit une dose plus forte.

En partant de la composition moyenne de la fonte, on peut en tous cas, se rapprocher davantage de la vérité et obtenir ainsi pour d et pour x des nombres très peu différents de leur valeur réelle. Supposons une fonte grise de forge (n° III ou n° IV), on peut admettre comme composition moyenne des fontes peu manganésifères :

Fer	0,94
Carbone	0,03
Silicium, etc.	0,02
Métaux terreux, etc.	0,01
	1, »

D'après les équivalents, la silice renferme 24 d'oxygène pour 21 de silicium, ou $\frac{8}{7}$; l'oxygène fourni par la silice est par suite :

$$\frac{8}{7} \times 0^{kg},02$$

et cette expression donnerait encore une valeur approchée de l'oxygène, même si le silicium était en partie remplacé par le phosphore ou le soufre, puisque l'acide sulfurique renferme 3 d'oxygène pour 2 de soufre, et l'acide phosphorique renferme 5 d'oxygène pour 4 de phosphore. Quant aux métaux terreux, on sait que :

Dans la chaux, l'oxygène correspond au 2/3 du métal ;
Dans la magnésie, l'oxygène correspond aux 2/3 du métal ;
Dans l'alumine, l'oxygène correspond aux 6/7 du métal.

On peut donc admettre, comme moyenne approximative, les 5/7 de $0^{kg},01$. En tous cas, sur une aussi faible dose, l'erreur possible sera insignifiante.

D'après cela, la valeur corrigée de l'oxygène total fourni par le lit de fusion sera :

$$d = \frac{8}{3}\, b + \frac{3}{7} \times 0,94 + \frac{8}{7} \times 0,02 + \frac{5}{7} \times 0,01$$

ou

$$d = \frac{8}{3}\, b + \frac{1}{7}\,(2,82 + 0,16 + 0,05) = \frac{8}{3}\, b + \frac{1}{7} \times 3,03$$

au lieu de l'expression précédente, plus faible

$$\frac{8}{3}\, b + \frac{1}{7} \times 2,91$$

La valeur de d étant ainsi calculée, on en déduira celle de x, et l'on aura pour le poids de l'air lui-même : $4,33x$, et pour celui de l'azote du gaz : $3,33x$.

Toutefois, cela suppose le vent des tuyères parfaitement sec, tandis qu'en réalité, il est toujours plus ou moins chargé de vapeur d'eau, ce qui ajoute l'oxygène de la vapeur d'eau à celui de l'air sec.

L'équation $\frac{4}{7}\, y + \frac{8}{11}\, my = d + x$ donne, par suite, pour x, l'oxygène réuni de l'air et de l'eau, mais il est facile d'en déduire la valeur de l'air sec.

On sait qu'à la température moyenne de 12 à 13 degrés centigrades, le mètre cube d'air atmosphérique renferme, selon l'état hygrométrique de l'atmosphère, entre 4 et 12 grammes d'eau. En admettant la teneur moyenne de 8 grammes, nous aurons pour l'humidité contenue dans un mètre cube d'air pesant $1^{kg},30$

$$\frac{8}{1,300} = 0,0062$$

du poids de l'air sec, et pour l'oxygène fourni par cette eau, les $\frac{8}{9}$ des 0,0062 $= 0,0055$ de l'air sec.

Ainsi, en désignant par z le poids de l'oxygène provenant de l'air sec, et par $4,33z$, celui de l'air sec lui-même, on aura :

$$x = z + 0,0055 \times 4,33z = z\,(1 + 0,0238)$$

et par conséquent :

$$z = \frac{x}{1 + 0,0238} = 0,97677x$$

d'où, pour le poids de l'air sec :

$$4,33 \times 0,97677x$$

et pour celui de l'air humide :

$$1,0062 \times 4,33 \times 0,97677x$$

Observons que si cette méthode indirecte (due à L. Gruner) d'évaluation de la masse d'air à injecter par les tuyères d'un haut-fourneau n'est pas toujours possible, puisqu'elle repose en quelque sorte sur l'analyse théorique de la fonte à produire, de même que sur celle des gaz dégagés, elle n'en est pas moins plus rigoureuse que toutes les autres. On la rendra aussi exacte que possible quand on pourra déterminer d'abord, par l'analyse chimique proprement dite, la composition réelle de la fonte, ainsi que la composition moyenne des gaz du gueulard.

Cependant il est rare que l'on recoure à la méthode qui vient d'être décrite pour le calcul du volume de l'air à lancer par les tuyères d'un haut-fourneau ; généralement on se contente d'admettre la marche idéale, c'est-à-dire de supposer que tout le carbone du combustible arrive intact jusqu'aux tuyères et s'y transforme en oxyde de carbone.

On calcule alors le volume d'air injecté à raison de $4^{m3},46$ d'air sec ordinaire, mesuré à la température 0 degré et sous la pression de $0^m,76$ de mercure (pression atmosphérique) par kilogramme de carbone solide brûlé.

D'après cette méthode, indiquée par Thomas et Laurens, si l'on prend par exemple un charbon de bois contenant :

$0^{kg},07$ d'eau,
$0^{kg},025$ de cendres,
$0^{kg},14$ de matières volatiles,

on trouve que chaque kilogramme de carbone chargé au gueulard ne représente plus que $0^{kg},765$ de carbone pur, ce qui donne $3^{m3},374$ d'air à introduire par les tuyères et par chaque kilogramme de charbon dans la charge.

Dans le cas d'un coke moyen renfermant :

$$0^{kg},05 \text{ d'eau,}$$
$$0,03 \text{ de matières volatiles,}$$
$$\text{et} \quad 0,12 \text{ de cendres,}$$

soit 0,80 de carbone pur, il faudra au maximum $3^{m3},528$ d'air par chaque kilogramme de ce coke dans la charge.

Or, on a vu précédemment que, même dans le cas d'une bonne marche, le carbone qui atteint les tuyères peut être inférieur de 16 à 17 0/0 au carbone total chargé, ce qui conduit alors aussi pour le vent à un écart en dessus de 16 à 17 0/0.

Une autre méthode, basée sur la formule d'écoulement des gaz par un ajustage conique, fournit, pour volume du vent lancé par les tuyères d'un haut-fourneau, un chiffre plus élevé encore.

Cette formule, habituellement appliquée d'après d'Aubuisson et Karstein, donne le volume d'air qui passerait par une buse n'ayant à vaincre que la pression de l'atmosphère, tandis qu'en réalité les gaz et les matières du fourneau opposent à l'écoulement une résistance beaucoup plus forte et qui varie à chaque instant, suivant les morceaux qui passent devant les tuyères. Aucune expérience ne saurait fixer rigoureusement la valeur de la contre-pression et tous les calculs faits d'après cette méthode ne peuvent conduire qu'à des consommations de vent exagérées.

Enfin, une dernière méthode de calcul du volume d'air insufflé est celle qui est fondée sur le volume engendré par le piston soufflant.

On comprend toute l'incertitude qu'elle doit présenter, car on ignore le rendement des machines, ne pouvant apprécier :

1° Les pertes de vent entre le piston soufflant et les parois du cylindre. La circonférence des pistons soufflants est habituellement garnie de cuir fixé sur des segments en bois. L'état hygroscopique de l'air et le degré de serrage des vis ou des ressorts, qui appliquent les segments contre le cylindre, rendent très variable la déperdition due au défaut de contact, et qui est d'autant plus notable que la vitesse du piston est moindre.

2° Les pertes de vent par les clapets d'aspiration et de refoulement ainsi que sur tout le parcours jusqu'aux tuyères.

Il existe toujours des fuites inévitables au porte-vent ; en outre, tout l'air de la buse ne passe pas par l'œil de la tuyère, même lorsqu'elle est fermée, une fraction quelquefois notable est refoulée au dehors.

3° Perte de rendement par insuffisance dans la rentrée d'air aspiré.

Souvent, dans les souffleries à clapets et presque toujours dans les souffleries à tiroirs, les orifices de rentrée d'air sont insuffisants. Le piston à mesure qu'il recule n'est pas suivi par de l'air à la pression atmosphérique, mais par de l'air dilaté.

Il en résulte un excédent de travail pour la machine, et le coup de piston ne refoule pas le volume engendré d'air à la pression atmosphérique, mais le même volume d'air dilaté. Cette cause de perte de rendement ne peut être évitée que par la rentrée tranquille de l'air dans le cylindre soufflant.

Il en résulte que, pour tenir compte de ces pertes, il ne serait pas prudent de compter sur un rendement en volume supérieur à 80 ou 85 p. 0/0 ; ces rendements étant à peine atteints dans les bonnes souffleries.

Il ne suffit pas que le volume d'air exigé par un fourneau soit déterminé pour que la machine soufflante le soit ; de la pression à laquelle le vent doit être fourni dépendent encore les dimensions du moteur.

En général, la pression du vent aux tuyères devrait croître avec la hauteur des fourneaux, leur diamètre, la densité des combustibles employés, l'état plus menu des fragments de minerai, leur degré de friabilité, celui du combustible, etc., toutes choses augmentant pour l'air l'imperméabilité des charges, tandis qu'en réalité, dans les diverses usines d'un même district produisant les mêmes fontes dans des fourneaux peu différents, on rencontre la plus grande divergence dans les pressions de vent employées.

En général, cette pression de vent aux tuyères n'est limitée que par la puissance des souffleries et la quantité de gaz de haut-fourneau dont ces usines disposent.

On ne peut mieux le remarquer que dans le bassin de la Moselle où les minerais consommés par les nombreux fourneaux qui y sont établis sont à peu près de même nature et ne diffèrent faiblement entre eux que par le rendement, où la nature et la provenance des cokes est à peu près la même : mélange de coke belge, très dense, et de coke prussien, beaucoup plus léger et friable que le précédent. Eh bien, l'on trouve, dans le duché de Luxembourg, des fourneaux de 21 mètres de hauteur, de 7 mètres de diamètre au ventre et de 80 à 100 tonnes de production journalière, qui ne reçoivent le vent qu'à une pression de 10 à 12 centimètres de mercure et sont soufflés par des tuyères ayant $0^m,20$ de diamètre, tandis que dans les fourneaux de Hayange, employant en plus grande proportion le coke belge que le coke prussien, et dans ceux de Styring, employant tout coke prussien, le diamètre maximum des tuyères est de $0^m,09$ et la pression du vent est presque toujours supérieure à $0^m,17$ de mercure ; aussi bien aux fourneaux de $4^m,50$ diamètre au ventre, 15 mètres de hauteur (trémie comprise) et 45 tonnes de production journalière, qu'à ceux de $5^m,50$ de diamètre au ventre, 19 mètres de hauteur et 65 tonnes de production. A Ars-sur-Moselle, les fourneaux de 15 mètres de hauteur, $4^m,50$ diamètre au ventre, étaient soufflés par des tuyères de $0^m,15$ de diamètre et à la pression de $0^m,15$ de mercure, tandis qu'à Liverdun, les fourneaux de 21 mètres de hauteur, 5 mètres de diamètre au ventre recevaient du vent à $0^m,17$ de pression de mercure, par des tuyères de $0^m,15$ de diamètre.

Peut-être doit-on trouver le motif de la faible pression du vent, dans ces fourneaux du Luxembourg, dans le fait que ces hauts-fourneaux, marchant à gueulard ouvert, perdent une partie (1/3 à 1/4) de leurs gaz et sont forcés de compenser cette perte en employant de la houille sous les chaudières de leurs souffleries. Dans ces conditions, il y a avantage à réduire autant que possible la pression du vent en augmentant la section des tuyères, le travail de compression de l'air et la consommation de houille par tonne de fonte étant évidemment d'autant plus faibles que cette fonte aura été obtenue avec du vent à plus basse pression.

En général, la pression du vent est comprise entre $0^m,035$ et $0^m,080$ de mercure dans les fourneaux marchant au charbon de bois, entre 0^m,12 et 0^m,40 de mercure dans les fourneaux marchant au coke, et dans les fourneaux à anthracite, cette pression s'élève jusqu'à 0^m,50 de mercure et doit pouvoir atteindre 1 mètre dans les cas d'obstructions qui sont assez fréquents avec ce combustible.

L'usine de Crown-Point, sur le lac Champlain (Etats-Unis) possède une puissante soufflerie, rappelant le type Cockerill comme disposition générale, et qui peut comprimer l'air jusqu'à le faire parvenir à l'énorme pression de 1^m,20 de mercure. Cette soufflerie marche à détente, à une vitesse de 16 tours, le cylindre à vapeur a 1^m,80 de diamètre, le cylindre à vent 2^m,25, et la course est de 2^m,10 ; elle est pourvue d'un condenseur à surface et passe pour consommer très peu de vapeur,

La pression du vent doit, en tous cas, être telle que, dans les fourneaux fermés, elle soit à peu près nulle au gueulard ; ce qui s'obtient en donnant aux tuyaux de prise de gaz de larges sections de dégagement, et en les disposant de telle façon que les poussières entraînées par les gaz ne puissent jamais venir obstruer ces conduites ; on leur donne environ 0^m²,02 par tonne de production journalière du fourneau.

Le volume de vent à lancer ainsi que la pression de ce vent étant connus, suivant Percy, (1) le calcul du travail nécessaire au fonctionnement de la soufflerie à établir d'après ces données pourrait se faire comme suit :

Soit A la section du cylindre soufflant, L la longueur de course exprimée en mètres et N le nombre de courses simples par minute ; le volume d'air en mètres cubes, à la pression atmosphérique, aspiré par le cylindre en une minute, sera égal à NAL.

S'il y a plus d'un cylindre, on calculera de cette manière le contenu de chacun et la somme Q sera le volume d'air consommé par minute, à la pression atmosphérique, pression que nous représenterons par P kilogramme, par centimètre carré.

Ceci posé, l'action de la machine consistera d'abord à comprimer cet air à la pression existant dans le régulateur, puis à le faire passer dans ce réservoir, ce qui en réduira le volume. Désignons

____

(1) *Traité complet de Métallurgie*, t. III, p. 117. Percy.

donc par p la pression relative, c'est-à-dire l'excédent sur la pression atmosphérique de la pression du réservoir évaluée en kilogramme par centimètre carré, la pression totale sera :

$$P' = P + p$$

Puis, représentons par Q' le volume d'air fourni par minute sous cette pression.

Alors, d'après la loi de Mariotte, la température étant constante, nous aurons :

$$Q' = Q \frac{P}{P'} ;$$

l'action de la machine continuant, l'air passe par une série de tuyaux, et pendant ce temps, du moins pour les fourneaux à air chaud, l'air s'échauffe à de hautes températures. Il subit par là deux modifications : d'abord, il y a une légère perte de pression due au frottement de l'air sur les parois des tuyaux ; et, en second lieu, le volume est augmenté considérablement par l'élévation de température.

Le frottement le long des tuyaux dépendra de leur surface, de la rapidité du passage de l'air et de sa pesanteur spécifique.

La première quantité peut aisément se calculer, en multipliant la longueur des tuyaux parcourus par leur périmètre intérieur.

Représentons cette surface en mètres carrés par f.

La vitesse d'écoulement de l'air (1) et sa pesanteur spécifique

(1) Pour déterminer les sections successives que doivent recevoir les conduites d'air dans lesquelles la température passe par des valeurs différentes, M. de Langlade a indiqué, dans les *Annales des Mines* (4ᵉ livraison de 1885), une méthode beaucoup plus simple que celle généralement suivie.

La formule de d'Aubuisson, qui établit une relation entre la perte de pression dans la conduite, la vitesse du gaz, sa densité, la longueur de la conduite, la surface et le périmètre de sa section, permet de déterminer des dimensions convenables, mais elle oblige à faire de longs calculs lorsque la température du gaz varie pendant son trajet, parce que, dans ce cas, il faut diviser la conduite en autant de portions qu'il y a de températures différentes, et appliquer la formule à chacune de ces portions.

M. de Langlade est arrivé à simplifier cette détermination en transformant la formule de d'Aubuisson de façon à ramener le problème à déterminer la section que devrait avoir la conduite si le gaz ou l'air étaient à la température de 0° dans tout le parcours.

varient dans les tuyaux à mesure que l'air s'échauffe davantage ;
et afin de réduire ces éléments à un calcul simple, il faudra
prendre une moyenne pour chacun d'eux.

On obtient ensuite la valeur des différentes sections qui conviennent
pour les différentes températures en multipliant leurs dimensions primitives par un coefficient, déterminé une fois pour toutes pour chaque
température. Cette méthode n'a aucune prétention scientifique ; mais
peut rendre service aux praticiens en leur épargnant de longs tâtonne-
ments.

Il suppose d'abord que la conduite est destinée au passage d'un gaz qui
est à la température de $0°$ dans tout son parcours et détermine en conséquence la section de la conduite en se servant de la formule de d'Aubuisson ou de tout autre moyen. Il appelle cette section *section primitive*.
Il s'agit ensuite de l'augmenter ou de la diminuer dans les différentes
portions de la conduite suivant la température du gaz dans chaque portion, d'après une loi telle que le gaz se trouve dans les mêmes conditions
après cette transformation et avec sa température vraie, que s'il était à
$0°$ dans la conduite qui aurait la section primitive.

La formule de d'Aubuisson va permettre de déterminer la loi suivant
laquelle devra varier la section primitive pour que cette condition soit
remplie.

Considérons une portion de la conduite dans laquelle la température
définitive t sera uniforme et désignons par :

p la pression à l'origine de cette portion de conduite
p' la pression à l'extrémité ;
L la longueur de cette portion de conduite :
S la surface de sa section de forme quelconque ;
P le périmètre de sa section ;
A une ligne qui varie proportionnellement à P ;
δ la densité moyenne du gaz dans cette portion de conduite ;
u la vitesse moyenne du gaz dans cette portion de conduite ;
m un coefficient numérique constant.

La formule de d'Aubuisson pourra s'écrire ainsi :

$$p - p' = m L \frac{P}{S} \delta u^2$$

Nous admettrons que la section a été déterminée en supposant le gaz à
la température de $0°$; nous avons donc la relation :

$$p - p' = m L \frac{P_0}{S_0} \delta_0 u_0^2$$

Nous voulons que la section soit modifiée de telle sorte que le même
gaz à la température $t°$ éprouve la même perte de pression $p - p'$; nous
aurons donc la relation :

$$m L \frac{P_0}{S_0} \delta_0 u_0^2 = m L \frac{P_t}{S_t} \delta_t u_t^2$$

Soit donc v, la vitesse moyenne en mètres par seconde, et S le poids moyen, en kilogramme, de 1 mètre cube de l'air qui s'écoule. Puis, soit a la surface moyenne de la section d'un tuyau

Remarquons qu'en faisant la section nouvelle semblable à la section primitive, nous aurons :

$$\frac{\dfrac{P_0}{S_0}}{\dfrac{P_t}{S_t}} = \frac{A_t}{A_0}$$

En éliminant les rapports $\dfrac{P_0}{S_0}$ et $\dfrac{P_t}{S_t}$ de l'équation précédente au moyen de cette relation et en supprimant les quantités communes aux deux membres, la condition à remplir est donc exprimée par l'équation :

$$(1) \qquad \frac{\delta_0 u_0^2}{A_0} = \frac{\delta_t u_t^2}{A_t}$$

Exprimons δ_t et u_t en fonction de δ_0, u_0, A_0, A_t et t.

Remarquons d'abord que la pression est la même dans la conduite à section primitive et contenant le gaz à $0°$ que dans la conduite dont nous voulons déterminer la section contenant le même gaz à $t°$; nous aurons donc entre les densités du gaz la relation :

$$(2) \qquad \delta_t = \frac{\delta_0}{1 + \alpha t}$$

α étant le coefficient de dilatation de ce gaz.

D'autre part, le poids du gaz qui passerait pendant le même temps dans la section primitive à $0°$ ou dans la section dilatée à $t°$ est exactement le même. Appelons V_0 et V_t les volumes de gaz qui passent dans l'unité de temps au point où la vitesse est u_0 et u_t, nous aurons la relation :

$$V_t = V_0 (1 + \alpha t)$$

ou

$$S_t u_t = S_0 u_0 (1 + \alpha t)$$

et comme

$$\frac{S_0}{S_t} = \frac{A_0^2}{A_t^2}$$

$$(3) \qquad u_t = \frac{A_0^2}{A_t^2} u_0 (1 + \alpha t)$$

Substituons à δ_t et u_t leurs valeurs (2) et (3) dans l'équation (1)

$$\frac{\delta_0 u_0^2}{A_0} = \frac{\delta_0}{1 + \alpha t} \times \frac{A_0^4}{A_t^4} u_0^2 (1 + \alpha t)^2 \frac{1}{A_t}$$

évaluée en mètres, et p' la perte de pression provenant du frottement (1).

ou en simplifiant :

$$\Lambda_t = \Lambda_0 \sqrt[5]{1 + \alpha t}$$

Donc, une conduite de section quelconque étant donnée, dans laquelle passe un gaz à 0^0, si l'on veut porter ce gaz à la température t^0 et ne rien changer à la perte de pression qu'éprouve le gaz par suite du frottement dans la conduite, il faut remplacer les sections de la première conduite donnée par des sections semblables dont les côtés ou les diamètres soient aux cotés ou aux diamètres des premières dans le rapport de $\sqrt[5]{1 + \alpha t}$ à l'unité.

Par exemple, si la section de la conduite primitive est un cercle de diamètre D_0, le diamètre de la conduite à section circulaire qui donnera la même perte de pression avec le même gaz à t^0 sera :

$$D_t = D_0 \sqrt[5]{1 + \alpha t}$$

On peut admettre dans la pratique que tous les gaz qui parcourent les conduites des appareils métallurgiques ont le même coefficient de dilatation et faire une fois pour toutes un tableau des différentes valeurs de $\sqrt[5]{1 + \alpha t}$ qui serviront pour tous les cas.

Voici quelques-unes de ces valeurs :

pour $t =$	0^0.	$\sqrt[5]{1 + \alpha t}$	$=$	1
» »	50^0	»	$=$	1,03417
» »	100^0	»	$=$	1,06452
» »	150^0	»	$=$	1,0917
» »	200^0	»	$=$	1,1163
» »	250^0	»	$=$	1,1390
» »	300^0	»	$=$	1,1601
» »	350^0	»	$=$	1,1796
» »	400^0	»	$=$	1,1980
» »	450^0	»	$=$	1,2153
» »	500^0	»	$=$	1,2308
» »	600^0	»	$=$	1,2621
» »	700^0	»	$=$	1,2896
» »	800^0	»	$=$	1,3152
» »	900^0	»	$=$	1,3389
» »	$1,000^0$	»	$=$	1,361

(1) De nombreuses expériences faites avec un très grand soin sur deux conduites de $0^m,20$ et $0^m,15$ de diamètre, ayant respectivement 4600 et 522 mètres, par M. E. Stockalper, ingénieur, chef de service de l'entreprise du grand tunnel de St-Gothard, l'ont amené à conclure que :

« Pour calculer les pertes de charge d'une conduite de distribution » d'air, il suffit d'évaluer les pertes de charge, en supposant que ce soit

Alors nous aurons

$$p' = \frac{fSv^2}{Ma}$$

(formule dans laquelle on peut reconnaître la forme de celle de d'Aubuisson), expression dans laquelle M est un coefficient que l'on peut considérer approximativement comme égal à 30,500,000.

D'où la pression absolue de l'air à la fin de l'écoulement, que nous désignerons par P″, sera :

$$P'' = P' - p'$$

soit, pour la pression relative :

$$p'' = p - p'$$

En second lieu, nous avons à trouver l'accroissement de volume causé par la chaleur. On sait que, pour chaque degré centigrade d'élévation de température, le volume d'air augmente d'environ 0,00365 de son volume à 0°.

Si donc Q′ représente le volume initial à la température $t°$ centigrade, et Q″ le volume à une température T°, nous aurons :

$$Q'' = Q' \frac{1 + 0,00365 T}{1 + 0,00365 t} \qquad (1)$$

On a maintenant, à la fin du parcours de l'air dans les tuyaux, la quantité Q″ (en mètres cubes) d'air par minute, à la pression relative p'' (en kilogramme par centimètre carré) : et c'est dans

» une distribution d'eau à la même vitesse, et de réduire les pertes de » charge trouvées pour l'eau, dans le rapport des densités de l'air com- » primé à celle de l'eau. »

Les mêmes expériences ont démontré que le meilleur régime d'écoulement de l'air comprimé à 4 atmosphères absolues correspondait à une vitesse de 4 mètres par seconde.

Dans certains cas particuliers on peut aller jusqu'à 8 mètres, vitesse extrême qu'il ne convient pas de dépasser sans s'exposer à des pertes de charge très sérieuses.

(1) Le volume sera aussi un peu modifié par la diminution de pression résultant du frottement ; mais cette modification est faible et l'on peut négliger.

ces conditions que l'air s'échappera des tuyaux par l'orifice des tuyères pour alimenter les fourneaux.

Les dimensions de ces orifices doivent correspondre au volume et à la pression de l'air qui s'en échappera ; l'on trouvera, d'après ces données, que leur proportion est celle-ci :

Soit α la surface totale des orifices, et v'' la vitesse, exprimée en mètres par seconde, de l'air qui sort par ces orifices ; le volume par minute (qui doit être Q'') sera égal à :

$$60\,\alpha v''$$

Mais suivant les règles de la pneumatique, si S'' est le poids de 1 mètre cube de l'air qui s'écoule, p'' sa pression relative, et m le coefficient de contraction pour la dimension de l'orifice et sa forme (coefficient que nous pouvons considérer, pour les tubes coniques, comme égal à 0,94), nous aurons :

$$v'' = m \sqrt{\frac{2g \times 10{,}000 p''}{S''}}$$

d'où :
$$Q'' = 60\alpha m \sqrt{\frac{2g \times 10{,}000 p''}{S''}}$$

Cherchant la valeur de S'', soit W le poids de 1 mètre cube d'air à la pression atmosphérique moyenne, ou P, et à la température $0°$, on peut l'évaluer à environ $1^{kg},293$

$$S'' = W \frac{P + p''}{P\,(1 + 0{,}00365 T)}$$

et par substitution :

$$\alpha^2 = \frac{Q''^2 W\,(P + p'')}{2 \times 60^2 \times g \times 10{,}000 p'' m^2 P\,(1 + 0{,}00365 T)}$$

ou en simplifiant :

$$\alpha^2 = \frac{(P + p'')\,W Q''^2}{72{,}000{,}000\,g p'' P m\,(1 + 0{,}00365 T)}$$

d'où l'on peut déduire les sections des tuyères.

Le travail T_r nécessaire au fonctionnement des pistons à vent peut donc être calculé, en kilogrammètres, comme suit, par course simple :

$$10{,}000 \, ALP \, \log. \, \text{hyp.} \, \frac{P'}{P}$$

et si N est le nombre de courses simples par minute, le travail effectif, en chevaux, exigé par la machine, sera :

$$\frac{NALP \, \log. \, \left(\frac{P'}{P}\right)}{0{,}45} = T_r \, \text{par seconde et en chevaux-vapeur}$$

Nous devons remarquer que, dans ces calculs, il n'est pas tenu compte des fuites, ni d'aucun des défauts mécaniques de l'appareil ; et, à l'égard de la force en chevaux de la machine, il n'est pas davantage tenu compte du frottement, ni des autres pertes ordinaires des machines à vapeur ; ces diverses circonstances affectent toujours plus ou moins le résultat du calcul ; mais leur proportion est, suivant les différents cas, très variable, et doit toujours être déterminée, dans chacun d'eux, par une évaluation pratique.

En somme, il serait imprudent de compter sur un rendement supérieur à 85 0/0 pour les cylindres à vent, ainsi que sur un rendement plus élevé que 80 0/0 pour les cylindres à vapeur (1) ; ces chiffres, qui supposent un très grand degré de perfection à ces organes et à leur marche, ne conduisent cependant qu'à un rendement effectif maximum de $0{,}85 \times 0{,}8 = 0{,}68$ que la plupart des souffleries sont loin d'atteindre.

Dans l'établissement des calculs précédents, nous avons dû remarquer qu'il est impossible d'évaluer exactement le travail dû au frottement de l'air depuis sa sortie du cylindre soufflant jusqu'aux tuyères, en passant par les appareils à air chaud, parce que, dans ce cas, le travail devient une fonction de la

(1) Des expériences faites au Creusot, il résulterait que le rendement des souffleries augmente légèrement avec la vitesse donnée aux pistons. Cela est loin d'être général et, dans le cas particulier de la machine expérimentée, ce fait doit tenir uniquement au moindre refroidissement intérieur qu'a éprouvé le cylindre à vapeur par suite des admissions plus rapprochées et des émissions de moindre durée; ce qui, en diminuant la condensation de la vapeur à son entrée dans le cylindre, en augmente l'effet utile.

température et de la vitesse d'écoulement de l'air, lesquelles sont variables toutes deux dans les diverses parties de l'appareil. Il en résulte, qu'après avoir dû recourir à force hypothèses en admettant une section moyenne, une vitesse moyenne d'écoulement et un coefficient constant de frottement, on n'arrive qu'à obtenir un résultat plus ou moins discutable. Plutôt que de chercher à déterminer ces frottements variables, pour le même haut-fourneau, d'une tuyère à l'autre, par suite de causes permanentes telles que le nombre de coudes de la conduite, leur rayon de courbure, la forme des appareils à air chaud, et leur disposition par rapport aux tuyères, etc., ou de causes accidentelles telles que le débit moins grand par une tuyère que par une autre, etc., causes impossibles à prévoir et que l'on ne peut faire entrer dans le calcul, mieux vaut choisir un coefficient un peu bas, en comparant le cas à traiter avec des installations déjà faites dans des conditions analogues, pour tenir compte de toutes les pertes de pression dues au frottement.

Ainsi, on a reconnu que, dans des appareils à air chaud bien établis, la perte de charge ne dépasse pas $0^m,02$ de pression de mercure ; en adoptant ce chiffre pour l'influence de l'appareil à air chaud en y ajoutant un second chiffre, variable avec la vitesse du vent dans la conduite, le développement et la conformation de celle-ci, environ $0^m,01$ de pression de mercure, le plus généralement, quand la vitesse du vent n'est pas supérieure à 15 mètres, que la longueur de la conduite n'excède pas 50 mètres, et que les coudes qui peuvent s'y trouver ne sont pas à angles vifs, ni trop nombreux, on est certain de ne pas avoir une machine trop faible.

En somme, il convient de compter sur un excédent de pression de $0^m,03$ de mercure de l'air du cylindre soufflant sur le vent entrant dans les tuyères, et ce chiffre est parfois dépassé.

Quant à l'échauffement du vent pendant sa compression dans le cylindre, cet échauffement est environ 20 à 25° pour des pressions de $0^m,40$ de mercure.

Quelque insignifiante que paraisse la surcharge apportée par la dilatation correspondant à ce faible échauffement, elle est déjà à considérer ; et pour des pressions plus élevées, il serait indispensable d'en tenir compte, si l'on tenait à apprécier rigoureusement le travail de la compression.

Le calcul de ce travail résistant

$$T_r = \int p\,dv$$

devrait se faire à l'aide de la loi de Poisson et de Laplace

$$pv^\gamma = \text{constante}$$

qui s'applique à la détente ou à la compression d'un gaz ne recevant de chaleur d'aucune source pendant sa variation de volume.

La valeur $\gamma = \dfrac{C}{C'}$, rapport de la chaleur spécifique sous pression constante, à la chaleur spécifique sous volume constant, est égale à $\dfrac{4}{3}$ pour l'air. On a donc :

$$p = \frac{PV^{\frac{4}{3}}}{v^{\frac{4}{3}}}$$

et

$$T_r = \int_V^{V_1} p\,dv = PV^{\frac{4}{3}} \int \frac{dv}{v^{\frac{4}{3}}} = 3PV^{\frac{4}{3}} \left(\frac{1}{\sqrt[3]{V_1}} - \frac{1}{\sqrt[3]{V}} \right)$$

travail nécessaire pour comprimer le volume primitif V_1 et l'amener au volume final V sous la pression P.

Pour une compression très étendue, comme on en rencontre dans la construction des compresseurs d'air, on peut dresser, à l'aide de cette formule, un tableau donnant les quantités de travail qu'il est nécessaire de développer pour amener un volume donné d'air à un autre volume plus faible, et indiquant également la pression finale due à cette compression.

Il suffit, pour obtenir ce tableau, de calculer les compressions correspondant à 1 mètre cube de volume final, en posant :

$$V_1 = 1 \text{ et } V = 1, 2, 3, 4, \text{ etc.,}$$

d'où :
$$P_1 = V^{\frac{4}{3}}$$

et l'on trouve ainsi :

Pour V égal à :	Ramené à V_1 égal à 1^{m3}	P_1, la pression finale égale à :	T, travail de compression égal à :
2 mètres cubes	1 mètre cube	2 atm. 52	16,120 kgm.
3 »	1 »	4 33	41,410 »
4 »	1 »	6 35	72,800 »
5 »	1 »	8 55	110,000 »
6 »	1 »	10 90	151,800 »
7 »	1 »	13 40	198,300 »
8 »	1 »	16	248,000 »
9 »	1 »	18 70	301,300 »
10 »	1 »	21 60	358,000 »
20 »	1 »	54 30	1,063,000 »

Le volume initial V et le volume final V_1 étant donnés, ou bien la pression finale P_1, on peut arriver par la construction graphique de ce tableau à déterminer rapidement toutes les valeurs intermédiaires de T, de P_1 et de V.

Pour cela, il suffit de prendre (fig. 35) à une certaine échelle, sur une épure, les valeurs de V comme abcisses et de porter sur les ordonnées correspondant à ces abcisses et aussi à une échelle quelconque, les valeurs de T et de P_1, relatives à celles de V. En réunissant par une ligne continue les points limitant les ordonnées de longueur proportionnelle aux valeurs de T et par une seconde ligne continue les points limitant ces mêmes ordonnées de longueur proportionnelle aux valeurs de P_1, nous obtiendrons deux courbes dont l'une représentera le travail de compression, et l'autre les pressions finales calculées d'après la loi de Laplace et Poisson, tenant compte des phénomènes calorifiques qui se développent lors des variations de volume et de pression de l'air.

V_1 et V étant donnés, en ramenant V_1 à 1 mètre cube et déterminant la valeur de V correspondante, pour la prendre comme abcisse à l'échelle de l'épure, l'ordonnée élevée sur cette abcisse viendra couper chacune des deux courbes précédemment tracées et donnera, par sa rencontre avec la courbe des valeurs de P_1, la

pression finale, à l'échelle des ordonnées P_1, résultant du degré
de compression $\dfrac{V}{V_1}$.

Par sa rencontre avec la courbe des valeurs de T, la longueur

Fig. 35

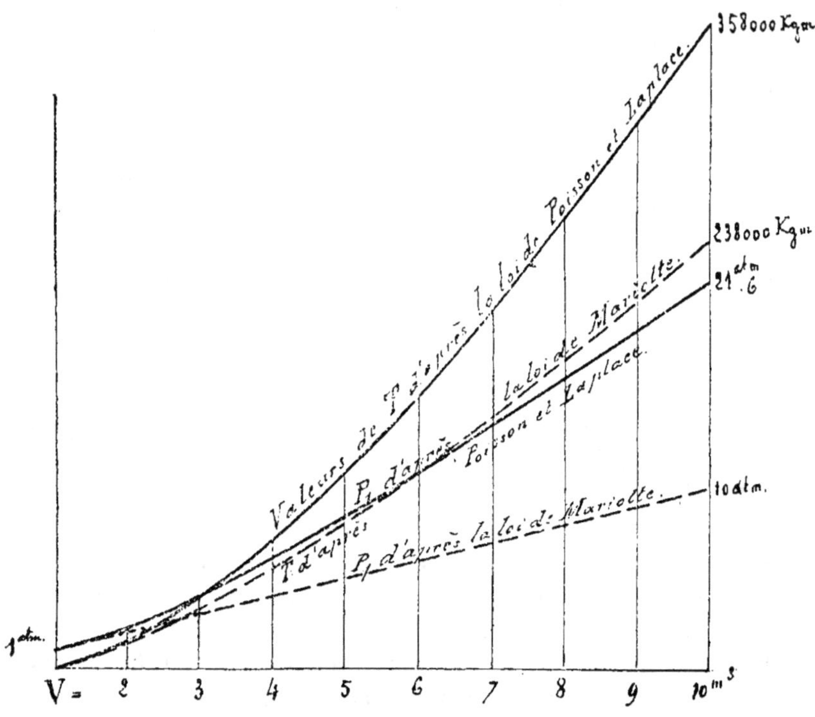

de cette ordonnée donnera, à l'échelle des ordonnées T, le travail
correspondant à ce même degré de compression.

P_1 étant donnée, en déterminant, d'après l'échelle adoptée, la
longueur de l'ordonnée à laquelle correspond la pression P_1 dans
la courbe des pressions primitives, et portant cette longueur sur
l'axe des ordonnées, puis menant une parallèle, par ce point, à
l'axe d'abcisses, cette parallèle viendra rencontrer la courbe des
valeurs de P_1 en un point dont l'abcisse donnera, à l'échelle relative aux abcisses, la valeur de V correspondant à $V_1 = 1$ mètre
cube.

L'ordonnée de ce point de rencontre, en venant couper la courbe des valeurs de T, donnera aussi par sa longueur à l'échelle des ordonnées T, le travail correspondant à la pression finale P_1 correspondant à $V_1 = 1$ mètre cube.

Pour comparer ces résultats à ceux auxquels on serait conduit en négligeant les effets calorifiques développés, il suffit de calculer, d'après la loi de Mariotte, le travail résistant correspondant aux mêmes degrés de compression, au moyen de la formule :

$$T = PV \log. \text{hyp.} \frac{V}{V_1}$$

en posant encore :

$$V_1 = 1 \quad \text{et} \quad V = 1, 2, 3, 4, \text{etc.}$$

d'où

$$P_1 = V$$

On trouve ainsi :

Pour V égal à :	Ramené à V_1 égal à 1^m cube	P_1, la pression finale égale à :	T travail de compression égal à :
2 mètres cubes	1 mètre cube	2 atmosph.	14,330 kgm.
3 » »	1 » »	3 »	34,060 »
4 » »	1 » »	4 »	57,310 »
5 » »	1 » »	5 »	83,170 »
6 » »	1 » »	6 »	111,100 »
7 » »	1 » »	7 »	140,800 »
8 » »	1 » »	8 »	172,000 »
9 » »	1 » »	9 »	204,400 »
10 » »	1 » »	10 »	238,000 »
20 » »	1 » »	20 »	619,200 »

Pour mieux embrasser que ne le permet ce tableau, la différence des résultats obtenus suivant que l'on tient compte ou non du dégagement de chaleur apporté par la compression, on peut répéter sur l'épure (fig. 35) la construction précédente et trouver deux nouvelles lignes dont l'une représenterait le travail résistant et l'autre les pressions finales, si la température demeurait invariable pendant la durée de la compression.

En comparant l'une à l'autre les deux courbes relatives aux pressions et les deux courbes relatives au travail résistant, on reconnait combien le dégagement de chaleur, trop souvent négligé, altère les résultats donnés par la loi de Mariotte, et combien l'échauffement de l'air résultant de ce dégagement de chaleur fait croître à la fois la pression finale et le travail de compression, et cela en proportion d'autant plus grande que le degré de compression est plus élevé.

Ainsi, pour une réduction de volume au dixième, la pression de l'air atteint 21 atm. 60 ; le travail résistant devient 358,000 kgm. par mètre cube d'air comprimé ; tandis que, suivant la loi de Mariotte, on n'eût trouvé pour pression finale que 10 atmosphères et pour travail de compression à effectuer que 238,000 kgm, pour le même volume.

Du reste, il serait facile de déterminer approximativement l'élévation de température de l'air produite par ces divers degrés de compression, en adoptant pour équivalent mécanique de la chaleur le chiffre 424.

La chaleur dégagée par la compression est :

$$\text{A calories} = \frac{T}{424}$$

et la chaleur absorbée par degré d'échauffement du volume d'air comprimé est :

$$C = V \times 1{,}30 \times 0{,}237$$

(1,30 étant le poids du mètre cube d'air détendu à 1 atmosp. et 0,237 étant la chaleur spécifique de l'air).

L'élévation de température t produite sera donc :

$$t = \frac{A}{C} = \frac{T}{424\,(V \times 1{,}3 \times 0{,}237)}$$

pour $V = 2$ mètres cubes :

$$t = \frac{16{,}120^{\text{kgm}}}{424 \times 2 \times 1{,}3 \times 0{,}237} = 62°$$

pour $V = 5$ mètres cubes :

$$t = \frac{110,000^{\text{kgm}}}{424 \times 5 \times 1,3 \times 0,237} = 165^\circ$$

pour $V = 10$ mètres cubes :

$$t = \frac{358,000^{\text{kgm}}}{424 \times 10 \times 1,3 \times 0,237} = 275^\circ$$

et pour $V = 20$ mètres cubes :

$$t = \frac{1,063,000^{\text{kgm}}}{424 \times 20 \times 1,3 \times 0,237} = 410^\circ$$

Ces températures considérables expliquent bien la nécessité, à laquelle la pratique a amené les constructeurs, d'opérer les fortes compressions en présence d'eau, soit en masse relativement grande, si l'eau est extérieure au vase dans lequel s'opère la compression, soit en quantité assez limitée, si elle est à l'intérieur, car alors la vaporisation d'une faible quantité d'eau absorbe des quantités de chaleur considérables (1). Toutefois, ce dernier mode n'est pas admissible dans les souffleries, à cause de l'entraînement de vapeur d'eau qui en serait la conséquence.

En réalité, dans la compression de l'air, on ne trouve pas, en pratique, des élévations de température aussi grandes que celles que nous venons de déterminer, parce que la chaleur dégagée par la compression de l'air ne demeure pas confinée dans cet air, mais se partage par conductibilité entre le cylindre dans lequel s'opère la compression, le piston compresseur et l'air comprimé. Comme la compression n'est pas continue, qu'elle est séparée pour chaque cylindrée, par la période de refoulement dans le réservoir et la période d'aspiration, une partie de la cha-

---

(1) Ces fortes élévations de température expliquent aussi l'insuccès de certains appareils de compression d'air, tels que freins, etc., dans lesquels l'échauffement des organes provoqué par leur contact avec l'air devient un obstacle matériel à leur fonctionnement, par suite des grippages produits, ou de la détérioration des garnitures de joints.

La température primitive de l'air devrait évidemment être ajoutée à ces chiffres calculés pour donner la température finale de l'air après sa compression.

leur dégagée se dissipe au dehors à travers les parois du cylindre, par rayonnement et par contact avec l'air ambiant.

Ainsi, dans une expérience faite sur la soufflerie Bessemer du Creusot, marchant à la pression effective 1^m,21 de mercure dans le réservoir, la température de l'air à l'aspiration étant 10°, on a trouvé 60° pour température du vent au refoulement, soit 50° d'élévation de température produite en fonctionnant à la vitesse de 28 tours par minute, avec une longueur de course de 1^m,80, des pistons à vent et 1^m,50 de diamètre de ces pistons.

Or, cette pression effective, 1^m,21 de mercure, correspond à une pression absolue de :

$$1^{m},21 + 0^{m},76 = 1^{m},97 \text{ ou } \frac{1^{m},97}{0,76} = 2 \text{ atm. } 6$$

et nous venons de trouver que pour $V = 2^{m3}$ ramenés à $V = 1^{m3}$, l'élévation de température de l'air serait de 62° si toute la chaleur dégagée était absorbée par l'air comprimé; une partie assez notable de la chaleur de compression se répand donc au dehors et naturellement cette dispersion de la chaleur doit être d'autant plus grande que la soufflerie fonctionne plus lentement.

Néanmoins, la haute pression de vent : 1 à 2^{kg} effectifs, par centimètre carré (1 à 2 atm.) nécessaire au soufflage des convertisseurs Bessemer et le chauffage assez fort de l'air auquel donne lieu ce degré de compression sont assez élevés pour que dans ces souffleries on ait dû modifier la construction ordinaire des cylindres à vent appliqués aux hauts fourneaux, souvent en recourant à une circulation d'eau autour des cylindres soufflants pour les préserver contre un trop grand échauffement, et encore en supprimant les clapets ordinaires, ceux de refoulement surtout, qui malgré les renforcements apportés ne résistaient pas suffisamment à la chaleur développée, ni à la forte pression.

Au début, et les anciennes installations Bessemer sont encore dans ce cas, pour des convertisseurs de 5 à 6 tonnes, on avait adopté des souffleries jumelles horizontales avec

pistons à vent de 1^m,371 diamètre,
pistons à vapeur de 0^m,915 diamètre,
longueur de course commune des pistons 1^m,525

et l'on faisait fonctionner ces souffleries jusqu'à 40 tours par minute. Ces machines étaient à faible détente, sans condensation.

Dans ces souffleries, marchant à 40 révolutions, le volume total engendré par les pistons à vent est, en une minute :

160 cylindrées de $1^{m2},476 \times 1^{m},525 = 360$ mètres cubes ; ce qui revient à :

$$\frac{360^{m3}}{5 \text{ à } 6 \text{ tonnes}} = 72 \text{ à } 60 \text{ mètres cubes, au maximum,}$$

par minute et par tonne de contenance des convertisseurs ; depuis, et pour des convertisseurs de 8, 10 tonnes et plus, que l'on établit aujourd'hui, on est resté à peu près dans les mêmes proportions de volume de vent par tonne de capacité des convertisseurs, sauf la pression qui a dû être augmentée et portée de $1^{m},20$ jusqu'à $1^{m},75$ de mercure.

Notons que la détermination des dimensions qu'il convient de donner à ces souffleries, par rapport à la capacité des convertisseurs qu'elles doivent souffler, ne demande pas autant d'exactitude que pour les souffleries devant être appliqués à des hauts-fourneaux de production donnée, par 24 heures, parce que les premières n'ont qu'un fonctionnement intermittent, tandis que les seconds ont une marche continue. Par suite, si le cylindre à vent des premières a reçu des dimensions trop faibles, on pourra faire fonctionner la soufflerie plus rapidement, ce qui a moins d'importance ici que si cette machine devait marcher d'une façon continue à une vitesse excessive, ou bien l'on pourra se contenter de moins charger le convertisseur, ou encore de prolonger la durée du soufflage à chaque opération.

Certains constructeurs, pour réduire le trop grand échauffement de l'air en donnant aux souffleries une allure moins rapide, ont augmenté le volume des cylindrées de vent et allongé quelque peu la course des pistons ; c'est ainsi que les souffleries Bessemer du Creusot et celles de la Société des aciéries de Denain peuvent fonctionner à une vitesse comprise entre 22 et 28 tours.

Dans ces souffleries jumelles horizontales, le diamètre des cylindres à vapeur est $1^{m},20$, celui des cylindres à vent est $1^{m},50$ et la course des pistons à vent et à vapeur est $1^{m},80$. Les clapets-bagues en caoutchouc des anciennes souffleries Bessemer ont été conservés; mais pour éviter leur échauffement et leur usure trop rapide, sous l'action des chocs répétés, on a installé à chaque extrémité des cylindres à vent, en regard des bagues de refoulement (fig. 36) une circulation d'eau froide qui modère l'échauffement du caoutchouc.

D'autres constructeurs ayant adopté la disposition verticale , pour ne pas tomber dans de trop longues courses, ont conservé la vitesse maximum de 40 tours; mais ils ont évité la nécessité d'un changement fréquent des bagues, les incommodités et les

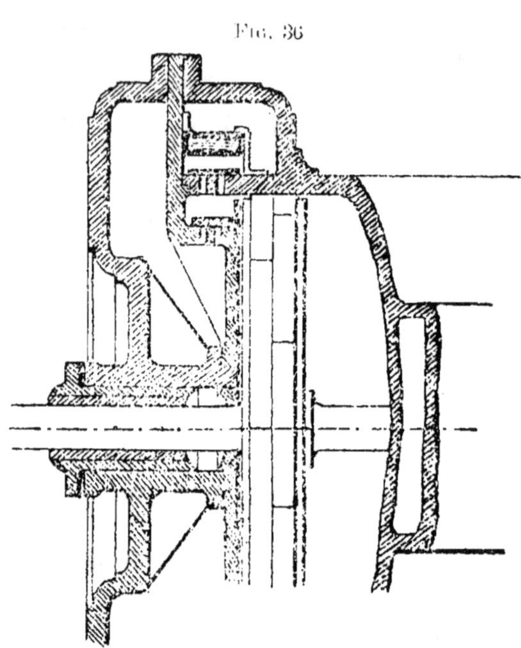

Fig. 36

arrêts de marche qui en résultent, en recourant pour les clapets de refoulement à l'emploi de soupapes métalliques disposées en couronnes sur des rebords venus en haut et en bas des cylindres soufflants, ainsi que le montrent la fig. 37 et les planches 6 et 7 représentant la soufflerie Bayenthal employée aux aciéries de Longwy.

Dans cette soufflerie double, à marche Compound, à détente variable par distribution Meyer à double tiroir cylindrique et à condensation,

le diamètre du cylindre à vapeur à haute pression est de   1ᵐ,450
    »   »   » à basse pression   2ᵐ,200
    »   des cylindres à vent est de................ 1ᵐ,650
la course commune des pistons est de 1ᵐ,500
et le nombre de tours maximum est de................. 40

Des clapets analogues et semblablement disposés sont employés dans les souffleries Bessemer construites par Mackentosch,
Hemphill et Cⁱᵉ, à Pittsbourg, et dans les souffleries Weimer, si en
vogue dans les Etats-Unis, non-seulement pour les soufflages de

FIG. 37

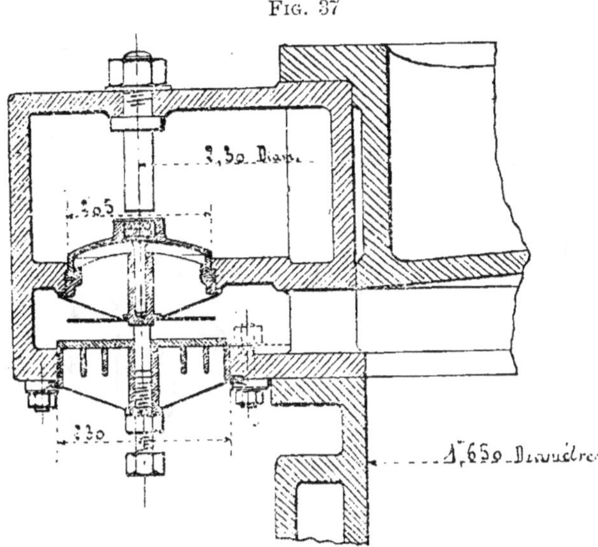

convertisseurs Bessemer ; mais encore pour ceux des hauts fourneaux au coke et à l'anthracite. Les constructeurs anglais Galle-
way et Sons, à Manchester, font aussi usage de clapets semblables
dans leur système de souffleries.

Enfin, d'autres constructeurs ont complètement abandonné les
clapets d'aspiration et de refoulement du vent et, pour l'admission
d'air dans les cylindres soufflants ainsi que pour l'échappement de
cet air dans le réservoir à vent, ont recouru au tiroir formé de pistons jumeaux situés sur une même tige (fig. 38) et se mouvant
dans une gaine cylindrique communiquant par deux galeries avec
les extrémités du cylindre à vent, en dessus et en dessous du pis
ton soufflant; l'air est aspiré par les extrémités de cette gaine et
il est refoulé par une tubulure se trouvant placée au milieu de sa
longueur.

Ce système permet d'aborder des vitesses encore plus grandes
que dans les souffleries avec clapets métalliques.

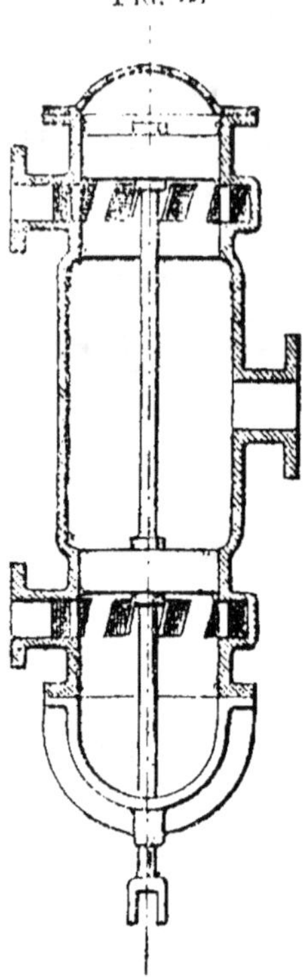

Fig. 35.

Des souffleries munies de ce mode d'aspiration et de refoulement d'air existent, pour les hauts-fourneaux : à Solenzara (Corse), à Follonica (Toscane), à Ria (Pyrénées-Orientales). Voici les dimensions de la soufflerie de Solenzara (1).

Cylindre à vapeur. Diamètre..... $0^m,50$, course $0^m,65$.
Cylindre soufflant.   »   .... $1^m,40$, course $0^m,65$.
Nombre de tours par minute......   45,
Diamètre du tiroir cylindrique... 0^m350 ;

Pour appareils Bessemer :

A Angleur et à Seraing (Belgique); à l'usine de West Cumberland, à Workington, où cette distribution du vent par pistons est employée dans une soufflerie horizontale; à Furness, près Barrow, dans la grande Hématite Iron and Steel Works, où cette distribution est appliquée à une soufflerie jumelle verticale, à condensation, construite par Daniel Adamson et C°, Hyde Junction, près Manchester.

(1) M. S. Jordan, *Cours de métallurgie*, p. 56.

Ces constructeurs ont également établi des souffleries semblables, mais sans condensation, à Dowlais, à Ebbw-Vale, aux
usines de Penistone de MM. Cammel et C°, chez M. John Brown
et C°, à Scheffield, etc.

En somme, le règlement de cette distribution d'air à pistons se
fait absolument comme dans les machines à tiroir plat de Thomas
et Laurens et de Cavé qui, après un moment de vogue, ont dû être
complétement délaissées pour le soufflage des hauts fourneaux.
Etudions donc ce mode de distribution pour nous rendre compte
des défauts qui ont dù les faire abandonner dans certaines usines
et des modifications qui y ont été apportées et les ont fait réussir
dans d'autres usines, aussi bien pour le soufflage des hauts-
fourneaux que pour celui des appareils Bessemer; c'est-à-dire aussi
bien comme souffleries à basse pression que comme souffleries à
pression de vent élevée.

IV

SOUFFLERIES A TIROIRS

Ainsi que nous venons de le voir, les souffleries dans lesquelles l'aspiration et le refoulement de l'air sont obtenus par le jeu automatique de clapets, cédant aux pressions ou dépressions engendrées à l'intérieur du cylindre à vent par le mouvement du piston, quoique le plus généralement employées, ne sont pas toutes de ce système d'aspiration et de refoulement d'air.

Quelques rares usines, en France, se servent encore de souffleries dans lesquelles l'admission de l'air et son expulsion hors du cylindre à vent sont réglées au moyen d'un tiroir prenant son mouvement sur le moteur lui-même, comme cela se fait pour la distribution de la vapeur dans les machines.

Le tiroir dit *à coquille* est presque exclusivement employé; comme on le sait, c'est une sorte de petite caisse métallique rectangulaire, à rebords, destinée à laisser pénétrer l'air atmosphérique tantôt d'un côté du piston, tantôt de l'autre; et en même temps, à faire communiquer avec le réservoir d'air la partie du cylindre vers laquelle marche le piston. La face plane, qui est parfaitement dressée et rodée, s'applique sur une plate-forme, également dressée et rodée, faisant corps avec le cylindre, et sur laquelle sont pratiqués trois orifices dont les deux extrèmes établissent la communication de l'atmosphère avec les extrémités du cylindre et le troisième avec le réservoir d'air, dans les souffleries Thomas et Laurens (fig. 39) ou bien, comme dans les souffleries Cavé, l'orifice du milieu de la table (fig. 40) est en communication avec l'atmosphère et les orifices extrèmes communiquent avec le réservoir d'air.

Dans les tiroirs des souffleries Thomas et Laurens, les bords extérieurs règlent l'admission de l'air et les bords intérieurs l'évacuation au réservoir de l'air comprimé; et toujours deux de ces

Fig. 39

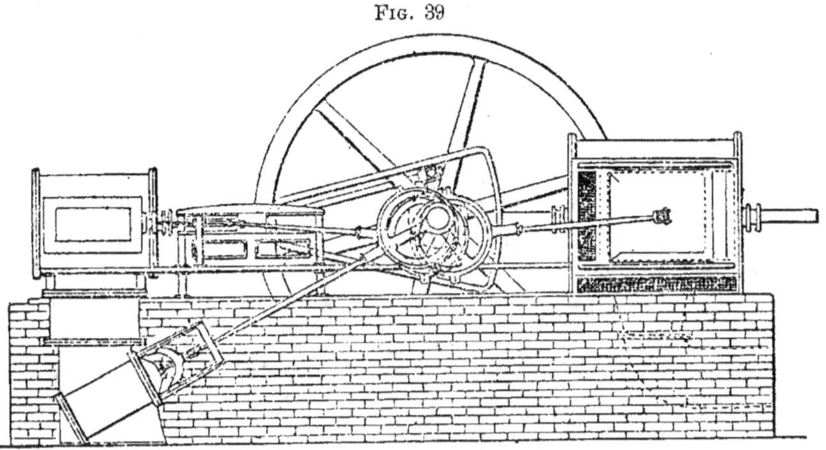

Echelle 1/72

bords non adjacents sont en activité simultanément pour mettre alternativement en communication l'une des faces du piston avec l'atmosphère, et l'autre face avec le réservoir d'air.

Fig. 40

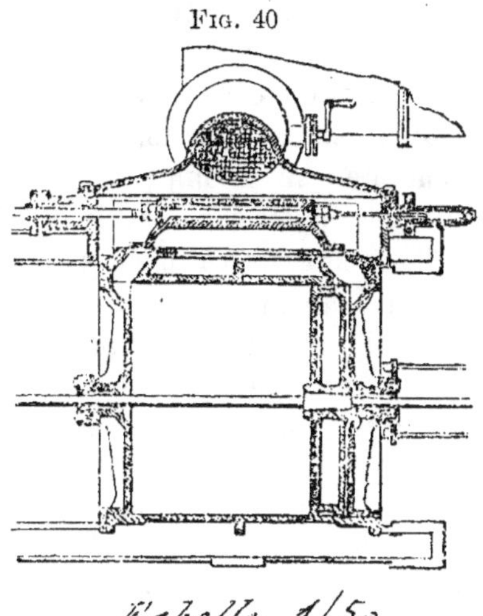

L'inverse a lieu dans les tiroirs des souffleries Cavé; ce sont les bords intérieurs qui règlent l'admission de l'air et les bords extérieurs qui règlent l'évacuation de l'air au réservoir.

Au tiroir est adaptée une tige qui est mise en mouvement par un excentrique ou, plus généralement, à cause de la grande longueur de course, par une manivelle calée à l'extrémité de l'arbre moteur.

Echelle 1/50

Les tiroirs des souffleries Thomas et Laurens diffèrent surtout des tiroirs des souffleries Cavé en ce que les premiers sont disposés à l'extérieur du cylindre soufflant, le dos en contact avec l'air extérieur; ils sont latéraux, un peu inclinés sur la verticale, ces tiroirs seuls sont guidés au moyen de règles en fonte, garnies de bronze en dessous, qui, pressées par des ressorts serrés à l'aide de vis de pression (fig. 41), appliquent les rebords latéraux de glissement du tiroir contre une glace plane en fonte, soigneusement ajustée. Tandis que dans les souffleries Cavé, le tiroir construit comme ceux des machines à vapeur, est commandé par une tringle prolongée débouchant, comme celle du piston, dans un étui extérieur; des écrous permettent de régler la position du tiroir sur la tige, qui a aussi du jeu dans la douille fondue avec le tiroir, de façon à lui laisser la faculté de s'appliquer librement sur la table des orifices. Enfin la boîte du tiroir est fermée par un couvercle avec lequel est venue de fonte une tubulure sur laquelle s'adapte la conduite d'air refoulé; par suite, c'est la pression du vent qui appuie le tiroir sur sa table (fig. 40).

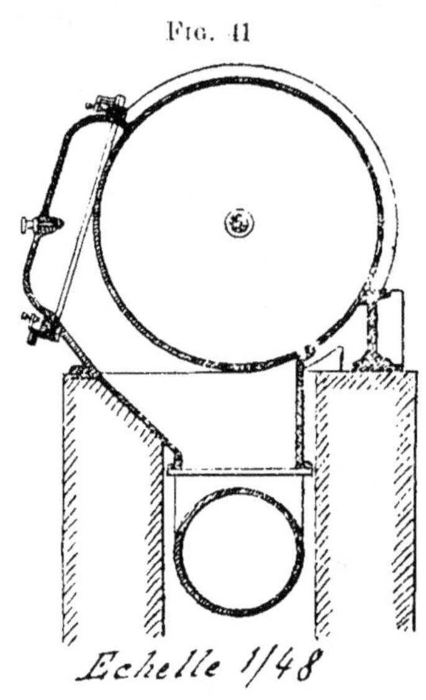

Fig. 41

Les souffleries Thomas et Laurens, ainsi que celles de Cavé, étaient horizontales.

Voici les dimensions principales de la machine du plus grand modèle construit par Thomas et Laurens; cette machine est à détente variable et à condensation.

Diamètre du cylindre à vapeur...	0ᵐ,70.
— — à vent	1ᵐ,45.
Course des pistons.............	1 mètre.
Pression de la vapeur..........	5 atmosphères.

Admission de la vapeur......... 1/8 de course.
Nombre de tours par minute..... 50 —
Pression du vent fourni........ 0ᵐ,15 de mercure.
Volume engendré à 50 tours..... 165 mètres cubes.

En Angleterre, les souffleries à tiroir, système Slate, ont aussi été très employées, surtout dans les environs de Middlesborough, où elles furent introduites en grand nombre, et méritent d'être mentionnées parce que, suivant M. Gjers, c'est de ce type que se sont développées les souffleries verticales, à action directe.

Le type originaire des souffleries Slate est représenté fig. 42.

Le cylindre à vent se trouve au sommet, le cilyndre à vapeur est directement au-dessous et l'arbre de couche est ramené à la partie inférieure de la machine. Le piston à vent est commandé par deux tiges entourant le cylindre à vapeur et venant se fixer à la traverse de la tige du piston à vapeur.

Le tiroir, qui enveloppe le cylindre à vent, a un

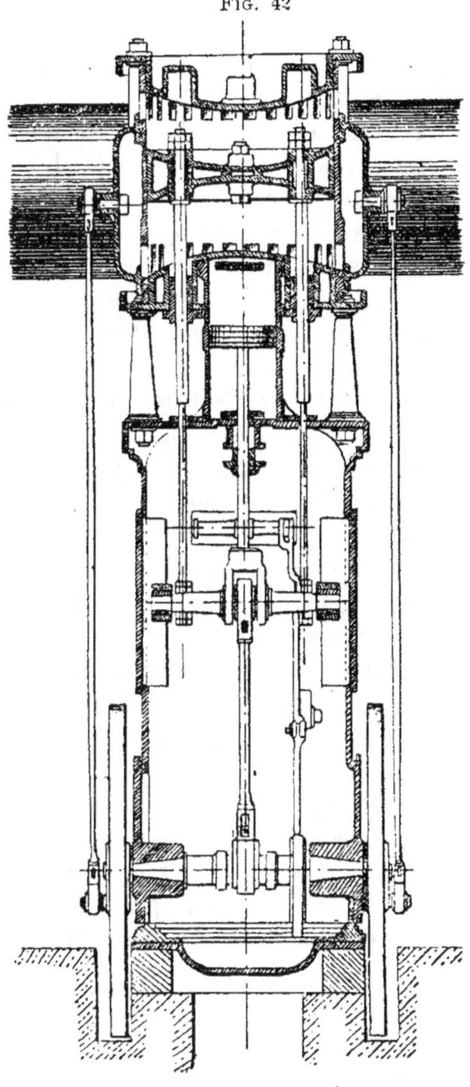

Fig. 42

mode d'action identique à celui de Thomas et Laurens, il n'en diffère que par sa forme qui est cylindrique, au lieu d'être plate, ce qui donne lieu à un équilibre du tiroir sous la pression du vent à l'intérieur. Avec cette disposition, l'usure de la surface de frottement devait donner lieu à bien des fuites.

L'intérieur du tiroir devait être mis en communication avec le tuyau à vent par deux tubulures glissant dans des boîtes à étoupes.

Déjà, en 1865, ces souffleries étaient presque abandonnées dans les usines des environs de Middlesborough et ne servaient plus guère que comme machines de réserve; on leur reprochait et avec raison de s'user trop vite et de consommer trop de graissage.

Mentionnons encore la soufflerie Fossey, constructeur à Lasarthe (Espagne) dont un très beau spécimen, construit en Belgique, figurait à l'exposition de Londres en 1862. Cette soufflerie était double; composée de deux cylindres à vapeur horizontaux, les pistons à vent étaient mus par les tiges prolongées des pistons à vapeur, derrière leur cylindre.

Chacun des cylindres à vent (fig. 43) est fondu d'une seule pièce avec son enveloppe entretoisée dans laquelle est refoulé le vent sortant du cylindre.

La distribution de l'air se fait à chaque extrémité du cylindre par un disque tournant au moyen d'arbres et d'engrenage prenant leur mouvement sur l'arbre du volant. Ces disques, en tournant, démasquent 16 orifices qui établissent la communication de l'air extérieur avec l'intérieur du cylindre pour l'introduction; puis ces orifices se referment tous ensemble et 16 autres orifices se découvrent dans l'épaisseur du couvercle pour faire communiquer l'intérieur du cylindre, avec l'enveloppe du même cylindre, pour le refoulement.

L'ouverture de chacun des orifices des plateaux mobiles, avec ceux du cylindre, correspond donc à un tour de la machine, ce qui revient à dire que les plateaux tournants distributeurs, ayant 16 orifices, doivent faire 16 fois moins de révolutions que le volant.

La machine faisant 72 révolutions par minute, les plateaux doivent donc n'en faire de 4 1/2.

Les pistons ont 0^m,70 de course, ce qui correspond à 1^m,68 de vi-

tesse par seconde; le constructeur prétendait qu'on pourrait la
porter sans inconvénient à 2 mètres, ce qui paraissait admissible
en considérant la marche régulière et sans choc de cette machine
à 72 tours.

La section totale des orifices est le cinquième de la section du

FIG. 43

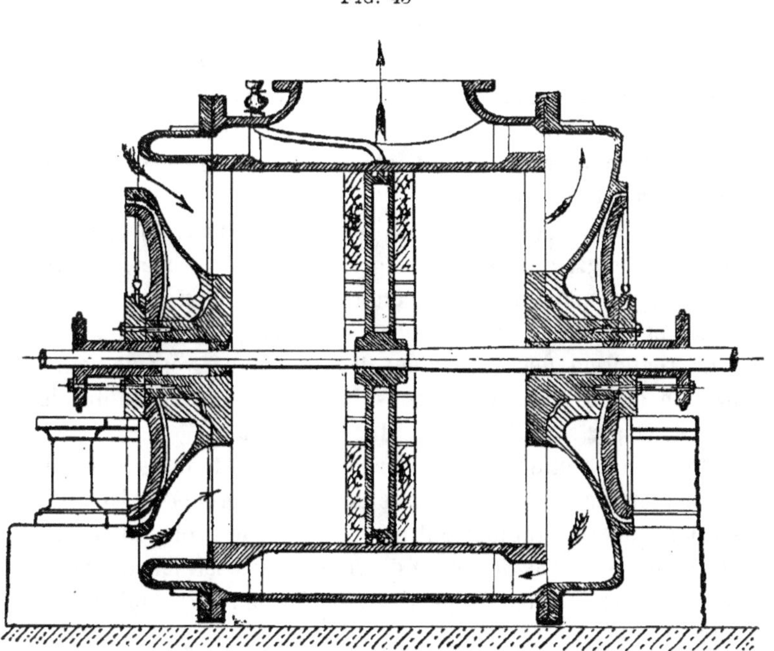

piston; ce sont d'excellentes conditions de marche, aussi n'enten-
dait-on aucun sifflement de l'air dans les conduites. Il est à
regretter que ce résultat soit obtenu par une si grande compli-
cation dont les suites sont toujours à craindre dans les souffleries.
Cette série de communications de mouvements de l'arbre aux
plateaux distributeurs, ou disques rotatifs, en fait un appareil
cher, les cylindres sont des pièces difficiles à obtenir et les surfaces des couvercles de ces cylindres, ainsi que celles des plateaux
rotatifs, doivent s'user malgré la lenteur des mouvements. Cette
usure ne peut être égale sur toute la surface, parce que les vitesses ne sont pas égales au centre et à la circonférence; c'est le

reproche toujours fait et toujours mérité que l'on applique aux machines rotatives.

Cette soufflerie qui avait donné les plus grandes espérances, comme application au Bessemer, n'a eu aucun succès en pratique.

Dans la substitution des tiroirs aux clapets, le but poursuivi est surtout la réduction des dimensions si grandes que l'on est forcé d'employer dans les souffleries; on pensait atteindre avec de petites machines marchant rapidement des productions de vent égales à celles des grandes machines et même à les surpasser en réduisant de beaucoup les frais d'achat. Ces espérances en pratique devinrent des illusions et le système n'est plus employé avec succès durable que dans machines soufflantes Bessemer, construites par D. Adamson.

L'application des tiroirs à de grandes machines nécessite l'emploi de grandes pièces difficiles à construire et, en dehors de cela, la marche est défectueuse, donne lieu à une usure rapide et exige une consommation excessive de graissage.

La réduction des dimensions des cylindres à vent ne peut être atteinte qu'en augmentant considérablement la vitesse du piston à vent, et par suite le nombre de ses pulsations.

On conçoit facilement que, par la fréquence de leurs battements, les clapets imposent une limite de vitesse au delà de laquelle ils seraient mis trop rapidement hors d'usage; le tiroir, au contraire, ne connaissant pas de limite de vitesse dans son fonctionnement, se prête parfaitement à une allure de piston si vive qu'elle puisse être.

Voyons si, au point de vue du rendement, le tiroir convient aussi bien.

Dans les souffleries à tiroir, la section d'entrée de l'air dans le cylindre à vent, ainsi que celle de sortie, ne peuvent guère, par suite de la disposition exigée par le tiroir, être prises supérieures au 1/12 de la surface du piston; tandis que, dans les souffleries à clapets, il n'est pas rare de voir ces sections atteindre et même dépasser 1/3 de la surface de leur piston.

De là une première cause du rendement plus élevé des souffleries à clapets sur les souffleries à tiroir; et cette différence ne peut qu'augmenter avec les différences dans la vitesse des pistons.

Ainsi, en supposant que les orifices d'entrée et de sortie d'air, dans un cylindre à clapets, soient de 1/5 de sa section, que la vitesse maximum du piston soit de 2 mètres, la plus grande vitesse que devra prendre l'air, pour entrer ou sortir de ce cylindre, sera :

$$2^m \times 5 = 10 \text{ mètres}$$

Si nous supposons qu'une souffleric à tiroir ait un piston animé d'une vitesse deux fois plus grande, et qu'elle ne présente pour surface d'orifices que 1/12 de la section du cylindre, les plus grandes vitesses d'entrée et de sortie d'air par ces orifices seront :

$$2 \times 2^m \times 12 = 48 \text{ mètres}$$

Or, dans chacun de ces cas, cette vitesse ne sera communiquée à l'air que par la différence de pression existant entre les capacités successives que vient traverser l'air.

Ainsi, une dépression de l'air à l'intérieur du cylindre y amènera la précipitation de l'air extérieur pour la combler; de même, au refoulement, la vitesse de pénétration de l'air dans le réservoir ne peut être obtenue que par un degré de compression, dans le cylindre, supérieur à celui de l'air dans le réservoir.

Ces différences de pressions peuvent être déduites de la formule :

$$V = \sqrt{2g \left(\frac{p - p'}{d} \right)}$$

que vérifie assez exactement l'expérience, quand les pressions p et p' ne diffèrent pas entre elles de plus de 1/10.

En supposant que p et p' soient mesurés par une colonne de mercure h et h' nous aurons :

$$p = 13,600h \qquad \text{et} \qquad p' = 13,600h'$$

(13,600 étant le poids du mètre cube de mercure)

Alors la formule précédente pourra s'écrire :

$$V = \sqrt{2g \times 13,600 \, \frac{h - h'}{d}}$$

Admettons pour valeur de la densité de l'air, pour 1 mètre cube, $d = 1^{kg},30$; nous aurons :

$$h - h' = \frac{V^2 \times 1.3}{2g \times 13,600}$$

pour $V = 10$ mètres :

$$h - h' = \frac{100 \times 1,3}{19,61 \times 13,600} = 0^m,000477$$

et pour $V = 48$ mètres :

$$h - h' = \frac{2,304 \times 1,3}{19,61 \times 13,600} \times 0^m,0112$$

Ainsi donc, tandis que dans la soufflerie à clapets la vitesse d'entrée et de sortie de l'air est obtenue par la légère dépression $0^m,000477$, à peine 1/2 millimètre de mercure, dans la soufflerie à tiroir, il ne faut théoriquement pas moins de 11 millimètres; et en pratique, cette dépression est encore dépassée par l'effet du frottement de l'air sur les bords des orifices. Notons encore, que cette dépression existe non seulement dans le cylindre à vent par rapport à l'atmosphère; mais elle doit se trouver encore dans le réservoir par rapport au cylindre, ce qui double ce chiffre.

Dans la soufflerie pour Bessemer, du Creusot, on a trouvé 2,3 centimètres de mercure pour dépression atmosphérique dans les cylindres à vent, dans la marche à 28 tours; tandis que, lorsque la vitesse est inférieure à 25 tours, comme cela a lieu en marche normale, il n'y a pas de dépression sensible dans les cylindres à vent (1).

En appelant a la dépression atmosphérique, P_1, la pression de l'air dans le réservoir, la pression agissant effectivement sur le piston, comme résistance à vaincre dans son avancement sera :

$$R = S (P_1 + a) - S (1^{atm} - a) = S (P_1 + 2\,a - 1^{atm})$$

en faisant

$$P_1 = 1^{atm} \times 0^m,40 \text{ de mercure}$$

et

$$a = 1/2 \text{ millimètre de mercure}$$

nous aurons :

$$R'_1 = S (0,40 + 0,001) = 0,401\ S$$

et si

$$a = 0^m,0112$$

$$R''_1 = S (0,40 + 0,0224) = 0,4224\ S$$

---

(1) M. S. Jordan, *Cours de Métallurgie*, p. 57.

Dans le premier cas (soufflerie à clapets), l'effort résistant n'est augmenté que de 1/400 par la vitesse imprimée à l'air dans son passage à travers les clapets du cylindre; dans le second cas (soufflerie à tiroir), cette augmentation est de :

$$\frac{224}{4000} = 1/18$$

Or, si l'on admet que le travail moteur à développer dans ces souffleries soit proportionnel à l'effort résistant, ce qui est sensiblement vrai, on voit déjà combien la soufflerie à grande vitesse et à tiroir est inférieure à la soufflerie à clapets; mais on doit reconnaître de plus que cette cause d'infériorité est d'autant plus sensible que le degré de compression de l'air est plus faible.

Ainsi, si

$$P''_2 = 1^{atm} + 0^m,12 \text{ de mercure,}$$

comme cela existe dans bien des usines, la valeur de a pour soufflerie à tiroir n'en restera pas moins celle que nous avons trouvée, et alors.

$$R''_2 = S\,(0^m,12 + 0^m,0224) = 0,1424\,S$$

Dans ce cas, l'effort résistant n'est pas augmenté de moins du 1/5; le travail moteur subira la même augmentation.

Des chiffres aussi élevés montrent combien l'augmentation de vitesse influe sur le rendement des souffleries, surtout dans les faibles pressions; ils nous prouvent aussi la profonde altération d'effet utile qu'entraîne l'application du tiroir dans les souffleries (1).

Mais ce système de souffleries dans lequel la commande du tiroir se prend sur l'arbre moteur à l'aide d'un excentrique ou d'une manivelle, présente encore un autre vice bien plus grave, inhérent au système de commande, et qui ne peut être reconnu

---

(1) Si nous avons pris pour base de notre calcul la plus grande vitesse du piston, nous avons également pris pour point de départ la plus grande ouverture d'orifice; or, comme nous le verrons, le tiroir ne découvre que peu à peu ces orifices; par suite, la vitesse de circulation de l'air peut être encore supérieure à celle que nous avons admise; les clapets, au contraire, fournissent presque instantanément, par leur ouverture subite, leur plus grande section à l'écoulement du vent.

qu'en entrant dans l'étude cinématique des mouvements du tiroir.

Les mouvements du piston et du tiroir sont solidaires et simultanés; il doit donc exister entre eux une certaine relation que la représentation graphique peut aider à étudier, en faisant reconnaitre si toutes les circonstances d'une bonne distribution sont réalisées.

Cette loi graphique peut être une courbe à coordonnées rectangulaires, dont les abcisses représentent les chemins parcourus par le piston, et les ordonnées représentent les déplacements simultanés du tiroir par rapport à l'une de ses positions; elle serait une ellipse, si les longueurs de bielles du piston et du tiroir étaient infinies, les positions du piston et du tiroir étant relativement les mêmes pour des positions symétriques de leur manivelle respective. Sous l'influence de l'obliquité des bielles, cette loi graphique ou courbe de réglementation se déforme et s'aplatit quelque peu; mais pas assez pour fausser les conclusions que l'ellipse permet de déduire (1).

Pour que cette courbe offre plus de clarté aux observations que nous ferons dans la discussion suivante, nous construirons les coordonnées à deux échelles différentes : l'une, pour les déplacements du tiroir, et l'autre pour ceux du piston.

Menons l'axe des abcisses xy (fig. 44) sur lequel nous prendrons une grandeur xa pour représenter la course du piston; prenons également sur l'axe des ordonnées xz une grandeur xb représentant la largeur de l'un des orifices; si par le point a nous menons une parallèle à xz, ces deux parallèles dont l'écartement est égal

____

(1) En raison des obliquités de la bielle du piston, les arcs successifs parcourus par le bouton de sa manivelle pendant la première demi-révolution, donnent lieu à des déplacements du piston qui ne sont pas respectivement égaux à ceux correspondant aux arcs de même longueur que les premiers, parcourus par le bouton de la manivelle dans la seconde demi-révolution; tandis que l'obliquité de la bielle du tiroir étant négligeable, à des déplacement angulaires de la manivelle du tiroir respectivement égaux dans chaque demi-révolution, correspondent des positions symétriques du tiroir dans chaque course : ce sont là les causes de déformation de l'ellipse, déformation peu sensible, tant que les longueurs de bielles ne sont pas inférieures à cinq fois le rayon de la manivelle.

à la longueur de course du piston, limiteront évidemment la courbe de réglementation et lui seront tangentes.

Si, par le point b, nous menons une parallèle à xa, le rectangle bca représentera l'un des orifices; et enfin si nous portons en

FIG. 44

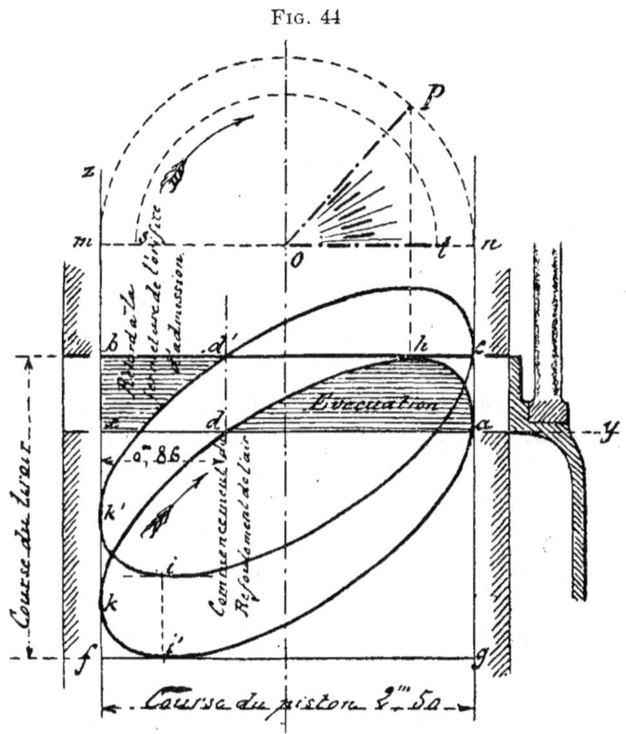

xd, sur la course xa, la longueur que doit parcourir le piston pour amener la cylindrée d'air de la pression atmosphérique à la pression du réservoir, ce point d indiquera l'instant de la course à partir duquel doit commencer l'évacuation de l'air comprimé du cylindre dans le réservoir. Cette évacuation doit se terminer en même temps que la course du piston; voilà donc deux points d et a de déterminés dans la loi graphique représentant les mouvements du bord intérieur du tiroir sur l'orifice pendant le refoulement.

De plus, pendant le parcours da du piston, l'orifice doit être démasqué complètement; par conséquent le bord intérieur du tiroir doit parcourir un espace égal à xb, et la loi graphique doit avoir bc pour tangente supérieure, représentant le bord supérieur de l'orifice.

Cette courbe de réglementation, qui est une ellipse devant satisfaire à ces trois conditions, est donc parfaitement déterminée, et l'ellipse passant par le point d, ayant pour tangentes les lignes bc et xz, et de plus tangente au point a, de la ligne ac, est la loi graphique des mouvements relatifs du tiroir et du piston, nécessaires à une bonne évacuation de l'air hors du cylindre.

Cette loi graphique donne le moyen de reconnaitre immédiatement les positions simultanées du piston et du tiroir; il suffit, en effet, de supposer que ces deux organes soient représentés par un même point se mouvant sur cette courbe; les projections de ce point se mouvant simultanément sur les axes xy et xz permettront pour ainsi dire de suivre de l'œil les mouvements du piston sur l'axe xy et ceux du tiroir sur l'axe xz.

L'ellipse déterminée précédemment nous donne par l'écartement de ses deux tangentes bc, fy, parallèles à xy, le déplacement total du bord intérieur du tiroir qui, évidemment, est égal à la course de ce tiroir; de plus, les points de tangence h et i' ne nous représentent pas seulement les extrémités de course du tiroir; mais, en même temps, ils nous font découvrir l'instant de la course du piston qui y correspond, ce qui permet d'en déduire aisément les positions relatives de la manivelle du piston et de celle du tiroir, et par conséquent leur angle de calage.

En effet, décrivons sur mn parallèle à xy (fig. 44), une circonférence de diamètre $mn = xa$ (course du piston), et, du même centre o, une circonférence de diamètre $st = bf$ (course du tiroir), chacune de ces circonférences pourra représenter, à l'échelle des coordonnées de la loi graphique, les chemins décrits par les boutons de manivelles du piston et du tiroir, de telle sorte que, les mouvements simultanés des manivelles ayant lieu dans le sens indiqué par la flèche, la manivelle du piston soit en om au départ du piston, et la manivelle du tiroir en ot au départ du tiroir.

Quand le piston est arrivé au point h de sa course prise sur bc, correspondant à l'ouverture complète de l'orifice d'évacuation et à l'extrémité de la course du tiroir, la position de la manivelle du piston est évidemment oP, et la position correspondante de la manivelle du tiroir est ot.

L'angle Pot ainsi formé par les deux manivelles demeure constant pendant la révolution de l'arbre, et détermine l'angle de calage.

Pour posséder tous les éléments de construction de ce tiroir, il ne manque plus que la distance entre les bords intérieurs et les bords extérieurs adjacents, ou la largeur de bandes de ce tiroir, laquelle doit être réglée par les circonstances de l'admission d'air dans le cylindre.

Mais la loi graphique, à laquelle est soumis le mouvement des bords extérieurs, est devenue invariable, c'est celle qui a été déterminée précédemment d'après les circonstances à produire dans l'évacuation, et il suffit qu'un seul point de la courbe de règlementation de l'admission soit donné pour que nous puissions tracer cette seconde courbe, qui sera identique à la première, et n'aura subi qu'un déplacement, dans le sens xz, égal à la largeur de bande.

Voyons à quoi nous conduira cette courbe, en imposant au tiroir la condition de faire coïncider l'admission, ainsi que cela doit être, avec le départ du piston.

C'est pendant le parcours de a en x du piston qu'aura lieu l'admission par l'orifice considéré ; la portion de courbe de règlementation de l'admission correspondra donc à celle $ai'k$ de l'évacuation, et passera par le point c, tangentiellement en ce point à la ligne cg, puis descendra, comme le segment de courbe ai', de c en i, pour remonter de i en k', où elle viendra toucher tangentiellement la ligne fz ; le point k' correspond à l'instant où le piston atteint, en b, sa fin de course.

Ainsi, le bord extérieur du tiroir est seulement en k', ayant encore à parcourir la longueur $k'b$, de la course du tiroir, pour fermer l'orifice d'admission, quand le piston, arrivé à la fin de sa course, va commencer une course inverse pour refouler dans le réservoir la cylindrée d'air admise ; il faudrait évidemment que cet instant de la course du piston coïncidât avec la fin de l'admission.

Or, la courbe de réglementation ne vient rencontrer la ligne bc qu'en d', c'est-à-dire que le bord extérieur du tiroir vient recouvrir l'orifice quand le piston est revenu de b en d' de sa course de refoulement; le volume d'air renfermé dans le cylindre aurait donc libre communication avec l'atmosphère depuis b jusqu'en d' de la course de retour du piston, et le volume d'air correspondant à ce parcours pourrait s'écouler librement hors du cylindre par cet orifice; il ne resterait plus alors dans le cylindre que le volume d'air correspondant à la partie $d'c$ de la course du piston.

Si nous remarquons que $xd = bd'$, et que xd est la partie de la course du piston nécessairement employée à amener la cylindrée d'air de la pression atmosphérique à celle du réservoir, nous aurons, pour une pression de $0^m,40$ de mercure dans le réservoir et une course de piston égale à $2^m,50$ (en négligeant l'influence de l'espace nuisible):

$$S \times 2^m,50 \times 0^m,76 = S \times x\,(0^m,76 + 0^m,40)$$

d'où

$$x = \frac{0^m,76 \times 2^m.50}{1^m,16} = 1^m,64$$

et

$$2^m,50 - 1^m,64 = 0^m,86 = xd$$

S étant la surface du piston à vent et $x = da$, ce qu'il reste à parcourir de la course du piston quand la pression de la cylindrée d'air a été amenée à être égale à celle de l'air renfermé dans le réservoir.

Ainsi donc, avec un tiroir construit pour satisfaire aux conditions suivantes :

(a) Ouvrir l'orifice d'évacuation de l'air comprimé quand cet air a atteint la pression de celui qui est renfermé dans le réservoir ;

(b) Terminer cette évacuation dès que le piston arrive à la fin de sa course de refoulement ;

(c) Ouvrir l'orifice d'admission de l'air atmosphérique au commencement de la course d'aspiration du piston.

La quatrième condition :

(d) Fermer l'orifice d'admission de l'air atmosphérique dès que le piston termine sa course d'aspiration, ne pouvant être remplie, donnerait lieu à une perte de volume de vent, de l'appareil soufflant, d'autant plus élevée que le degré de compression serait plus considérable.

Dans le cas cité plus haut, cette perte dépasserait :

$$\frac{0^{m},86}{2^{m},50} = \text{soit plus que le tiers}$$

Du reste, il est évident que dans ce mode de réglementation de l'aspiration et du refoulement de l'air, ne disposant par le tiroir que des trois variables suivantes :

1° Longueur de course du tiroir ;

2° Angle de calage de la manivelle du tiroir sur celle du piston à vent;

3° Largeur de bandes du tiroir;

Pour satisfaire aux quatre conditions exigées par les circonstances de l'admission et de l'évacuation de l'air, il faut en sacrifier une, et conséquemment rechercher, pour les remplir, les trois conditions les plus essentielles.

Poursuivons l'étude des circonstances de l'admission et de l'évacuation de l'air obtenues, en écartant successivement l'une des quatre conditions à satisfaire, pour ne laisser au tiroir qu'à produire l'ensemble des trois autres.

Tout en nous imposant, comme précédemment, les deux conditions suivantes à satisfaire, relativement à l'évacuation :

(a) Ouvrir l'orifice d'évacuation de l'air comprimé, quand cet air a atteint la pression de celui qui est renfermé dans le réservoir ;

(b) Fermer cet orifice dès que le piston est arrivé à la fin de sa course de refoulement ;

Proposons-nous d'obtenir la fermeture de l'orifice d'admission de l'air atmosphérique dès que le piston termine sa course d'aspiration.

La courbe de réglementation relative au mouvement du bord interne du tiroir est déterminée par les deux conditions (a) et (b) et demeure identique à celle qui a été trouvée précédemment ; pour obtenir celle qui correspond au mouvement du bord externe du tiroir (fig. 45), il suffit de déplacer parallèlement à elle-même la loi graphique déduite de (a) et (b) et de la faire passer par le point b tangentiellement en ce point à la ligne xz, puisque l'orifice d'admission doit être fermé quand le piston est arrivé en x de sa course dans le sens ax; la largeur de la bande du tiroir est donc bk.

Cette courbe de réglementation, quittant b quand le piston part

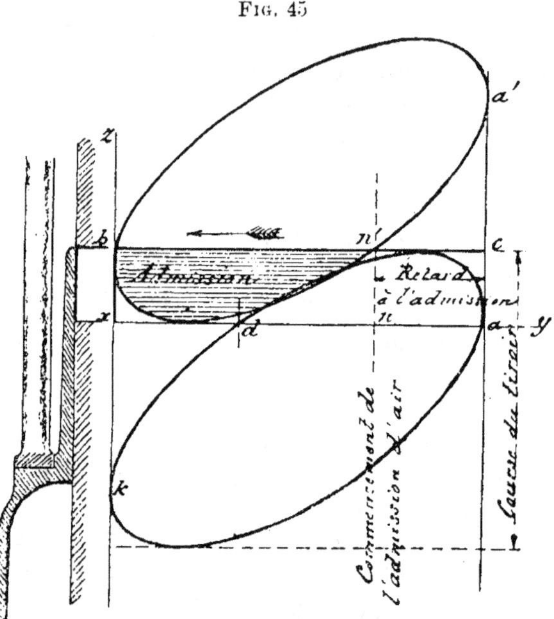

FIG. 45

de x, arrive en a' quand le piston atteint le point a de sa course de refoulement.

Ainsi, au départ de la course d'aspiration de a en x du piston, le bord extérieur du tiroir en a' doit encore parcourir une longueur $a'c$ avant de commencer à découvrir l'orifice d'admission ; et ce ne serait qu'après un parcours an du piston, que le bord externe du tiroir, arrivant en n', viendrait commencer à démasquer l'orifice d'admission.

Un tiroir ainsi construit amènerait donc le piston à parcourir une longueur an, que l'inspection de l'épure (fig. 45) nous montre être égale à xd, en créant derrière lui un vide absolu donnant lieu à une résistance considérable.

Ainsi, revenant à notre exemple, avec un piston de 3 mètres de diamètre et $2^m,50$ de course, nous aurions :

$$S = \frac{\pi D^2}{4} = 7^{m2},0685$$

et
$$an = xd = 0^m,86$$

Pour travail nuisible

$$T_n = 7,0685 \times 10,330^{kgm} \times 0,86 = 62,500\ ^{kgm}$$

tandis que nous avons trouvé pour valeur du travail de compression et d'évacuation de l'air pendant une course de ce piston : $82,200^{kgm}$, pour une pression d'air de $0^m,40$ de mercure.

L'emploi d'un tiroir répondant à une telle réglementation entraînerait donc à une surélévation du travail résistant

de
$$\frac{62,500^{kgm}}{82,200^{kgm}},\ \text{soit 76 }^o/_o\ \text{dans notre exemple.}$$

Toute largeur de la bande du tiroir comprise entre ca de l'épure (fig. 44) et bk de l'épure (fig. 45) pourra conserver les circonstances de l'évacuation telles qu'elles doivent être produites, mais donnera lieu à la fois à un retard à la fermeture de l'orifice d'admission et à un retard à son ouverture.

Ainsi kk'' (fig. 46) étant cette largeur de bande, l'épure nous montre que l'orifice d'admission ne sera obturé qu'après que le piston aura parcouru $x1$ de sa course de refoulement correspondant au passage en $1'$ de la loi graphique du mouvement du bord externe du tiroir sur l'arête bc de l'orifice.

C'est donc une longueur $x1$ de la course du piston, d'absolument perdue, puisque le volume de la cylindrée de vent a pu se réduire de xa à $1a$, sans compression, en s'échappant hors du cylindre par l'orifice resté ouvert.

De même, la courbe de réglementation ne vient recouper l'arête bc qu'en $2'$, quand le piston a parcouru l'espace $a2$ de sa course d'aspiration. A partir de cet instant seulement commence l'introduction de l'air dans le cylindre.

Le piston doit marcher depuis a jusqu'en 2, en faisant le vide derrière lui, par conséquent en développant une résistance considérable, absolument à éviter.

Si au lieu de prendre pour conditions à remplir, par le tiroir,

Fig. 46

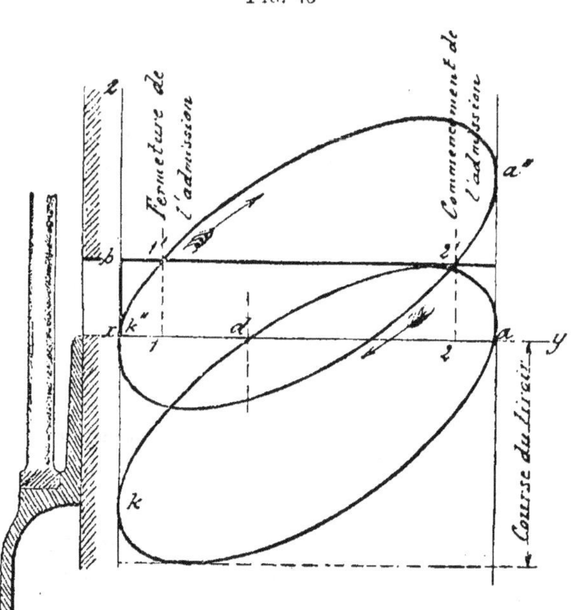

les circonstances rationnelles de l'évacuation de l'air, nous prenons pour point de départ celles de l'admission déjà indiquées précédemment :

(*c*) Ouvrir l'orifice d'admission de l'air atmosphérique dès le commencement de la course aspirante du piston ;

(*d*) Fermer l'orifice d'admission dès que le piston termine sa course d'aspiration ;

Nous donnerons naissance à une nouvelle loi graphique de mouvement du tiroir par rapport à celui du piston, cette loi de relation sera encore une ellipse (en supposant toujours que nous puissions négliger, sur cette courbe, l'influence de l'obliquité des bielles).

Prenons encore sur un axe d'abcisses xy (fig. 47) une grandeur xa pour représenter la course du piston ; prenons également sur l'axe des ordonnées xz, une grandeur xb représentant la largeur de l'un des orifices du cylindre, si par le point a nous menons une parallèle à xz, ces deux parallèles, dont l'écartement mesure à une certaine échelle la longueur de course du piston,

FIG. 47

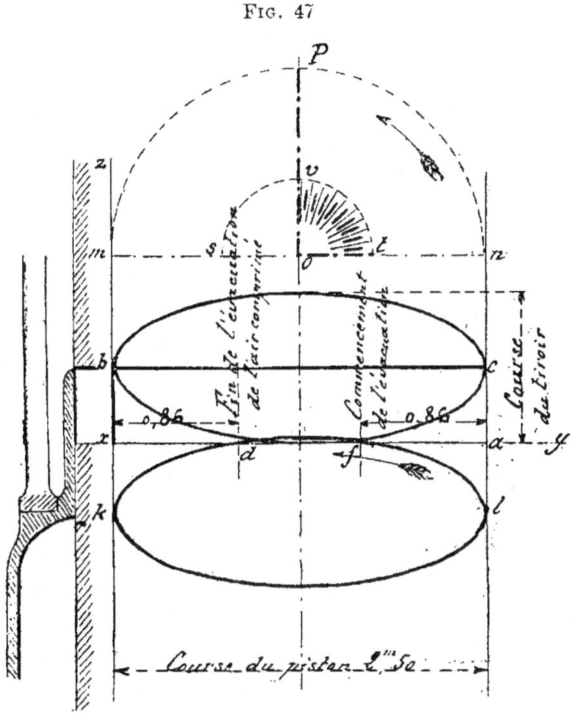

limiteront évidemment la courbe de réglementation et lui seront tangentes.

Si, par le point b, nous menons une parallèle à xa, le rectangle $xbca$ nous représentera l'orifice considéré du cylindre et nous permettra d'étudier toutes les phases de l'admission et de l'évacuation produites par le tiroir.

Le piston marchant dans le sens ax pendant sa course d'aspiration par l'orifice considéré, et l'ouverture de l'orifice d'admission devant coïncider avec le départ du point a de la course du piston; la fermeture de l'admission devant coïncider avec l'arrivée du piston au point x. extrémité de sa course, les points c et b appartiennent à la courbe de règlementation du mouvement du bord extérieur du tiroir et, de plus, sont ceux de tangence de cette courbe avec les lignes xz, ac.

Le tiroir devant venir démasquer complètement l'orifice, le bord extérieur de ce tiroir devra pour cela parcourir la largeur bx de cet orifice, et la courbe de réglementation passer tangentiellement à xa.

Cette ellipse est donc encore parfaitement déterminée, et, dans ce cas, elle a pour grand axe la ligne bc, et pour demi petit axe la largeur bx de l'orifice ; il en résulte que la course du tiroir est égale à $2bx$.

Enfin, pour déterminer le calage de la manivelle du tiroir par rapport à celui de la manivelle du piston, ou l'angle formé par ces deux manivelles, il suffit de remarquer que le tiroir est déjà arrivé au milieu de sa course quand le piston est au départ de la sienne.

Si sur mn (fig. 47), parallèle à xy, nous décrivons une circonférence de diamètre $mn = xa$ (course du piston) et, avec le même centre o, une circonférence de diamètre $st = 2bx$ (course du tiroir), chacune de ces deux circonférences représentera, à l'échelle des coordonnées de la loi graphique, les chemins décrits par les boutons de manivelles du piston et du tiroir, de telle sorte que (le mouvement simultané des manivelles ayant lieu dans le sens indiqué par la flèche) la manivelle du piston occupe la position on quand le piston est en a, et la manivelle du tiroir a pour position correspondante ov.

L'angle de calage nov, dans ce cas, est un angle droit.

Pour construire ce tiroir, il nous reste encore à connaître sa largeur de bandes, laquelle devra être déterminée par celle des deux circonstances d'évacuation dont nous voulons disposer.

Si nous imposons à ce tiroir la condition (a) de ne commencer à découvrir l'orifice d'évacuation que lorsque le piston, dans sa course de refoulement, aura amené par compression la cylindrée d'air à la même pression que celle de l'air du réservoir ; que, pour cela, la longueur à parcourir par le piston, soit xd, ce point d appartiendra à la courbe de réglementation (fig. 47) du mouvement du bord interne du tiroir, et cette courbe de réglementation, identique à celle du mouvement du bord extérieur, s'obtiendra en déplaçant parallèlement à elle-même l'ellipse sur son petit axe, de façon à la faire passer par le point d.

Ainsi déterminée, cette ellipse est tangente aux points k et l des lignes zx, ca, qui la limitent, et la distance kb est la largeur des bandes.

De plus, cette ellipse vient rencontrer la ligne xa en un point f symétrique de d; par conséquent, le bord interne du tiroir vient repasser sur l'arête de l'orifice du cylindre et le fermer quand il reste encore au piston à parcourir une longueur $fa = xd$, de sa course de refoulement.

Il en résulterait donc que le volume de la partie de cylindrée d'air restant à évacuer, ne trouvant plus d'issue, serait comprimé jusqu'à ne plus occuper que l'espace nuisible du cylindre.

Ainsi, pour une cylindrée d'air correspondant à un diamètre de piston de 3 mètres, d'une surface S de.... $7^{m},20683$
avec une course de...................... $2^{m}.50$
un espace nuisible de.................... $1/50^{o}$
et pour une pression effective de........... $0^{m},40$ de mercure,
la longueur $\qquad xd = fa = \quad 0^{m},86$

En désignant par V le volume de la partie de cylindrée d'air qui ne trouve plus à s'écouler, par v, celui de l'espace nuisible et par P, la pression finale de l'air lorsqu'il a été confiné dans l'espace nuisible du cylindre à vent, nous aurons :

$$Pv^{\gamma} = \text{constante}$$

pour l'air $\qquad\qquad \gamma = \dfrac{C}{C_1} = \dfrac{4}{3}$

rapport des chaleurs spécifiques sous pression et sous volume constants.

$$Pv^{\gamma} = (0,76 + 0,40)\, V^{\gamma}$$

d'où $\qquad\qquad P = \dfrac{1,^{m}16\, V^{\gamma}}{v^{\gamma}}$

et comme $\qquad\qquad V = 0,86\, S$

et

$$v = 1/50 \times 2,5\, S = 0,05\, S$$

$$P = \frac{1,16\,(0.86\,S)^{\frac{4}{3}}}{(0,05\,S)^{\frac{4}{3}}} = 51^m,44$$

Ainsi la pression finale absolue de l'air ne serait pas moins de :

$$\frac{51^m,44}{0^m,76} = 68 \text{ atmosphères}$$

au lieu de

$$\frac{1^m,16}{0^m,76} = 1,^{atm}527$$

et la pression effective sur le piston à vent, à la fin de sa course, serait 68 ^{atm} — 1 ^{atm} = 67 atmosphères,

au lieu de

$$\frac{0^m,40}{0^m,76} = 0^m,^{atm}527$$

ce serait donc une pression $\dfrac{67^{atm}}{0,^m527} = $ env. 127 fois plus forte que

celle existant sur ce piston pendant l'écoulement de l'air du cylindre dans le réservoir, pression qui ne devrait jamais être dépassée.

Cet excès de pression amené par toute fermeture anticipée de l'orifice d'échappement au réservoir, en admettant même qu'il soit excessivement plus faible que celui que nous venons de trouver, devrait seul faire rejeter cette réglementation de tiroir, mais si de plus on remarque que cet air comprimé trouve à s'échapper hors du cylindre dès que l'orifice d'admission se découvre, au début de la course d'aspiration, et que, par suite, non seulement la partie *fa* de la course du piston est complètement perdue; mais encore tout le travail développé durant cette compression, on comprendra que le jeu aussi vicieux d'un tel tiroir le rende absolument inacceptable.

Il ne nous reste plus qu'à étudier le tiroir construit de façon à produire :

(*c*) L'admission de l'air atmosphérique coïncidant avec le commencement de la course aspirante du piston.

(*d*) La fermeture de l'orifice d'admission coïncidant avec la fin de la course aspirante du piston.

(*b*) La fin de l'évacuation coïncidant avec l'extrémité de la course de refoulement du piston.

Ici encore, la courbe de réglementation nous est donnée par les deux circonstances de l'admission, la seule variable dont nous puissions disposer est la largeur de bandes du tiroir.

xa étant le sens du mouvement du piston (fig. 48) pour lequel

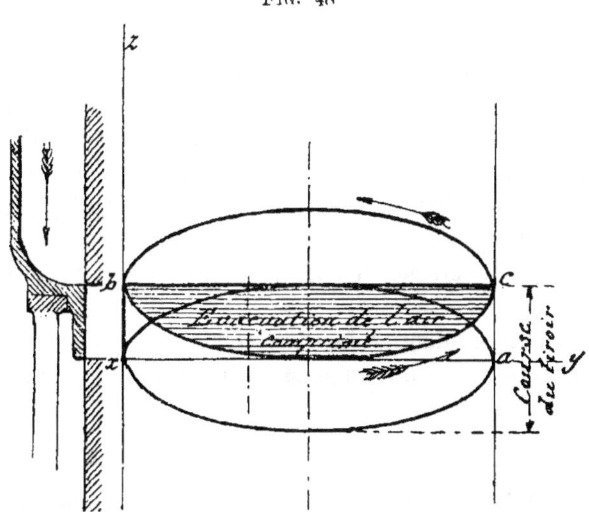

Fig. 48

l'évacuation a lieu par l'orifice considéré, quand le piston est parvenu en *a*, le bord intérieur du tiroir doit être en *c*, et avoir fermé l'orifice d'évacuation; le bord extérieur du tiroir étant en *a*, prêt à ouvrir cet orifice pour l'admission, il en résulte que la largeur de bandes doit être *ac*, et la loi de mouvement relative à l'évacuation étant identique à celle qui est relative à l'admission et devant passer par le point *c*, on aura *bc* comme grand axe; par conséquent *b* sera le point correspondant à l'ouverture de l'orifice d'évacuation par cet orifice pendant le trajet *xa* du piston.

Ainsi, avec ce tiroir, l'évacuation commencerait dès l'origine de la course de refoulement du piston.

On pourrait dire, ici, que ce n'est pas le piston qui comprime
l'air; mais bien la communication, l'introduction, dans le cylindre,
de l'air du réservoir qui se détend dans la cylindrée.

Il en résulte sur le piston une résistance constante pendant toute
la durée de sa course de refoulement, et le travail résistant T_r
devient :

P étant la pression de l'air dans le réservoir;
p la pression atmosphérique,
S   la surface du piston,
L   sa longueur de course,

$$T_r = S L (P - p)$$

Tandis que dans le cylindre à vent, où l'ouverture des orifices
d'admission et d'évacuation a lieu automatiquement au moyen de
clapets, le travail résistant T'_r se compose de deux parties : l'une
correspondant au travail de compression qu'il est nécessaire de
développer pour faire passer la cylindrée d'air, de la pression
atmosphérique p, à la pression P du réservoir, et l'autre correspondant au travail de refoulement de cet air comprimé, du
cylindre, dans le réservoir

x désignant la quantité dont le piston a dû s'avancer pour produire le degré voulu de compression, la seconde partie du travail
sera :

$$S (L - x) (P - p)$$

Quant au travail de la première partie, il sera donné par l'intégrale définie :

$$\int_0^x S P \, dx - S \, px$$

En désignant par V, le volume de la cylindrée d'air, et par v le
nouveau volume, lorsque le piston aura avancé de x, nous pourrons écrire :

$$\frac{v}{V} = \frac{L - x}{L} = \frac{p}{P}$$

En raison du degré relativement faible de la compression de
l'air lancé dans les hauts-fourneaux et de la grande surface de

rayonnement présentée par le cylindre à vent, l'échauffement de l'air, quoique sensible, pendant sa compression, est cependant négligeable et alors la loi de Mariotte est applicable.

Il en résulte que :

$$P = \frac{p\,L}{L - x}$$

En remplaçant P par sa valeur, l'intégrale devient :

$$\int_0^x \frac{S\,pdx}{L - x} - S\,px$$

si l'on pose :

$$L - x = z,\ x = L - z \text{ et } dx = -dz$$

substituant dans l'intégrale, on a l'expression suivante à intégrer :

$$-S\,px + S\,p\,L\int_0^x \frac{dz}{z}$$

elle est l'intégrale d'un logarithme hyperbolique z; prenant les limites, on a pour l'expression du travail :

$$S\,p\left(-x + L \log.\ \text{hyp.}\ \frac{L}{L - x} \right)$$

or

$$\frac{L}{L - x} = \frac{P}{p}$$

le travail est donc :

$$S\,p\left(-x + L \log.\ \text{hyp.}\ \frac{P}{p} \right)$$

et l'ensemble des deux travaux élémentaires est :

$$S\,(L - x)\,(P - p) + S\,p\left(- \ + L \log,\ \text{hyp.}\ \frac{P}{p} \right) = T'_r$$

de

$$\frac{L}{L - x} = \frac{P}{p} \text{ nous tirons : } L - x = \frac{p\,L}{P}$$

et

$$x = L - \frac{p\,L}{P} = \frac{L\,(P - p)}{P}$$

le travail total est donc :

$$T'_r = S\,p\,L\left(\frac{P - p}{P} - \frac{P - p}{p} + \log.\ \text{hyp.}\ \frac{P}{p} \right)$$

ou :

$$T'_r = S\,p\,L\,\log.\ hyp.\ \frac{P}{p}$$

Il est inférieur à celui de T_r de la quantité

$$S\,L\,(P - p) - S\,p\,L\,\log.\ hyp.\ \frac{P}{p} = T_r - T'_r$$

ou

$$S\,L\,\left[\,(P - p) - p\,\log.\ hyp.\ \frac{P}{p}\,\right] = T_r - T'_r$$

Cette quantité représente l'augmentation du travail résistant, et par conséquent la perte de travail apportée par la substitution de ce dernier tiroir aux clapets.

Dans l'exemple que nous avons choisi, nous aurions :

$$T_r - T'_r = 7^m{,}0685 \times 2^m{,}50$$

$$\left[\left(\frac{10330 \times 1^m{,}16}{0^m{,}76} - 10330\right) - 10330\,\log.\ hyp.\ \frac{10330 \times 1^m{,}16}{0{,}76 \times 10330}\right]$$

ou $$\qquad\qquad T_r - T'_r = 18800^{kgm}$$

et comme

$$T'_r = 7^m{,}0685 \times 2^m{,}50 \times 10330\,\log.\ hyp.\ \frac{10330 \times 1{,}16}{0{,}76 \times 10330}$$

ou $$\qquad\qquad T'_r = 82200^{kgm}$$

Pour fournir le même volume de vent, une soufflerie avec ce tiroir absorberait donc une quantité de travail moteur supérieur de :

$$\frac{18800^{kgm}}{82200^{kgm}} = 22{,}8\ p.\ ^0/^0$$

à celle que demanderait la même soufflerie disposée avec clapets.

En résumé, nous avons pu nous convaincre qu'aucune des quatre constructions de tiroir, que nous venons d'étudier, ne donne satisfaction ; le tableau suivant résume les défauts particuliers à chacun d'eux.

CONDITIONS RATIONNELLES remplies	EFFET VICIEUX produit par le tiroir	CONSÉQUENCES résultant de la distribution vicieuse opérée par les tiroirs	CONSÉQUENCES dans notre exemple pour $0^m,40$ de pression
(a) Commencement du refoulement. (b) Fin du refoulement (c) Commencement de l'aspiration.	Retard à la fermeture de l'orifice d'admission.	Perte d'une quantité d'air égale au volume engendré par le piston pendant la durée du retard.	Perte des 34 p. 0/0 du vent de la cylindrée.
(a) Commencement du refoulement. (b) Fin du roulement. (d) Fin de l'aspiration.	Retard à l'ouverture de l'orifice d'admission.	Vide créé derrière le piston pendant la durée du retard.	Surélévation de 76 p. 0/0 du travail résistant du piston à vent.
(c) Commencement de l'aspiration. (d) Fin de l'aspiration. (a) Commencement du refoulement.	Fermeture anticipée de l'orifice d'évacuation.	Compression très élevée de l'air emprisonné dans le cylindre et perte de cet air comprimé pendant l'admission suivante.	Pression finale de l'air emprisonné dans l'espace nuisible : 127 fois plus grande que la pression normale.
(c) Commencement de l'aspiration. (d) Fin de l'aspiration. (b) Fin du refoulement.	Ouverture de l'orifice d'évacuation au début de la course de refoulement du piston.	Travail résistant augmenté dans une proportion d'autant plus forte que la pression de l'air est plus élevée.	Perte de 22, 8 p. 0/0 du travail moteur.

Au point de vue de la dépense minima du travail moteur, c'est le premier des tiroirs étudiés qui est le moins désavantageux, puisque son défaut ne porte que sur la quantité d'air qui s'échappe hors du cylindre à vent pendant les premiers instants de la course de refoulement du piston, alors que la lumière par laquelle s'est effectuée l'admission n'est pas encore fermée : il en résulte que la portion de la course du piston pendant laquelle a eu lieu cet échappement d'air, ainsi que la longueur correspondante du cylindre est complétement perdue.

Les deuxième et troisième tiroirs étudiés, produisant un travail nuisible excessif sont évidemment inapplicables.

Le quatrième des tiroirs étudiés n'est pas aussi mauvais que les deux précédents, mettant en communication la cylindrée d'air à évacuer avec le réservoir, dès l'origine de la course foulante du piston, il donne lieu à un travail résistant qui demeure constant pendant toute la durée de la course.

Ce serait-là une excellente condition de marche s'il n'en résultait une importante augmentation du travail résistant à vaincre.

L'étude cinématique, au moyen des épures précédentes, qui viennent de nous permettre de reconnaître les défauts des tiroirs, correspond au tiroir Thomas et Laurens (fig. 39) dont les bords extérieurs règlent l'admission, tandis que les bords intérieurs règlent l'évacuation ; sauf le renversement des fonctions des bords du tiroir, nous reconnaitrions exactement les mêmes défauts, si nous appliquions cette étude au tiroir Cavé (fig. 40) dont les bords extérieurs règlent l'échappement et les bords intérieurs, l'admission. C'est qu'en effet, ces défauts sont inhérents aux tiroirs et indépendants du système employé; leur action défectueuse sur l'admission ou l'évacuation dérive de leur mode de commande par une manivelle et de la dépendance de toutes leurs parties, créée par leur liaison, tandis que 4 fonctions sont à remplir, trois seulement de ces fonctions peuvent être satisfaites.

Il n'est donc pas étonnant que ce système d'admission et d'évacuation d'air, appliqué aux souffleries, en même temps que de grandes vitesses de marche, dans le but de réduire de beaucoup la dépense première d'installation des grandes machines et accepté avec enthousiasme par les maîtres de forges dès son apparition, donne un résultat si médiocre; partout aujourd'hui, nous pouvons voir ce système à peu près abandonné : Ars, Alais, Le Creusot, Aubin, Burbach et combien d'autres.

Nous avons mentionné précédemment le tiroir à pistons jumeaux que MM. Adamson appliquent aux souffleries de leur construction et avancé que ce tiroir donne des résultats assez satisfaisants, surtout dans les souffleries Bessemer.

Ce tiroir est établi de façon telle que :

1° Il opère l'ouverture de l'orifice d'entrée d'air, dans le cylindre, dès le début de la course aspirante du piston ;

2° Il ferme l'orifice d'entrée, dans le cylindre, dès l'arrivée du piston à la limite de sa course ;

3° Il ferme l'orifice de sortie de l'air, du cylindre dans le réservoir de vent, dès que le piston a atteint la limite de sa course de refoulement.

D'après ces conditions remplies, ce tiroir est celui que nous avons étudié en dernier lieu, d'après l'épure fig. 48 ; c'est le tiroir qui demande la moindre largeur de bandes : cette largeur devant être égale à celle des orifices, et la moindre longueur de course : cette course devant être égale à deux fois la largeur des orifices. L'angle de calage doit être de 90°.

Nous avons trouvé que l'écueil de cette construction est que le tiroir commence à démasquer l'orifice de communication, de l'air du cylindre au réservoir de vent, dès le début de la course de refoulement du piston, et par suite, qu'il en résulte une importante augmentation du travail à fournir.

MM. Adamson ont évité cet écueil simplement par l'interposition d'une boîte à clapets dans la conduite qui relie la gaine, dans laquelle fonctionne le tiroir à pistons jumeaux, au réservoir d'air ; de telle sorte que ces clapets s'ouvrent spontanément et seulement lorsque la pression à l'intérieur du cylindre soufflant est quelque peu supérieure à la pression de l'air dans le réservoir à vent.

A l'aide de cet artifice, assez simple de construction, et qui peut s'appliquer à toutes les machines soufflantes marchant avec tiroir, quel qu'en soit le système, on réalise toutes les conditions d'une admission et d'une évacuation rationnelle de l'air et, en résumé, on obtient des souffleries participant à la fois de la marche par tiroir (dans l'admission d'air) et de la marche par clapets (dans le refoulement de l'air hors du cylindre) et présentant aussi les avantages et les inconvénients de ces deux modes de distribution.

Les fig. 49 et et 50 représentent la machine soufflante jumelle

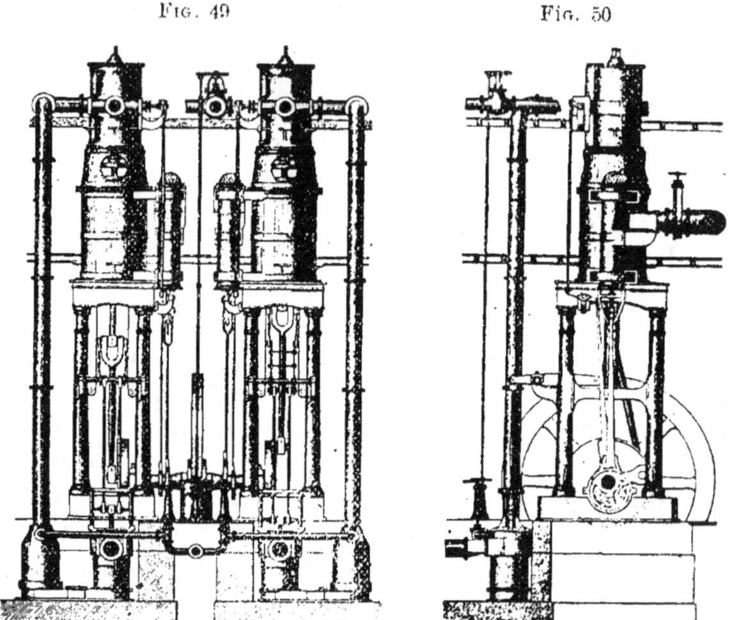

de la grande Hematite Iron and Steel Works, à Furness, près Barrow, construite par la maison Adamson et Cᵒ.

L'*Engineering* (août 28 — 1874) en publia les dessins en y ajoutant une description de laquelle nous extrayons ce qui suit :

« Ces machines sont construites d'après un système qui fut introduit avec grand succès dans les usines à Bessemer, par MM. Adamson, à la place des machines horizontales employées anciennement.

« Ces machines ont des cylindres à vapeur de 40 pouces (1ᵐ,016) de diamètre et des cylindres à vent de 54 pouces (1ᵐ,371) de diamètre, pendant que la course des pistons est de 5 pieds (1ᵐ,524) et la vitesse moyenne 30 tours par minute, correspondant à une

vitesse de piston de 300 pieds (91^m,4) par minute. La pression
moyenne de vent est de 22 livres par pouce carré (1^{kg},54 par centimètre carré).

« Comme on peut le voir sur les dessins, les cylindres à vapeur
sont disposés au-dessus des cylindres soufflants et la pièce intermédiaire est suffisamment haute pour permettre d'aborder facilement les boîtes à graisse. La platine de fond des cylindres soufflants repose sur quatre fortes colonnes, et ces dernières sont
disposées de façon que le couvercle du fond du cylindre soufflant puisse être enlevé; de sorte qu'il est possible de sortir le
piston soufflant.

« Cette disposition est prise par MM. Adamson pour toutes leurs
machines soufflantes et elle est d'un grand avantage. Les tiges de
pistons des deux machines sont par bielles reliées à leur manivelle formant entre elles un angle droit, les disques de ces manivelles servent à équilibrer en partie le poids des pièces mouvantes. Le volant est fixé entre les deux machines sur le milieu
renforcé de l'arbre de couche. Les machines sont munies de condenseurs à injection ordinaire, et les pompes à air sont verticales,
la course de leurs pistons est le tiers de celle des pistons à vapeur.
Ces condenseurs sont derrière les machines et reçoivent le mouvement par des leviers inégaux, lesquels sont reliés aux têtes de
bielles par des tiges de conduite. Le vide atteint est excellent,
comme le montre le diagramme fig. 51. Ce diagramme fut pris,

FIG. 51

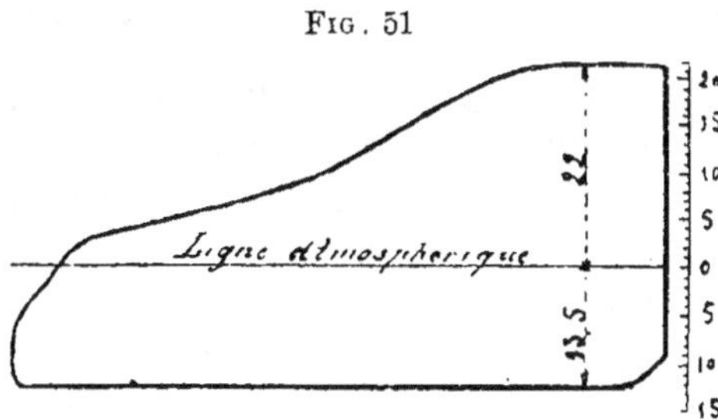

dans les derniers temps, sur la partie supérieure de l'un des
cylindres de cette soufflerie, après une marche d'environ un an
et demi; il sert aussi à montrer en même temps le fonctionnement des tiroirs des cylindres à vapeurs.

« Ces tiroirs sont tournants et de forme cylindrique au lieu d'être plats; chaque tiroir — et chaque cylindre n'en a qu'un — se trouve enfermé dans une enveloppe cylindrique et reçoit un mouvement oscillant qui lui est transmis par son axe central traversant une boîte à étoupes pour arriver à l'extérieur, la commande de cet axe a lieu par excentrique, moyennant un levier double, une tige de connexion et un levier simple calé sur l'axe pour intermédiaires de transmission de mouvement. Cette disposition est éclaircie par la vue de coté de la machine (fig. 50).

« Les canaux d'entrée et de sortie de la vapeur ont une longueur égale au diamètre des cylindres à vapeur et la distribution de la vapeur est, comme on le voit (fig. 51), excellente (1).

« Les cylindres soufflants sont munis de tiroirs à pistons jumeaux à longue course; le retour du vent dans le cylindre, au commencement de la course de refoulement, est empêché par les soupapes se trouvant dans une boîte entre la gaine cylindrique des tiroirs et le tuyau à vent. Ces soupapes sont de forme conique, en bronze, et présentent une section de passage suffisante pour éviter toute résistance dangereuse pendant le soufflage.

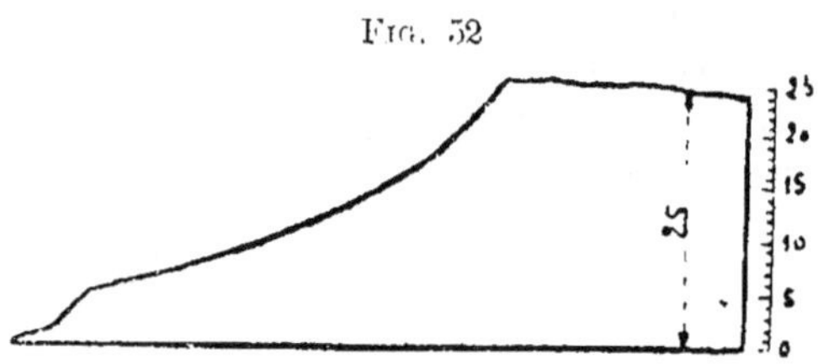

Fig. 52

« Dans le diagramme fig. 52 et relatif à l'un des cylindres soufflants on peut remarquer que de suite après la courbure correspondant à la période de compression de l'air, une courte longueur de ce diagramme montre une pression plus haute dans le cylindre soufflant qu'après. Cette petite augmentation de pression est nécessaire à la levée des soupapes de retour, parce que leur surface inférieure est un peu plus petite que leur surface supérieure et nécessite une plus grande pression que dans le tuyau à vent. Le diagramme rend cette influence avec une exactitude remarquable.

« La raideur, dans la première partie de la courbe de com-

---

(1) Cette disposition de tiroir doit cependant donner lieu à de grands espaces nuisibles.

pression est causée par l'entrée de la petite quantité d'air comprimé qui restait, de la course précédente, entre le tiroir et la boîte à soupapes de retour. Sur le côté aspirant, la ligne du diagramme se confond avec la ligne atmosphérique, parce que l'entrée dans le cylindre soufflant reste complètement libre pendant la course.

« Remarquons encore que, dans ce diagramme, la partie négative, que nous trouvions en forme de pointe dans les diagrammes théoriques que nous avons tracés, et qui provenait de la détente de l'air emprisonné dans l'espace nuisible du cylindre à vent, a complètement disparu.

« Il vaut la peine de remarquer que dans les machines de ce système il n'est arrivé aucun désagrément de la chaleur produite par la compression. En ce qui concerne les tiroirs à pistons jumeaux de la machine figurée, ils ont donné des preuves suffisantes de leur longue durée; en effet, il ne se montre, s'ils sont bien construits, aucune usure. Les premières souffleries pour hautes pressions d'air, pour lesquelles MM. Adamson employèrent les tiroirs à pistons étaient celles de la forme de MM. Benson, Adamson et Garnett, qui étaient de construction originaire des usines à acier Penistone, l'expérience de ces tiroirs a été tellement satisfaisante que depuis MM. Adamson les appliquent à toutes leurs souffleries pour Bessemer.

« Une petite soufflerie que ces constructeurs établirent pour MM. Platt Brothers fut munie de ces tiroirs pour produire de l'air comprimé de 5 à 6 livres par pouce carré ($0^{kg},35$ à $0^{kg},42$ par centimètre carré) pour des opérations d'affinage, pendant qu'à la North Lincolnshire Iron Works, une machine soufflante de 108 pouces ($2^m,743$) diamètre de cylindre soufflant, ayant de ces tiroirs à pistons, a marché pendant sept ans sans nécessiter de frais de réparation aux tiroirs et sans que ces derniers aient été usés.

« MM. Adamson construisent maintenant deux autres machines soufflantes avec des cylindres à vent de 84 pouces ($2^m,134$). pour la North Lincolnshire Iron Company, pour lesquelles on emploie les mêmes tiroirs. Et, en effet, ces tiroirs ont donné de si bons résultats qu'on ne saurait faire de reproches à MM. Adamson, s'ils les emploient pour toutes leurs machines soufflantes, indifféremment, qu'elles doivent produire du vent à faible ou à forte pression. Nous voudrions encore ajouter qu'aux machines décrites, aussi bien qu'aux autres souffleries établies par ces constructeurs, les pistons des tiroirs sont faits sans garniture ; les surfaces seules sont tournées, la graisse employée forme elle-même une garniture efficace. »

Nous avons dit déjà que, surtout pour le soufflage des appareils Bessemer, ces machines soufflantes sont très estimées en Angleterre ; ce qui provient d'une part de ce que les cylindres soufflants pour Bessemer sont de diamètre beaucoup moindre que celui des souffleries pour hauts-fourneaux, et par suite que les premiers n'exigent pas des dimensions de tiroirs aussi considérables qu'il les faudrait pour ces dernières ; et d'autre part, de ce que la pression du vent dans les souffleries Bessemer, atteignant $1^m,20$ à $1^m,50$ de mercure, on comprend que si par suite des faibles sections de passage données aux cylindres de ces souffleries et des vitesses d'entrée et de sortie de l'air, qui deviennent considérables, la dépression dans le cylindre à vent pendant l'aspiration, et la surpression pendant le refoulement correspondent à des pressions s'élevant jusque $0^m,06$ de mercure, ces faibles sections de conduits ou ces grandes vitesses de l'air ne peuvent élever le travail résistant que d'environ :

$$\frac{0^m,06}{1^m,20} = 5 \text{ p. } 0/0,$$

tandis que si ces mêmes vitesses de l'air, donnant lieu aux mêmes dépressions et surpressions, existaient dans des cylindres soufflants de hauts fourneaux, suivant que la pression de vent dans le réservoir serait :

$0^m,12$ $0^m,20$ $0^m,40$ de mercure,

le travail résistant, par le fait des trop faibles sections données aux orifices, s'élèverait d'environ :

$$\frac{0^m,06}{0^m,12} = 50 \text{ p. } 0/0 \text{ pour une pression de vent de } 0^m,12 \text{ de mercure,}$$

$$\frac{0^m,06}{0^m,20} = 30 \text{ p. } 0/0 \text{ pour une pression de vent de } 0^m,20 \text{ de mercure,}$$

$$\frac{0^m,06}{0^m,40} = 15 \text{ p. } 0/0 \text{ pour une pression de vent de } 0^m,40 \text{ de mercure.}$$

Les pertes de rendement qui en résultent sont trop considérables pour être acceptées, malgré l'avantage procuré par ces tiroirs, la suppression de la plus grande partie des clapets et de leur entretien coûteux.

Les cylindres à vent des souffleries Adamson ont un espace nuisible considérable puisqu'il s'étend jusque sous les clapets empêchant le retour du vent; ces constructeurs l'ont réduit, autant que possible, en rétrécissant les passages d'air, ce qui, avec les grandes vitesses de pistons employées, dans les souffleries Bessemer, n'a pas d'autre importance que l'excédent de travail résistant qui vient d'être signalé.

La maison Tannett Walker et Cᵒ, à Leeds, construit également des machines soufflantes Bessemer avec tiroirs à pistons jumeaux; cependant leurs souffleries diffèrent de celles de MM. Adamson en ce qu'au lieu d'une seule boîte à soupapes de pression, par cylindre à vent, MM. Tannett Walker et Cᵒ en emploient deux

Fɪɢ. 53

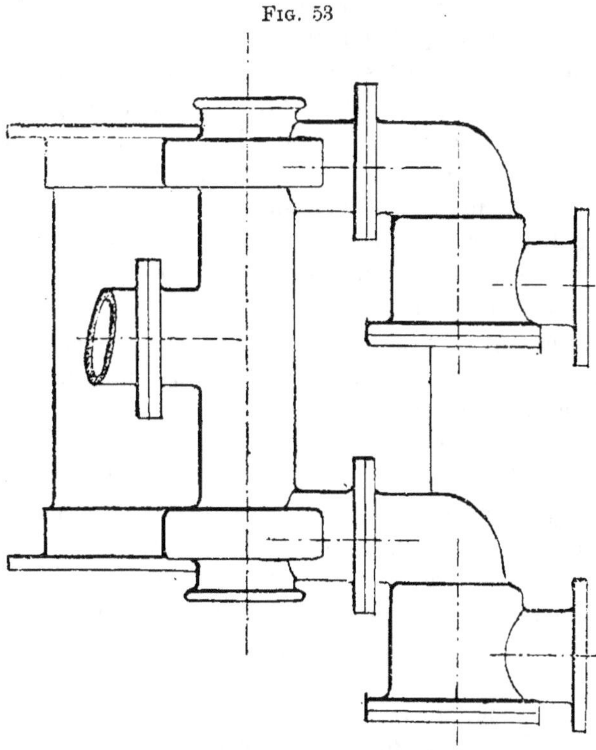

(fig. 53), une pour chaque coté du piston soufflant, très voisine de chacun des deux pistons du tiroir ; ce qui, bien que compliquant un peu la construction des canaux de passage de l'air refoulé, a l'avantage de restreindre le volume de l'espace nuisible.

La solution du problème de l'admission et de l'évacuation convenables de l'air, dans les souffleries, donnée par MM. Adamson et Tannett Walker, par l'emploi simultané d'un tiroir et de soupapes d'évacuation, n'est pas la seule qui puisse être réalisée et l'on peut arriver à un résultat aussi satisfaisant même en n'employant aucune soupape et ne produisant l'admission d'air et son évacuation que par tiroir.

En effet, si l'on adopte un tiroir spécial pour chacune des fonctions, admission et évacuation, et que l'on rende ces tiroirs indépendants l'un de l'autre, par une commande séparée, on parviendra à faire du tiroir un organe de distribution convenable et supérieur aux clapets, surtout dans les souffleries Bessemer, par le peu d'entretien auquel il donnera lieu.

En employant des orifices spéciaux pour l'admission et l'évacuation de l'air, dans le cylindre à vent, en donnant un jeu particulier à chacun des deux tiroirs réglant l'entrée et la sortie du vent, on n'a plus pour le tiroir d'admission qu'à satisfaire aux conditions :

(c) Ouvrir la lumière d'admission dès l'origine de la course aspirante du piston ;

(d) Avoir recouvert les lumières d'admission dès que le piston a terminé sa course d'aspiration.

Or, si nous nous reportons à ce que nous avons vu dans la construction du troisième tiroir étudié, nous en conclurons que ces deux conditions peuvent être parfaitement remplies en commandant par une manivelle ce tiroir d'admission.

Ainsi (fig. 54) xa étant la course du piston, xb la largeur de la lumière à démasquer, la courbe de réglementation du mouvement de ce tiroir est une ellipse dont le grand axe est xa et le demi petit axe est xb, largeur de l'orifice. La course de ce tiroir est donc égale à $2xb$, et l'angle de calage de la manivelle de ce tiroir d'admission, sur la manivelle du piston est $AoP = 90°$, en supposant que la rotation de ces manivelles s'effectue dans le sens indiqué par la flèche, ce qui correspond à la marche du piston dans le sens ax pour l'admission par l'orifice considéré.

Pour le tiroir d'évacuation, les deux conditions à remplir sont les suivantes :

(*a*) N'ouvrir l'orifice d'évacuation de l'air comprimé que lorsque la pression est égale à une pression fixée, celle qui doit exister dans le réservoir.

(*b*) Faire coïncider la fermeture de cet orifice d'évacuation avec la fin de la course de refoulement du piston.

En nous reportant à l'étude du premier tiroir que nous avons faite, nous reconnaîtrons que ces deux conditions seront satisfaites en commandant le tiroir d'évacuation par une manivelle donnant lieu à la courbe de réglementation déterminée pour ce premier cas.

Ainsi, xa (fig. 54) étant toujours la course du piston, bd la par-

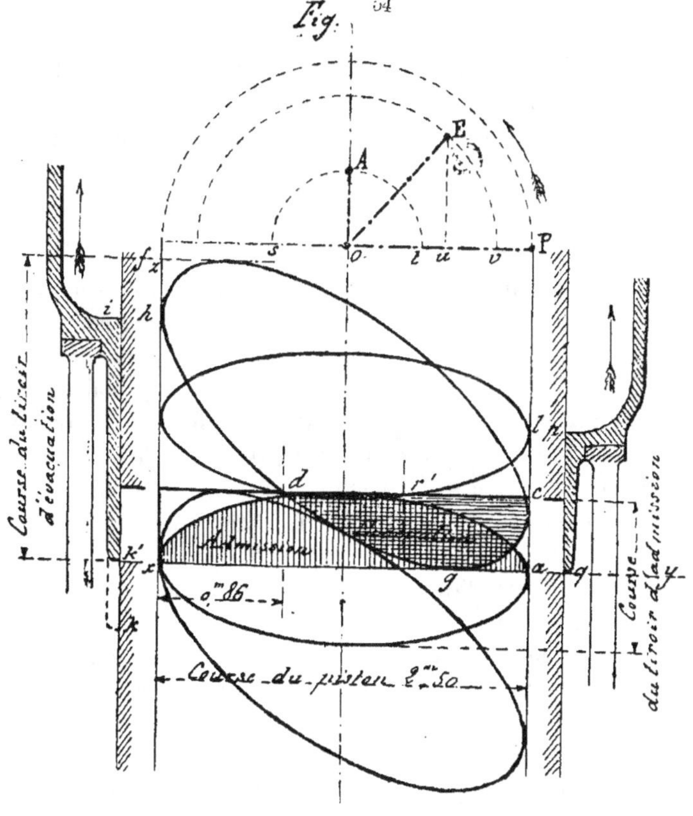

tie de la course durant laquelle s'opère la compression de la cylindrée d'air, immédiatement avant l'évacuation, xb la largeur de la
lumière à démasquer; cette courbe de réglementation est une
ellipse passant par les points d et c et ayant pour tangentes les
lignes xz, ac et xa; la course de ce tiroir est xf, écartement des
deux tangentes à l'ellipse, parallèlement à xa; enfin, l'angle de
calage de la manivelle de ce tiroir d'évacuation sur la manivelle
du piston est EoP, pour que suivant le sens de rotation des manivelles indiqué par la flèche, l'évacuation ait lieu par l'orifice considéré quand le piston marche de x en a.

Quant à la largeur ik des bandes de ce tiroir, elle doit être
réglée de telle sorte, que l'orifice d'évacuation soit couvert pendant toute la durée de la course d'aspiration, de sens ax de
marche de piston, ce qui correspond à :

$$ik = xf;$$

mais ce tiroir d'évacuation peut aussi être établi de telle sorte
qu'il vienne en aide au tiroir d'admission, pour permettre l'entrée
de l'air dans le cylindre par l'orifice sur lequel il fonctionne: en
donnant alors aux bandes une largeur

$$ik' = xh,$$

on obtiendra un tiroir identique au deuxième tiroir étudié, c'est-
à-dire donnant lieu, comme ce dernier, à un retard à l'admission
sur une longueur $ag = bd$ de la course du piston; mais ici ce
retard ne peut plus produire le mauvais effet que nous avons
constaté avec le deuxième tiroir, puisque le tiroir spécial d'admission étant ouvert et permettant à l'air de s'introduire derrière le
piston, s'oppose par suite à toute production de vide.

En réalité ce second tiroir destiné à l'évacuation, mais pouvant
aussi dans une certaine mesure servir à l'admission, nous permet
pendant la plus grande partie de la course aspirante du piston
d'obtenir une section d'introduction de l'air double de ce qu'il est
possible de produire avec un seul tiroir.

Il est également facile d'établir le tiroir spécial d'admission de
façon à lui permettre de venir en aide à l'autre tiroir spécialement
destiné à l'évacuation; et alors ce tiroir d'admission deviendra
identique au troisième tiroir étudié précédemment et donnera lieu
comme ce dernier à une fermeture anticipée de sa lumière d'ad-

mission faisant office de lumière d'évacuation, sans qu'aucune compression de l'air restant à évacuer hors du cylindre soit possible, puisqu'il reste encore à cet air l'orifice spécial d'échappement, lequel ne sera obturé qu'à la fin de la course du piston.

Ce dernier tiroir viendrait recouvrir l'orifice d'admission transformé en orifice d'échappement, quand le piston a encore à parcourir

$$r'c = bd \text{ de sa course,}$$

et sa largeur de bandes serait :

$$pq = al.$$

Une soufflerie à vitesse modérée, aspirant et évacuant l'air au moyen de deux tiroirs indépendants et à double fonction, doit produire un rendement aussi satisfaisant que celui d'une bonne soufflerie à clapets. Le seul reproche qui puisse lui être fait est que par les tiroirs l'ouverture des orifices est graduelle; ils ne livrent pas, comme les clapets, instantanément la plus grande section d'écoulement; on pourrait de plus encore y ajouter la grande longueur de course demandée par le tiroir d'évacuation.

L'emploi d'un excentrique à course variée, pour la commande de ces tiroirs, permettrait de détruire l'un et l'autre de ces défauts qui ne portent, avec raison, que sur le tiroir d'évacuation. L'épure, relative à la courbe de réglementation du tiroir d'admission, nous montre, en effet, que pour celui-ci, il y a peu à désirer.

L'excentrique à course variée permet de se ménager des alternatives de mouvements et de repos et il suffit de les approprier aux fonctions du tiroir à conduire pour obtenir, dans la distribution d'air, l'équivalent de ce que donne le jeu des soupapes.

Ainsi, au commencement de sa course, le tiroir d'évacuation recouvrant la lumière d'échappement, nous pouvons nous proposer de laisser reposer ce tiroir pendant toute la durée de la compression de la cylindrée d'air; puis de lui communiquer un mouvement d'amplitude égale à la largeur de la lumière à découvrir dans un temps aussi court que possible; ensuite, de laisser au repos ce tiroir qui livre ainsi toute la pleine section de l'orifice à l'évacuation. Puis, avant que le piston ne parvienne à la fin de sa course de refoulement, de communiquer au tiroir un mouvement en sens inverse du précédent et une course de même longueur, à l'aide de laquelle il viendrait masquer l'orifice. Ce mouvement peut être produit dans un temps quelconque, et correspondre, par exemple, comme le déplacement qui produit l'ouverture de la lumière, à $\frac{1}{n}$ de la course du piston.

Seulement, il faut tenir compte de l'inertie de ces tiroirs et des frottements qu'ils subissent dans leur guidage, pour ne pas les exposer à un brusque passage de l'état de repos à l'état de mouvement, ce qui déterminerait des à-coups intolérables.

Ajoutons donc aux conditions à remplir, formulées précédemment, celle-ci :

Faire en sorte que le tiroir, partant du repos, parcoure la première moitié de sa course, en mouvement uniformément accéléré, et la seconde moitié, en mouvement uniformément retardé.

xa étant la longueur de course du piston (fig. 55),

xb, la largeur de l'orifice d'évacuation,

bd, la partie de la course du piston correspondant à la période de compression d'air, la courbe de réglementation du mouvement du bord interne du tiroir devra, par suite du repos de ce tiroir, se confondre depuis b jusqu'en d avec la ligne bc représentant l'arète de l'orifice que le tiroir doit dépasser pour permettre l'évacuation.

Donnons à parcourir au piston la longueur fg pendant l'ouverture de l'orifice; la courbe de réglementation passera de d en g suivant deux paraboles : l'une, partant de d tangentiellement à bd, en tournant sa convexité vers dc, arrive jusqu'en c, milieu de la largeur de l'orifice; elle correspond au mouvement uniformément accéléré du tiroir; l'autre, partant de c et arrivant en g tangentiellement à xa, en tournant sa concavité vers dc, correspond au mouvement uniformément retardé de ce tiroir qui va passer au repos pendant le parcours de g en h du piston, et laisser l'orifice complètement ouvert pour le refermer pendant le parcours de h en a du piston.

La courbe de réglementation viendra donc se confondre, depuis g jusqu'en h, avec la ligne xa représentant l'arète de l'orifice qui doit être atteinte par le bord interne du tiroir, pour que la lumière soit complètement démasquée, et passera de h en c, en suivant encore deux paraboles : l'une, depuis h jusqu'en i, milieu de l'orifice, due au mouvement uniformément accéléré, et l'autre, depuis i

Fig. 55

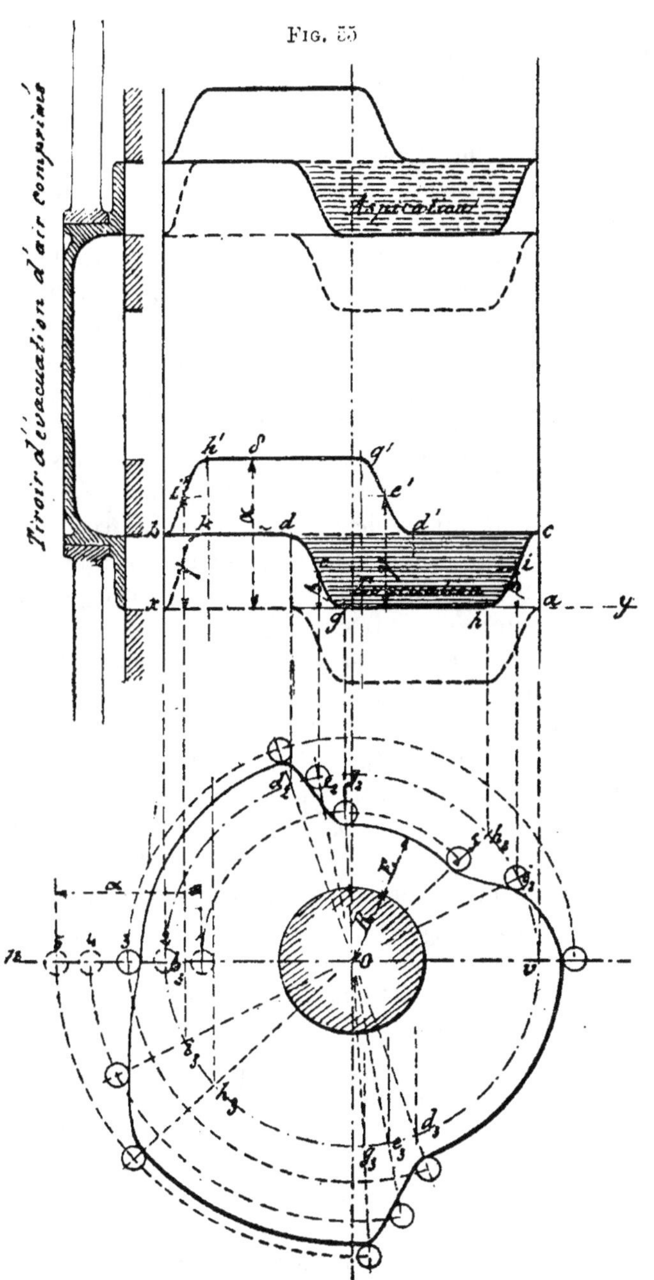

jusqu'en c, due au mouvement uniformément retardé du tiroir qui vient de fermer l'orifice.

Ces deux paraboles sont encore tangentes : l'une hi à xa, et l'autre ic à dc.

Cette loi graphique correspond à la course de sens xa du piston pour que l'évacuation ait lieu par l'orifice considéré; mais il faut évidemment que, pendant sa course de sens ax, alors que l'évacuation s'opère par l'autre orifice, les mêmes phases du mouvement de l'autre bord interne du tiroir se reproduisent sur ce second orifice d'évacuation; la continuation de la courbe de réglementation, à demi-tracée, sera donc identique à celle que nous venons de décrire, sauf qu'elle sera inversement disposée.

C'est-à-dire que, le tiroir restant stationnaire pendant le parcours $cd' = bd$, du piston, la courbe de réglementation se confondra depuis c jusqu'en d', avec la ligne bd, puis le tiroir devant marcher d'une quantité égale à la largeur de l'orifice, en mouvement uniformément retardé, la loi graphique se traduira, depuis d' jusqu'en g', par deux paraboles : l'une $d'e'$, tournant sa convexité vers $d'b$, et l'autre $e'g'$, tournant sa concavité vers $d'b$.

L'orifice d'évacuation est alors ouvert et demeure dans cet état jusqu'à ce que le piston arrive en k, de façon que l'on ait : $kb = ha$, portion finale de la course du piston correspondant à la fermeture de l'orifice; la loi graphique, depuis g' jusqu'en h', demeurera parallèle à ax, et à partir de h' regagnera par les deux paraboles successives $h'i'$ et $i'b$, son point de départ primitif.

En résumé, la courbe de réglementation qui devra être fournie par les mouvements du tiroir d'évacuation, sera la ligne fermée $bdeghicd'e'g'h'i'b$.

La loi de mouvement des bords extérieurs de ce tiroir est évidemment identique à celle que nous venons de tracer, et en est distante de la largeur des bandes; il suffit donc de donner à ces bandes une largeur égale à celle des orifices et, par conséquent, égale aussi au parcours de ce tiroir pendant une course simple du piston, pour que, à la pleine évacuation par l'un des orifices du cylindre, corresponde la pleine admission par l'autre orifice d'évacuation. Seulement, le commencement de l'admission par ce dernier orifice n'aura lieu que lorsque commencera l'évacuation par l'autre orifice. C'est ce que nous montre parfaitement le tracé de la loi graphique du mouvement des bords extérieurs de tiroir (fig. 55).

Il n'en résulte pas moins que, pendant la période alternativement inactive de leur fonctionnement, ces tiroirs d'évacuation, en se prêtant à l'admission, placent cette dernière dans des conditions telles qu'aucun autre système ne saurait les procurer.

Quant au profil de l'excentrique, à course variée, devant correspondre à la loi graphique établie précédemment, son tracé est facile à établir.

Soit R le rayon de l'arbre sur lequel l'excentrique est calé, E l'épaisseur minimum à donner à cet excentrique et enfin r le rayon du galet interposé entre l'excentrique et la tige du tiroir à manœuvrer dans la direction On.

La position du centre du galet correspondant à la fin de la course du tiroir, quand l'orifice d'évacuation est complètement démasqué, est évidemment en 1, sur la ligne on, et cette position doit être occupée par le centre du galet pendant que le piston parcoure le chemin représenté par gh; au commencement de sa course, le galet de conduite du tiroir occupe une position telle que son centre étant sur le point 5 de la ligne on, on ait $1 - 5$ $=$ course $=$ l'ordonnée α, et cette position du galet correspondra à la partie $g'h'$ de la course du piston.

Quand le tiroir est au milieu de sa course, alors que l'orifice d'évacuation va commencer à s'ouvrir, le centre du galet conducteur du tiroir est au point 3 de ligne on, et l'on a

$$1 - 3 = 3 - 5 = \text{la largeur de l'orifice } xb.$$

Cette position du galet doit exister pendant toute la durée de la compression de l'air, dans les premiers instants des courses de refoulement de piston : depuis b jusqu'en d de la course de sens xa, correspondant à l'évacuation de l'air par l'orifice $bcax$, et depuis c jusqu'en d' de la course de sens ax, correspondant à l'évacuation de l'air par l'autre orifice.

Quant aux points remarquables e, i, e', i' de la courbe de règlementation et correspondant au milieu des deux demi-courses du tiroir, leurs ordonnées respectives sont : $\beta = 2 - 1 = 1 - 2$, pour ci, $\gamma = 3 - 4 = 4 - 3$, pour $e'i'$, les positions correspondantes du centre du galet.

Et en général, un point quelconque δ de la loi graphique a pour position correspondante du centre du galet conducteur du tiroir une certaine distance $1 - \delta$ égale à l'ordonnée α de ce point.

Remarquons que c'est par la forme de son profil que l'excentrique devra amener le galet dans les positions successives que nous venons de déterminer, il est nécessaire pour cela, qu'en chacune de ses positions le galet ait un contact tangentiel avec l'excentrique, de sorte qu'il suffirait de renverser le mouvement relatif de l'excentrique par rapport au galet, en supposant que ce dernier tourne circulairement autour de l'excentrique, supposé fixe, pour qu'en traçant la position relative des galets sur les rayons de l'excentrique, on obtienne par une courbe tangentielle aux diverses positions du galet, la forme du profil cherché.

Pour trouver cette position relative des galets sur les rayons de de l'excentrique, représentons par la circonférence de rayons ov, celle décrite par le bouton de la manivelle du piston à vent ; cette circonférence de rayon ov va nous permettre de trouver les déplacements relatifs du rayon on (direction du mouvement du tiroir), de l'excentrique correspondant aux déplacements simultanés du piston.

En effet, pendant l'avancement de b en d du piston, dans sa course de sens xa donnant lieu au refoulement de l'air par l'orifice $bcax$, la manivelle et l'excentrique auront dû parcourir l'espace angulaire nod_2, de sorte que, si nous supposons que l'excentrique soit resté fixe, ce sera cet angle nod_2 qu'aura dû décrire le rayon on ; or, pendant la durée de ce parcours, le galet doit demeurer immobile sur on, avec son centre au point 3. Il s'ensuit donc que la courbe de l'excentrique dans le segment nod_2 est une portion de circonférence, tangentielle au galet, lequel a pour position de son centre le point 3.

Puis, le piston continuant sa course vient donner pour chemins parcourus des longueurs représentées par les abcisses des points e, g, h, i, c de la loi graphique correspondant aux espaces angulaires simultanément décrits par la manivelle et l'excentrique :

$$\text{Pour le point } e, \text{ l'angle } noe_2,$$
$$\text{—} \qquad g, \quad \text{—} \quad nog_2,$$
$$\text{—} \qquad h, \quad \text{—} \quad noh_2,$$

Pour le point i,   — noi_2,
                — c,   — nov.

Si nous supposons encore que l'excentrique demeure fixe, par suite du mouvement relatif, le rayon viendra prendre successivement les positions :

oe_2 correspondant au point e	de la loi graphique et le centre	2
og_2 — — g	du galet mobile sur le rayon	1
oh_2 — — h	on devra successivement se	1
oi_2 — — i	placer en :	2
ov — — e		3

De même, on aurait dans la partie correspondant à la course de retour du piston, pour positions relatives du rayon on :

od_3 correspondant au point d'	de la loi graphique et le centre	3
oe_3 — — e'	du galet mobile sur le rayon	4
og_3 — — g'	on devra se trouver succes-	5
oh_3 — — h'	sivement en :	5
oi_3 — — i'		4
ob_3 — — b		3

Ces dernières positions du galet servent d'enveloppe au profil de l'excentrique et permettent de le tracer d'une façon assez exacte.

Si l'on en voulait un tracé plus rigoureux, il suffirait de multiplier les points choisis sur la courbe de réglementation et de déterminer la situation du centre du galet correspondant à ces points, dans le mouvement relatif du galet autour de l'excentrique ; plus les positions du galet seront rapprochées l'une de l'autre, mieux déterminée sera la courbe de l'excentrique.

Du reste, cette détermination précise n'a de raison d'être que dans les parties de l'excentrique produisant le mouvement du tiroir et correspondant aux portions :

$$deg, \ hic, \ d'e'g' \ h'i'b$$

de la loi graphique ; les autres parties de la courbe ne devant produire que le repos du tiroir, sont des portions de circonférences.

On remarquera que, par l'effet de la symétrie du tracé, toutes les lignes menées par le centre o de l'excentrique et limitées à la courbe de cette sorte de came sont égales, ce qui lui donnera la possibilité de tourner, étant insérée dans un cadre, entre deux galets diamétralement opposés.

Remarquons que ce tracé de came ne convient rigoureusement que pour la manœuvre d'un tiroir d'évacuation ou de refoulement d'air comprimé à la pression de 0^m,40 de mercure, pour laquelle ce tiroir a été établi. Il est évident, en effet, que si la pression de l'air devait être plus grande, la durée de la compression devenant plus longue, l'orifice de refoulement ne devrait commencer à s'ouvrir qu'après un parcours du piston à vent supérieur à 0^m,86: et, qu'au contraire, si le degré de compression de l'air devait être plus faible que 0^m,40, la durée de la compression devenant moindre, cette compression serait terminée avant que le piston n'ait parcouru les 0^m,86 de sa course de refoulement à partir desquels le tiroir commence à démasquer l'orifice; toutefois, pour de faibles variations de pression, la fixité du commencement de l'ouverture des orifices d'échappement n'entraine qu'une perte de travail assez minime, ainsi qu'on peut le reconnaitre sur le diagramme, fig. 56, relatif à une compression d'air de 0^m,51, au lieu de 0^m,40.

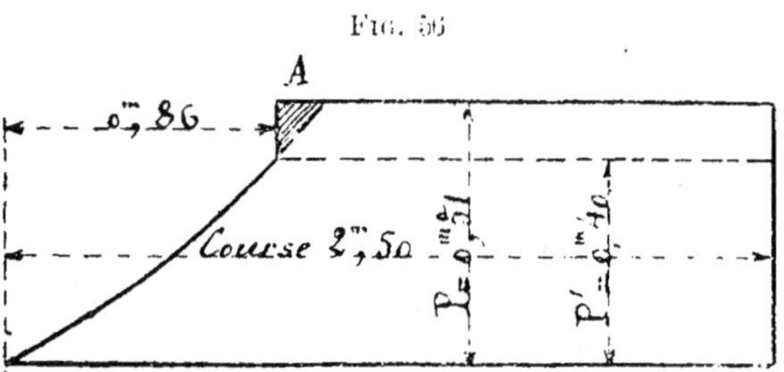

Fig. 56

Le découvrement de l'orifice de refoulement commençant aussitôt après que le piston a parcouru 0^m,86, il se produit dès cette ouverture une hausse de pression provenant de la communication anticipée de la cylindrée d'air avec le réservoir de vent. La perte de travail qui en résulte est montrée dans ce diagramme, par le petit triangle A.

De même dans le diagramme, fig. 57, relatif à une compression d'air de 0^m,28, au lieu de 0^m,40; l'ouverture de l'orifice de refoulement se produisant encore après que le piston a parcouru 0^m,86, la compression de la cylindrée ayant été poussée au delà de ce qui est nécessaire, à partir de l'instant de la mise en communica-

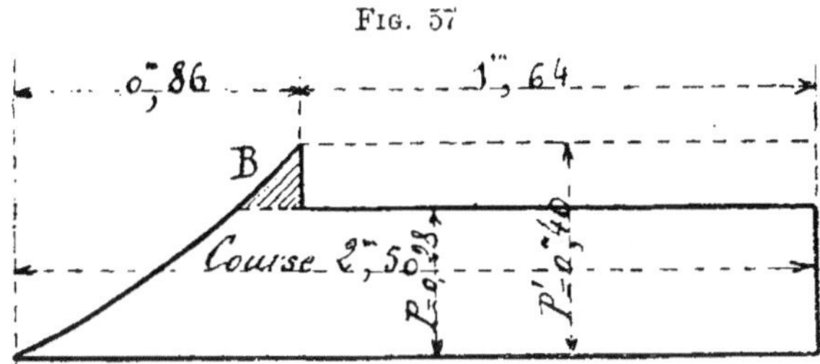
Fig. 57

tion de cette cylindrée d'air avec le réservoir, l'excès de pression tombe et se traduit par la faible perte de travail indiquée, dans ce diagramme, par le petit triangle B.

Cependant, si les écarts de compression au-dessus et en dessous de la pression 0^m,40, pour laquelle a été établi le tiroir, devaient être considérables, on parviendrait à éviter ces pertes de travail, dues à une anticipation ou à un retard d'ouverture de l'orifice de refoulement, en se donnant la possibilité de déplacer l'origine de l'ouverture avec le degré de compression de l'air, en construisant cette came, comme celles à détente variable employées pour les distributions de vapeur, c'est-à-dire en rendant variables ses diffé-rentes sections transversales et leur permettant de se déplacer le long de son axe.

Il est évident que la came tracée précédemment s'appliquerait tout aussi bien à la conduite de tiroirs cylindriques à pistons ju-meaux, analogues à ceux de MM. Tannett Walker et C°, qu'à celle de tiroirs plans, analogues à ceux de Thomas et Laurens.

V

DISPOSITION DES PRINCIPAUX ORGANES DANS LES SOUFFLERIES

Dans la première partie de cette étude, nous avons vu comment, par une suite de transformations successives, imposées par les progrès incessants dans la production de la fonte, les anciens soufflets du siècle dernier ont été modifiés pour parvenir aux machines soufflantes à vapeur répondant, comme volume et pression de vent, aux exigences actuelles.

Nous avons vu également que les premières souffleries à vapeur avaient été imitées des pompes à vapeur, pour épuisement de mines de la même époque ; c'est-à-dire qu'au lieu de pompes à eau on a fait des pompes à air, à double effet, avec un balancier reposant sur un mur transversal et recevant par une extrémité le mouvement du piston à vapeur pour le transmettre par son autre extrémité à un piston à vent (fig. 71) ; et que ces ma-

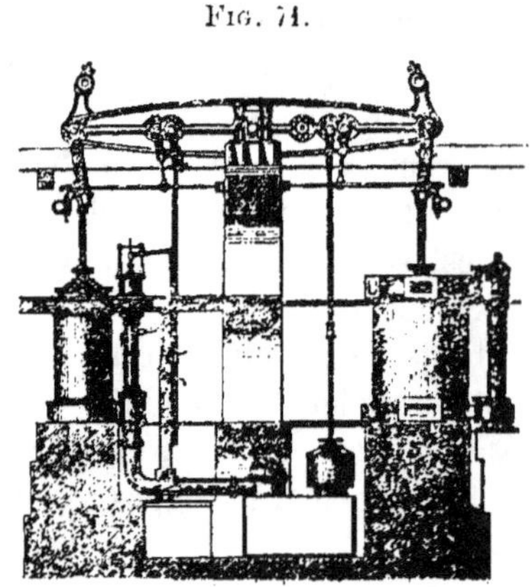

Fig. 71.

chines, sans manivelle pour régulariser la course désordonnée de leurs pistons, donnaient lieu à des espaces nuisibles considérables et, ne permettant pas l'expansion de la vapeur, occasionnaient une consommation de vapeur excessive.

L'addition, à ces machines, d'un second cylindre à vapeur spécial à la détente, fut un progrès économique, en ce qu'elle permit de réaliser une expansion notable de la vapeur; mais ces souffleries à détente, système Woolf, sans manivelle, étaient encore soumises, comme les machines soufflantes primitives, à l'inconvénient des courses désordonnées et à celui des espaces nuisibles considérables qui en sont la conséquence.

L'adoption d'une manivelle sur ces machines, en rendant égales les longueurs de courses, et celle d'un volant sur l'arbre de couche portant la manivelle, bien que compliquant ces souffleries et augmentant les frais d'installation, sont les améliorations les plus essentielles qui leur furent apportées, parce que ces organes permirent de suite d'augmenter la vitesse, et par suite la production de vent, d'admettre des détentes étendues, et de diminuer considérablement les espaces nuisibles.

Pendant bien longtemps, en Angleterre, on est resté à ces types de souffleries, qui ont servi de modèles à celles qui ont été construites sur le continent; la soufflerie à détente Woolf et avec volant était regardée comme la plus parfaite; et, en effet, depuis on a pu établir des types plus simples, plus économiques d'achat et d'installation; mais on n'a pu en faire de meilleurs au point de vue du fonctionnement ni de la durée.

Ces machines soufflantes à balancier, ayant de grandes courses, peuvent recevoir des vitesses et par suite une capacité de production considérables, avant que le nombre de leurs révolutions et celui des battements de leurs clapets ne devienne exagéré; la position debout des cylindres rend l'usure insensible, les frottements minimes et favorise la durée.

L'axe du balancier repose quelquefois sur un assemblage de deux colonnes en fonte, ou sur une large colonne pyramidale, ou plus généralement, sur un mur disposé transversalement dans la chambre de la machine. Ce mur donne la construction la plus solide; mais il a l'inconvénient de diviser la chambre en deux parties, ce qui rend la surveillance plus difficile.

Le guidage rectiligne de la tête des pistons se fait, le plus souvent par parallélogrammes de Watt; mais quelquefois aussi par glissières et coulisseaux qui doivent être d'un démontage facile pour faciliter la visite des garnitures des pistons.

Les plus grandes souffleries qui aient été construites, celles d'Ebbw Wale et de Dowlais, appartiennent à ce type de machines soufflantes à balancier et volant; nous avons déjà donné la description, ainsi que représenté par le croquis fig. 1, celle de Dowlais.

Quoique dans ces souffleries à balancier l'emplacement du volant soit assez arbitraire, puisque le volant avec son arbre peuvent aussi facilement occuper la place qui leur est rationnellement assignée, entre la puissance et la résistance, qu'être rejetés à l'une des extrémités de la machine, indifféremment du côté de la puissance ou de la résistance; lorsque la machine soufflante est à condensation, il est cependant peu prudent de placer l'arbre de couche entre la pile supportant le balancier et le cylindre à vapeur dont les fondations sont déjà si découpées pour recevoir les organes du condenseur devant se trouver en contrebas du cylindre; la place de l'arbre de couche, dans ce cas, est de l'autre coté du balancier, entre la pile sur laquelle repose ce dernier et le cylindre à vent, comme à la soufflerie à détente Woolf, de Firmy, représentée fig. 33.

Quelle que soit la disposition que l'on adopte, pour que l'arbre de couche puisse trouver place entre la pile supportant le balancier et le cylindre à vent, la longueur du levier l (fig. 58) de com-

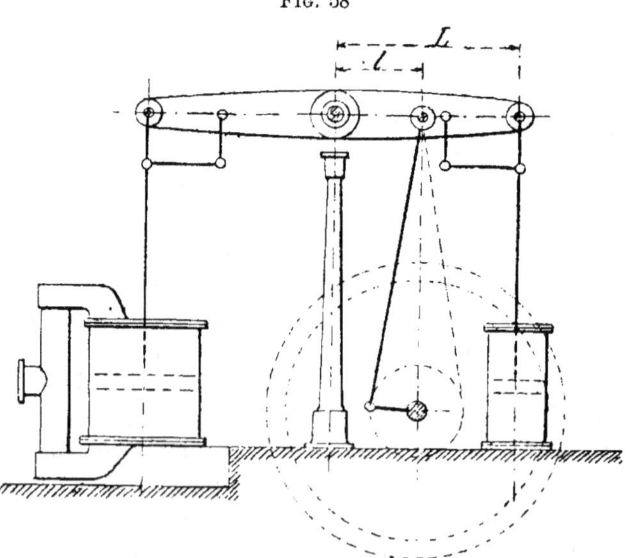

FIG. 58

mande de la bielle sera plus courte que la longueur L du levier du piston à vapeur. Or, au commencement de la course des pistons, tout le travail développé dans le cylindre à vapeur doit passer dans le volant; en cet instant la pression de la vapeur est à son maximum, et la bielle est en ligne droite avec la manivelle; il en résulte que l'effort exercé sur le piston à vapeur est entièrement transporté sur la manivelle, dans le rapport $\frac{L}{l}$ des leviers du pis on à vapeur et de la bielle.

Ainsi l'effort initial, déjà si élevé sur le piston à vapeur, va encore se trouver multiplié par ce rapport $\frac{L}{l}$, pour se reporter intégralement en compression ou en traction sur les fondations du bâti portant les paliers de l'arbre de couche, par les boulons qui les relient à ce bâti.

Au point de vue de la fatigue des fondations, la position de l'arbre de couche est d'autant plus défavorable que le levier l est plus court. Ainsi, l'arbre de couche placé près du cylindre à vent étant nécessairement plus rapproché de l'axe du balancier que s'il était près du cylindre à vapeur, par suite du moindre diamètre de celui-ci, la situation de cet arbre, du côté du cylindre à vent, ne vaut pas celle qu'il serait possible d'obtenir dans une machine sans condensation, en le plaçant aussi près que possible du cylindre à vapeur; et cette dernière disposition est encore supérieure à la précédente, parce qu'elle a l'avantage de ne soumettre à l'effort initial de la vapeur que la partie très courte du balancier comprise entre la tête du piston à vapeur et l'axe de la tête de bielle.

Pour que les fondations résistent à des efforts aussi grands que ceux résultant de la disposition du point d'attache de la bielle sur le balancier, entre l'axe du milieu et ses extrémités, il n'est pas prudent de trop compter sur la cohésion des fondations; il est plus sage de ne se reposer que sur leur poids et alors de les embrasser le mieux possible par de nombreux points d'ancrage du bâti, de façon à utiliser aussi complètement que possible le poids du massif.

Ce système entraine à des fondations coûteuses, les établir avec parcimonie serait courir le risque de les voir se disloquer, en compromettant les principaux organes de la soufflerie.

Ces efforts énormes, qui agissent sur les fondations, s'exercent également sur le bouton de manivelle et sur la bielle, et souvent font vibrer cette dernière, malgré les fortes dimensions transversales qui lui sont données.

Ainsi, dans la soufflerie de Dowlais, la pression de la vapeur sur le piston est égale à environ 58,000 kg.; la bielle étant placée un peu plus loin que le milieu du bras de balancier correspondant au piston à vapeur, à environ $3^m,92$ de l'axe du balancier, reçoit un effort de

$$\frac{58,000^{kg} \times 6^m,36}{3^m,92} = 94,000 \text{ kg.}$$

Mais à cet effort, il convient d'ajouter encore, puisqu'il agit dans le même sens, celui qui est dû à l'air emprisonné dans l'espace nuisible du cylindre à vent, quand la manivelle passe au point mort.

La pression sur le piston à vent est égale à 33,000 kg. environ, et se reportant sur la bielle suivant le rapport des bras de leviers, elle ajoute à cette dernière :

$$\frac{33,000^{kg} \times 5^m,86}{3^m,92} = 49,000 \text{ kg. env.}$$

C'est donc un effort total de :

$$94,000^{kg} + 49,000^{kg} = 143,000^{kg}.$$

qui, alternativement, par traction et par compression, est exercé sur la bielle et sur le bouton de manivelle, lorsque cette dernière passe aux points morts.

On comprend qu'une bielle vibre sous un si puissant effort et que le manneton de la manivelle soit toujours tenté à devenir chaud, et de plus, que les coussinets de la bielle, ainsi que ceux de l'arbre du volant soient difficiles à entretenir.

Dans la machine de Dowlais, on peut compter de nombreuses casses de l'arbre, de la manivelle et de son manneton; il a été constaté que dans une certaine période, pendant une durée d'un an, le bouton de la manivelle fut cassé six fois et l'arbre du volant deux fois; dans une autre usine anglaise, toute la fondation des paliers de l'arbre du volant fut soulevée, en arrachant les boulons d'ancrage (1).

On a cependant cherché à réduire, dans la soufflerie de Dowlais, le défaut signalé précédemment; en allongeant le balancier d'un côté pour obtenir une plus grande course au piston à vapeur qu'au piston à vent (3^m,962 contre 3^m,638) et l'on a attaché la bielle aussi près que possible de l'extrémité du balancier, pour que le bras du levier de la bielle soit le plus long possible, et que le rayon de la manivelle soit supérieur au quart de la course du piston à vapeur, tout cela dans le but de diminuer les efforts sur le bouton de manivelle, dans les passages aux points morts.

Pour remédier au grave inconvénient d'une puissance initiale trop considérable sur les organes de transmission du mouvement et sur le palier voisin de la manivelle, à chaque commencement de course des pistons, quelques constructeurs anglais, au lieu de placer l'arbre du volant entre le cylindre à vapeur et le cylindre soufflant, l'ont rejeté au dehors et prolongé le balancier par une sorte de corne servant d'attache à la tête de bielle (fig. 59).

De cette façon, le bras de levier l de la bielle devenant plus long que celui L de l'effort moteur, au lieu d'augmenter, comme dans les souffleries précédentes, l'effet de la pression initiale de la vapeur et celui de l'air enfermé dans l'espace nuisible, sur la bielle, la manivelle et les fondations de la machine, on le diminue dans le rapport de $\dfrac{L}{l}$ des longueurs de leviers du piston à vapeur et de la bielle.

Cette disposition de machines soufflantes, avec bielle au dehors et balancier coudé appelée *Horsehead* par les mécaniciens anglais, est donc de beaucoup préférable à la disposition avec bielle en dedans, si l'on ne tient pas compte du plus grand emplacement qu'elle exige.

On la rencontre dans de nombreuses usines anglaises : à Barrow, Consett, Shelton, Workington, Cleator, etc., et même en France elle n'est pas rare; ce système existe, notamment dans les

____

(1) *Engineer*, octobre 12 19 1866.

usines d'Alais, de Saint-Louis, de Terrenoire, de Givors, d'Aubin et de Decazeville.

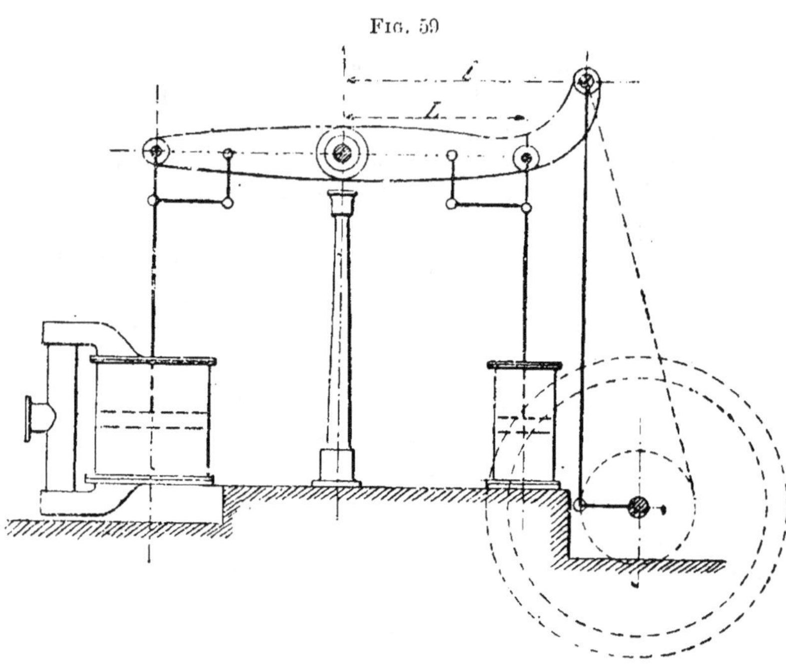

Fig. 59

Les dimensions principales des deux souffleries Horsehead de cette dernière usine sont :

Diamètre du piston à vapeur.... 0^m,950
Diamètre du piston à vent...... 2^m,540
Course de ces pistons.......... 2^m,220
Nombre de tours en moyenne... 20
Pression de la vapeur.......... 4 à 4 1/2 atm.
Pression du vent.............. 0^m,17 à 0^m,18 de mercure.
Admission de vapeur.......... $\frac{1}{2}$ de la course.

La fig. 60, extraite de la *Métallurgie* de M. Percy, représente la soufflerie jumelle de Shelton.

Le cylindre à vapeur a 43 1/2 pouces (1^m,137) de diamètre ;
Le piston à vapeur a 8 3/4 pieds (2^m,746) de course ;
Le cylindre à vent a 97 pouces (2^m,537) de diamètre, avec

8 3/4 pieds de course de piston. Le volant a 22 1/3 pieds (6^m,89) de diamètre et pèse 240 quintaux (12,200 kg.).

Les soupapes de distribution sont établies d'après le système de

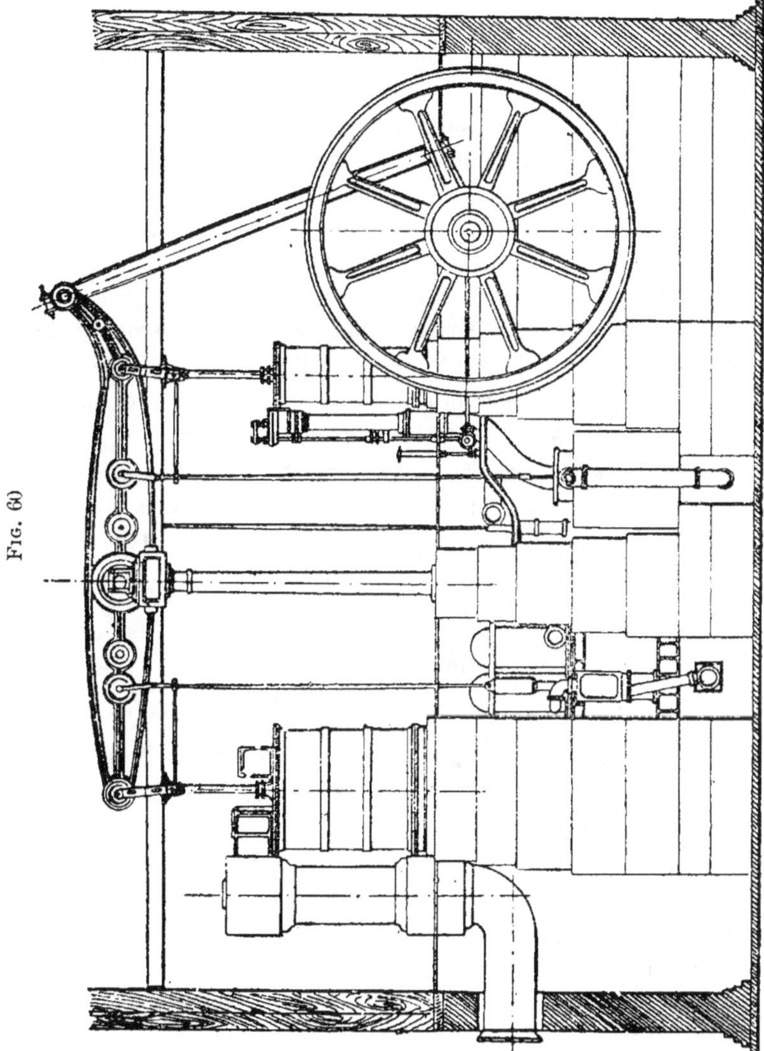

Fig. 60

Cornwail ; elles sont mues par des cames et des taquets disposés de façon à intercepter la vapeur au tiers, à la moitié, ou aux trois quarts de la course, suivant les besoins.

Les balanciers sont en fonte et formés de deux pièces solidement boulonnées. La longueur, de l'axe du cylindre à vapeur à l'axe du cylindre soufflant, est de 9^m,15, et depuis l'axe du cylindre à vapeur jusqu'au centre d'oscillation de la bielle, la longueur (mesurée horizontalement) est de 1^m,52.

Afin de régulariser le mouvement, les deux machines sont reliées à un même arbre du volant. Il est placé derrière le cylindre à vapeur, à une distance suffisante pour permettre à la bielle de fonctionner librement; et afin d'éviter une longueur excessive du balancier et de faire concorder en même temps la tête avec la position oblique de la bielle, l'extrémité du balancier est relevée de 1^m,22 au-dessus de la ligne des centres.

Cette disposition laisse à la bielle une longueur suffisante, sans placer l'arbre de couche beaucoup au-dessous du niveau du sol.

Les bielles ont 7^m,315 de longueur: elles sont en chêne, renforcé de fer forgé; la section transversale du bois est, au milieu, de 0^m,38 sur 0^m,305, et aux extrémités de 0^m,20 carré.

La vitesse est comprise entre 16 à 20 tours.

Voici les dimensions principales des deux machines du même type Horsehead, de Carnforth, dont le balancier est en tôle, et qui sont aussi accouplées sur un même arbre de volant :

Pistons à vapeur : diamètre	1^m,15
— — longueur de course	3^m,05
— à vent : diamètre.	2^m,50
— — longueur de course	3^m,05
Cylindre soufflant : longueur. . . .	3^m,66
— — espace nuisible.	0^m,15 à chaque extrémité.
Surface d'aspiration.	1^m,285
Surface de refoulement.	0^m,293
Longueur totale du balancier. . . .	10^m,05 de centre en centre.
Saillie verticale de la corne.	1^m,65
Saillie horizontale de la corne. . .	1^m,75
Poids du volant.	18 tonnes.
Diamètre du volant.	7^m,50
Nombre de tours, en moyenne. . .	15
Longueur de bielles.	10^m,35 de centre en centre.

Comme dans la soufflerie jumelle de Shelton, les tiges de bielles sont en bois de chêne solidement armé latéralement par deux bandes en fer forgé faisant corps avec les têtes de ces bielles. C'est une construction belle et solide, assez aimée en Angleterre; mais il faut que le bois soit sain, ferme et sec.

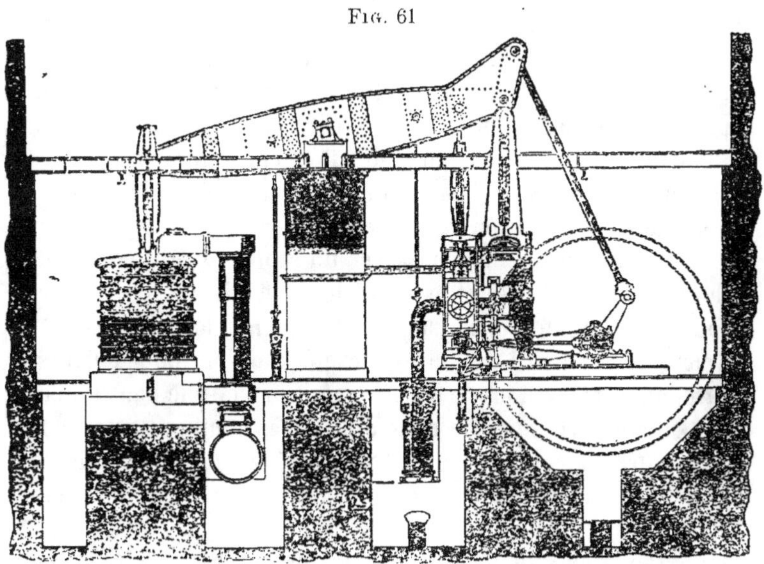

Fig. 61

La fig. 61 représente une soufflerie allemande du même type, construite pour les usines de Reschitza, en 1880, par les ateliers de construction de Markische, précédemment Kamp et C°, à Wetter sur Rurh.

Cette soufflerie à balancier formé de deux flasques en tôle se distingue des machines soufflantes Horsehead de construction anglaise en ce qu'elle est établie pour fonctionner à détente système Woolf au moyen de 2 cylindres à vapeur disposés l'un à côté de l'autre; les pistons à vapeur, ayant des courses différentes, agissent en deux points différents du balancier.

D'après l'*Engineer*, sa vitesse ordinaire est de 9 tours par minute; le diamètre du petit piston à vapeur est de 0^m,835, celui du grand est de 1^m,412; le diamètre du piston soufflant est de 2^m,615 et sa course est de 2^m,51.

Cette machine soufflante présente encore cette particularité que les parallélogrammes de Watt ont été supprimés et que le guidage rectiligne des têtes de pistons y a été obtenu par l'emploi de glissières fixées par leur partie inférieure aux couvercles des cylindres et par leur partie supérieure aux fers d'entretoise du support de balancier.

Ainsi qu'on a dû le remarquer, l'allongement du levier de la bielle, sur le balancier, augmente la course de celle-ci, et par conséquent le rayon de manivelle; ce n'est que par suite de cette augmentation que les efforts qui lui sont transmis par le piston à vapeur peuvent être réduits. Or, à cet allongement du rayon de la manivelle doit correspondre un allongement proportionnel de longueur de la bielle, si l'on tient à demeurer dans de bonnes conditions de transformation de mouvement.

Il en résulte que, pour conserver un rapport convenable entre la longueur de la bielle et le rayon de la manivelle, on est forcé de placer l'arbre du volant sur un sol quelquefois de beaucoup inférieur à celui des cylindres, ce qui nuit presque toujours à l'entretien des tourillons de cet arbre de couche isolé dans un bas-fond. De plus, par suite de cette différence de niveau entre le sol des cylindres et celui de l'arbre, le massif des fondations, dont la base s'étend sur un même plan horizontal, atteint un très grand volume.

Pour rapprocher le plan d'assise des cylindres de celui du bâti sur lequel repose l'arbre de couche et son volant, plusieurs dispositions particulières sont employées simultanément.

D'abord, comme nous l'avons vu, le point d'articulation de la bielle, sur le balancier, étant placé au-dessus de l'axe de figure de ce dernier, par le relèvement ou coude de sa partie prolongée, permet au plan d'assise du bâti de remonter d'autant que ce point d'articulation est plus relevé. Ensuite, en disposant l'arbre de couche du côté du cylindre à vapeur, de préférence au côté du cylindre à vent, il peut être plus rapproché de l'axe d'oscillation du balancier, et par conséquent, le levier de la bielle devenant aussi court que possible, donne lieu à un rayon de manivelle et à une longueur de bielle minima.

Enfin, en rejetant le point d'articulation de la bielle, sur le balancier, hors d'aplomb de l'axe de la manivelle, de telle façon que la bielle soit inclinée vers l'axe d'oscillation du balancier, dans ses positions haute et basse, on peut encore réduire, au delà de ce qu'avait pu permettre le rapprochement de l'arbre de couche du cylindre à vapeur, la longueur du levier de la bielle; mais cette dernière disposition, si fréquente, est d'autant plus vicieuse que la bielle est plus fortement inclinée.

L'inspection de l'épure fig. 62 fera reconnaître qu'en effet l'obli-

Fig. 62

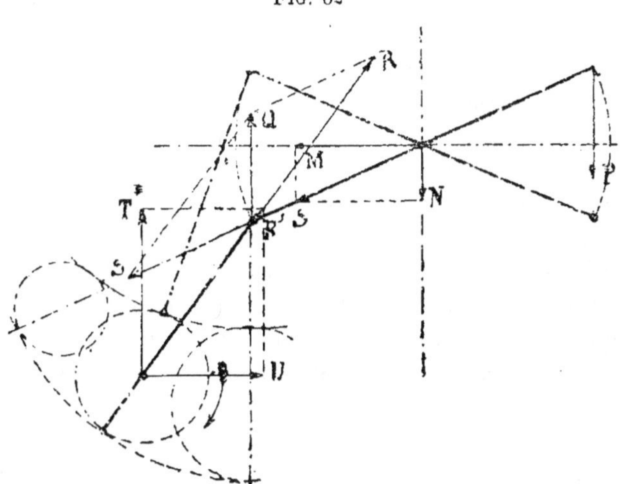

quité de la bielle dans la position la plus basse du balancier, au passage du point mort, donne naissance à deux efforts : R sur la bielle et S sur le balancier, résultant de la décomposition de la force de traction Q apportée par le balancier pour le relevage de la bielle.

L'un de ces efforts R, agissant par traction sur la bielle et se reportant sur le palier de la manivelle s'y décompose à son tour en deux autres T et U produisant, le premier, un arrachement ou soulèvement du palier qui doit être détruit par la résistance des ancrages de ce palier, et le second U, dû entièrement à l'obliquité de la bielle, produit sur ce palier une poussée horizontale, laquelle doit être combattue par l'encastrement du palier dans la maçonnerie des fondations.

L'autre résultante S, de la décomposition de Q dans le balancier, se reporte sur l'axe d'oscillation du balancier pour se décomposer également en deux efforts : l'un N, tend à appliquer l'axe sur ses supports, et l'autre M, provenant de l'obliquité de la bielle, détermine une poussée horizontale sur les appuis du balancier, laquelle poussée ne peut être détruite que par la stabilité de la pile en maçonnerie dans laquelle doivent être encastrés les supports du balancier, ou par un ensemble de tirants combattant cette poussée, si le balancier est soutenu par des colonnes; et chacun connaît le vice des longs tirants employés dans ce cas; leur élasticité permettant à l'entablement des colonnes un certain mouvement dont l'amplitude ne cesse de croître avec le temps, a une influence désastreuse sur l'assemblage de ces colonnes avec leur chapiteau et les supports du balancier. La dislocation lente qui en résulte vient forcer à réduire peu à peu la vitesse de marche de la machine, à mesure que l'ébranlement devient plus accentué.

Remarquons que les poussées horizontales U et M croissent très rapidement avec l'obliquité de la bielle dans la position la plus basse du balancier; ces poussées horizontales atteindraient même l'infini, si la bielle arrivait dans le prolongement de l'axe de figure du balancier, quand ce dernier occupe sa position inférieure.

Si nous avions considéré le balancier quelques instants avant son relevage, nous aurions trouvé ces mêmes efforts, et les considérations précédentes eussent encore été applicables.

Sur la bielle, il résulte enfin de son obliquité une surcharge pouvant devenir considérable, quand R est beaucoup plus grand que Q (fig. 62): aussi n'est-il pas rare de remarquer, dans certaines machines de ce genre, que cette surcharge se traduit, vers le passage du point mort inférieur, par des broutements ou vibrations de la bielle aussi désagréables que nuisibles à toute la construction.

Ce défaut est évidemment d'autant plus sensible que, sur le balancier, le bras de levier de la bielle est plus court, que le rapport de la longueur de la bielle à celle de la manivelle est plus faible et que l'axe de la manivelle est plus hors d'aplomb du point d'attache de la bielle sur le balancier.

Une dernière considération est que : le rayon de manivelle diminue à mesure qu'augmente le hors d'aplomb de l'axe de la manivelle; ce qui corrobore ce que nous avons dit précédemment sur l'augmentation, avec l'obliquité de la bielle, des efforts agissant sur la manivelle.

Dans le but de réduire la surface d'emplacement des machines avec bielle à l'extrémité du balancier, certains constructeurs ont placé l'arbre du volant entre l'axe d'oscillation du balancier et le cylindre à vapeur, comme le montre le croquis fig. 63. Des souffleries ainsi modifiées se trouvent notamment à Southbank, près Middlesbrough, à Vulcan, près Duisbourg, à Crown Point Iron Company, New-York.

Evidemment ces souffleries avec bielle obliquée vers l'axe d'os-

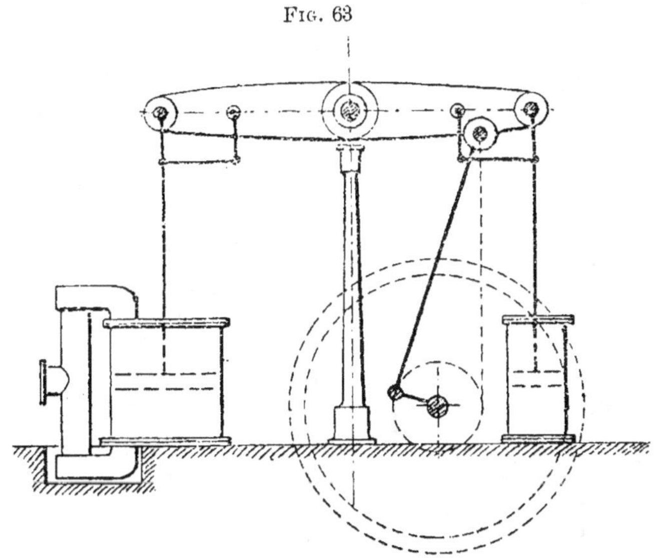

Fig. 63

cillation du balancier participent aux défauts que nous avons trouvés aux machines à bielle obliquée vers le dehors et à celles dont le point d'attache de la bielle sur le balancier est compris entre l'axe d'oscillation et le cylindre à vapeur ou le cylindre à vent.

D'après d'Engineering (1878), chacune des deux souffleries de Crown Point, New-York, est soutenue par quatre fortes colonnes en fonte de 2 pieds (610 $^{m/m}$) environ de diamètre moyen, de leur entablement partent des traverses obliques allant s'assembler à des pattes verticales venues à la partie supérieure des cylindres; le tout repose sur une semelle de fondation en fonte, de 30 pouces

(762 m/m) de hauteur. L'ensemble de ces machines est donc rendu solidaire sans prendre aucun appui sur les murs du bâtiment qui les contiennent.

Le diamètre du cylindre à vent est de 7 pieds (2m,134), la course de son piston est de 9 1/2 pieds (2m,896), le cylindre à vapeur a 50 pouces (1m,270) de diamètre, et son piston 12 pieds (3m,758) de course, la manivelle a un rayon de 4 3/4 pieds (1m,448).

D'autres dispositions de souffleries à balancier, s'écartant plus ou moins de celles que nous venons de décrire, ont été pratiquées, mais ne se sont pas répandues, parce que pour éviter les défauts trouvés dans les machines existantes, on tomba dans d'autres défauts plus graves encore.

Ainsi, le cylindre à vapeur et le cylindre à vent ont été placés à côté l'un de l'autre, à l'une des extrémités d'un balancier à deux bras de longueurs inégales, comme l'indique la fig. 64; à l'autre

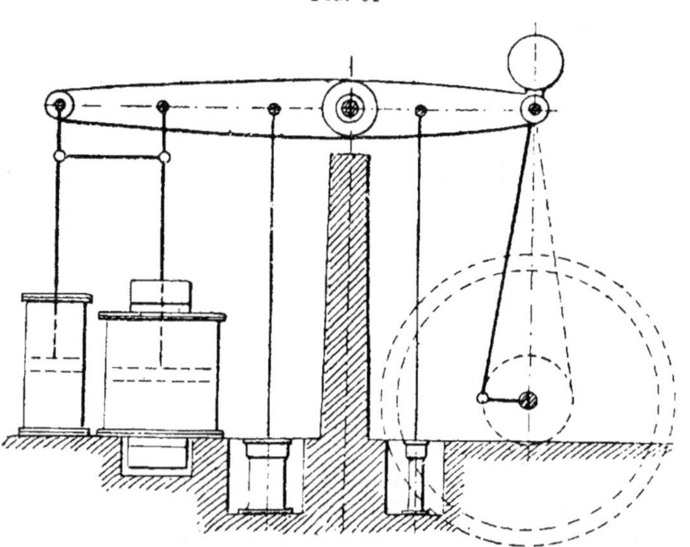

FIG. 64

extrémité du balancier était articulée la bielle, sur le bras de levier le plus court.

Ce système présente évidemment deux défauts : en premier lieu, la longueur de course et la vitesse du piston à vent sont moins grandes que celles du piston à vapeur, situé à l'extrémité du balancier, d'où une production de vent inférieure à celle que l'on devrait pouvoir obtenir ; et, pour compenser la différence de longueur de course, un diamètre de cylindre à vent plus grand qu'il ne serait nécessaire, si la vitesse et la longueur de course des pistons étaient égales. En second lieu, le bras de levier raccourci de la bielle conduit à une augmentation d'effort sur le manneton de la manivelle et le collet de l'arbre du volant et exige, pour l'équilibrage des parties mobiles, l'application d'un fort contrepoids à l'extrémité du balancier voisine de l'attache de la bielle.

Dans d'autres machines, le cylindre à vapeur et le cylindre à vent ont été placés tous deux à l'une des extrémités du balancier, mais l'un au-dessus de l'autre (fig. 65), tandis qu'à l'autre extrémité du balancier la bielle seule a été attachée.

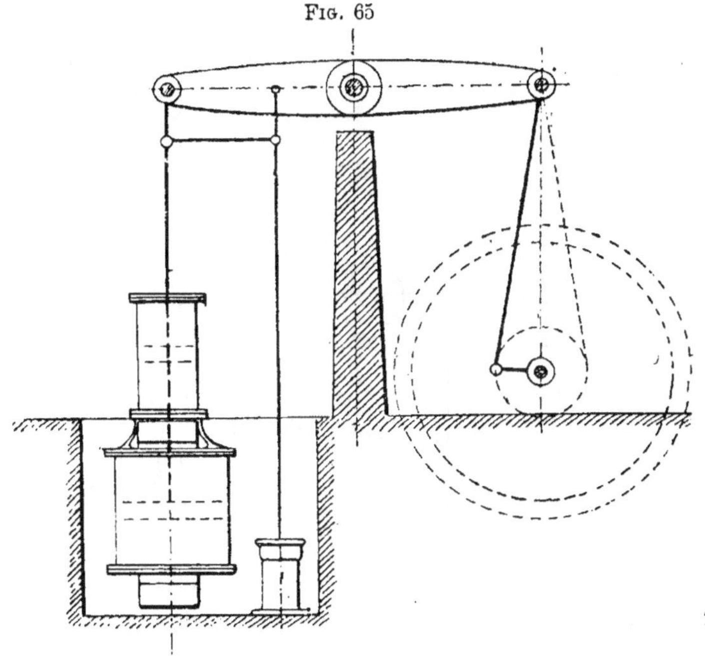

Fig. 65

On reproche à cette disposition, du cylindre à vent sous le cylindre à vapeur, le placement incommode du cylindre soufflant dans un bas-fond et la souillure du couvercle supérieur du cylindre à vent par l'eau et la graisse coulant le long de la tige du cylindre à vapeur.

En passant, remarquons que, dans cette disposition des cylindres superposés, nous voyons commencer déjà le système à action directe, du piston à vapeur sur le piston à vent, système qui s'est si considérablement propagé et que nous allons retrouver sous peu avec le balancier supprimé.

On trouve encore une disposition analogue à la précédente et qui n'en diffère que par la situation respective des cylindres : le cylindre à vent a été placé au-dessus du balancier et du cylindre à vapeur (fig. 66).

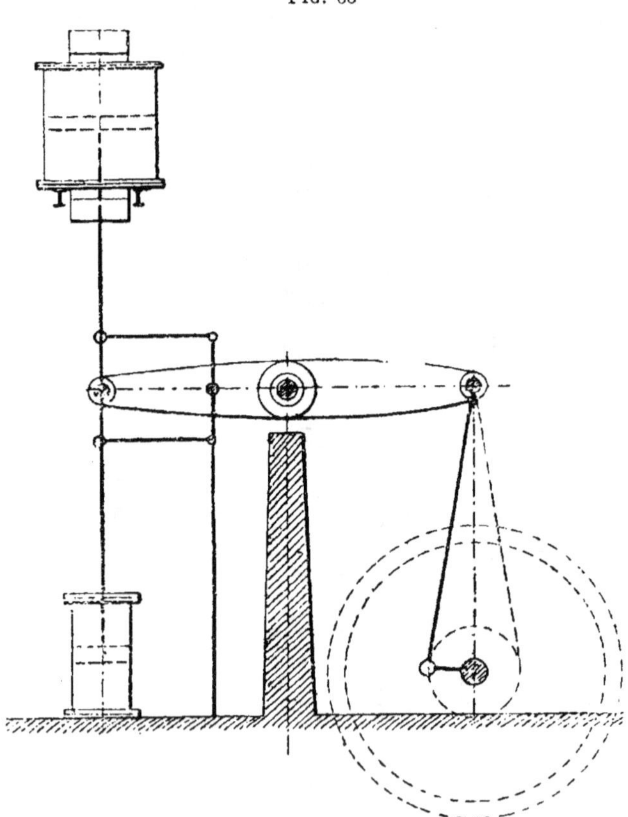

Fig. 66

Cette disposition est préférable à la précédente, mais elle occupe beaucoup plus de place en hauteur, elle est plus coûteuse et exige un bâtiment de machine plus important.

On doit remarquer que dans toutes ces machines à balancier les parties mobiles de chaque côté du balancier s'équilibrent à peu près mutuellement et qu'en tous cas l'équilibrage complet des pièces soumises à un mouvement alternatif de montée et de descente peut facilement se réaliser par l'addition de contrepoids sur le balancier.

Cet équilibrage parfait ne sera plus aussi facile à obtenir dans les systèmes de souffleries nous restant à voir.

Depuis longtemps déjà, en Angleterre et à Seraing, on a établi des machines à balancier d'apparence assez singulière et dans lesquelles le centre d'oscillation du balancier, au lieu.de se trouver vers son milieu, est reporté à l'une de ses extrémités, sur une bielle qui oscille elle-même autour d'un point situé au niveau de fondation du cylindre à vapeur ou au-dessus. Ce type de construction bâtarde de machines à balancier porte aussi la dénomination de système *sauterelle*, qu'elles méritent par leur aspect.

La figure 67 représente le croquis d'un vieux modèle de la Société John Coc-

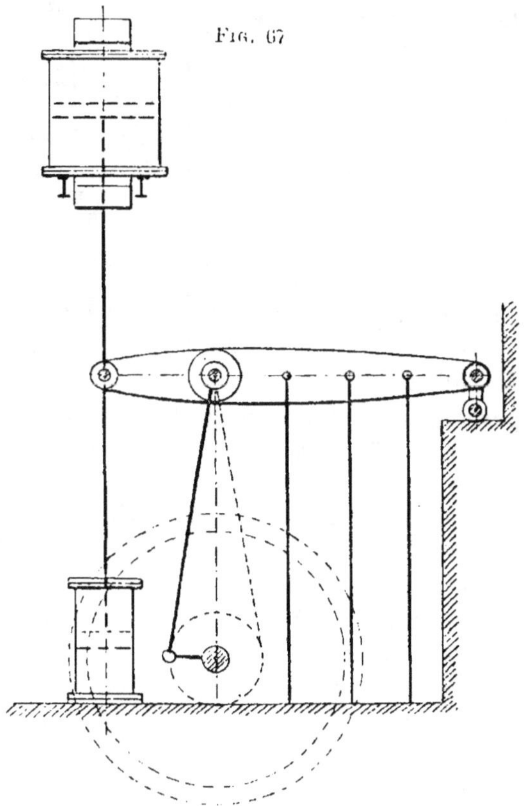

Fig. 67

kerill, à Scraing, et la fig. 68 est le croquis d'une ancienne disposition anglaise, avec balancier supplémentaire à contrepoids
pour équilibrage des pièces mobiles (Engineer, octobre 1866).

FIG. 68

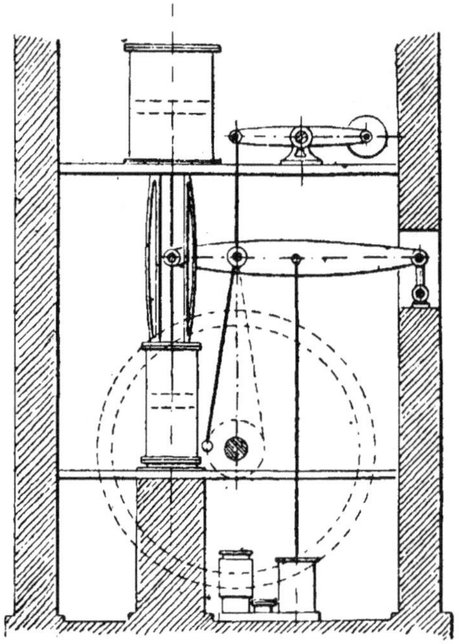

Ce type de souffleries à balancier bâtard est encore représenté par par les pl. 3 et 4, qui donnent le dessin des machines soufflantes ver-ticales que la Société des ateliers de construc-tion de la Meuse, à Liège, a fourni il y a quelques années à la Société des Hauts - Fourneaux et Aciéries d'Athus, et à MM. de Saintignon et C⁰, à Longwy-Bas.

Ces souffleries robus-tes ont leur bâti formé d'une large plaque d'as-sise creuse, en fonte, sur laquelle viennent s'ap-puyer quatre forts montants tubulaires, en fonte, soutenant le
cylindre soufflant qui est placé au sommet, sur une architrave cir-
culaire.

Le piston à vent a 3 mètres de diamètre et $2^m,450$ de longueur
de course. Le volume engendré par coup double de ce piston est
de $34^m,36$.

La machine est à détente du système Woolf, le grand piston à
vapeur commande directement le piston soufflant : sa course est
donc aussi de $2^m,450$, alors que son diamètre mesure $1^m,20$. Le
petit piston transmet son effort au moyen d'un balancier en tôle
dont l'une des extrémités attaque la bielle de commande de l'arbre
du volant, et l'autre est articulée à une bielle de support, dont le
point fixe est sur la plaque d'assise.

Le petit piston mesure 0^m,850 de diamètre et à 1^m,92 de longueur de course. La distribution de la vapeur se fait au moyen de soupapes conduites par des cames.

Au balancier sont attelées en outre :

La tige de pompe à air, près du petit cylindre à vapeur,

La tige de la pompe d'injection d'eau au condenseur,

Et la tige de la pompe de circulation d'eau aux tuyères, près de l'axe d'oscillation du balancier. Ces deux dernières pompes sont placées dans les fondations de la machine.

Un grand volant, de 8 mètres de diamètre, régularise la marche, et, par sa couronne, en partie évidée en face du bouton de manivelle, fait à peu près équilibre au poids des pièces mouvantes.

Les crosses des pistons à vapeur sont conduites par des guides fixés au bâtis et celle du piston de la pompe à air, par un guide monté sur le couvercle de cet organe.

La manivelle de l'arbre du volant mesure 1^m,50 de son axe au centre de son bouton.

La vitesse de cette machine peut varier dans de très larges limites, de 6 à 16 tours par minute, à la vitesse moyenne de 12 tours, le volume engendré atteint le chiffre de 415 mètres cubes par minute.

La machine ainsi conçue possède une bonne stabilité, grâce à sa large assise, à l'écartement de ses supports, à son fonctionnement avec détente, système Wolf, et à son volant unique, qui ne découpe pas les fondations en les restreignant, comme le double volant de la plupart des machines soufflantes du type vertical à action directe.

La pl. 5 donne en plan la disposition des clapets inférieurs et supérieurs et une coupe en élévation du cylindre soufflant.

Le but poursuivi par les constructeurs a été de faciliter autant que possible l'entrée de l'air dans le cylindre à vent, en lui offrant la plus grande section de passage possible. Pour y arriver, au lieu de disposer simplement les clapets d'aspiration sur les fonds du cylindre, on les a disposés sur les faces de troncs de pyramides formant deux sortes de couronnes fixes sur chacun des fonds, les couronnes extérieures débordant même le plan du cylindre.

A chaque côté du polygone de base de ces pyramides correspond une loge renfermant deux clapets, comme l'indique la coupe en élévation, ceux-ci sont très légers et des taquets de retenue limitent leur ouverture.

Grâce à cette disposition, entraînant, il est vrai, un espace nuisible assez sensible, on est parvenu à une section totale d'entrée de l'air, lorsque les clapets d'aspiration se soulèvent en plein, qui atteint presque 50 p. 0/0 de la surface du piston soufflant.

Les clapets de refoulement laissent pénétrer l'air, expulsé par le haut et par le bas, dans un tuyau collecteur en tôle sur lequel vient se brancher la conduite de vent.

La section d'ouverture de ces clapets de refoulement est environ 12 p. 0/0 de la surface du piston soufflant.

Le piston à vent est à la fois léger et rigide; il se compose de bras et d'une ceinture en fonte, sur lesquels sont fixés deux plateaux en tôle mince emboutie; sa garniture est formée de segments en fonte engagés dans la ceinture.

En général, les machines à balancier et avec volant, d'une construction solide et soignée, surtout celles du type normal. et à détente système Woolf, sont bonnes et durables; il n'est pas rare de trouver de ces souffleries qui fonctionnent depuis 30 à 40 ans et sont susceptibles de rendre encore pendant longtemps de bons services; malgré cela, l'établissement de nouvelles machines à balancier est devenu excessivement rare aujourd'hui parce qu'elles sont trop coûteuses d'achat et d'installation; presque partout maintenant, dans les constructions nouvelles, ce sont les souffleries verticales à action directe qui sont le plus en faveur et qui se propagent le plus.

Ce type de machines verticales, à action directe, a aussi été essayé sans mouvement de volant et l'emploi a donné lieu aux mêmes défauts que ceux existant dans les machines à balancier sans volant : courses désordonnées, espaces nuisibles considérables, détentes praticables insignifiantes; de plus, comme dans ce dernier type on ne possède plus l'équilibrage des pièces mobiles qui se produisait presque complètement par la suspension des tiges de pistons à chaque extrémité du balancier, l'équilibrage des pistons et de leur tige commune n'a pu être réalisé qu'en recourant à un grand levier avec contrepoids venant supporter la tige (fig. 69) des pistons et la suivre dans ses oscillations.

Fig. 69

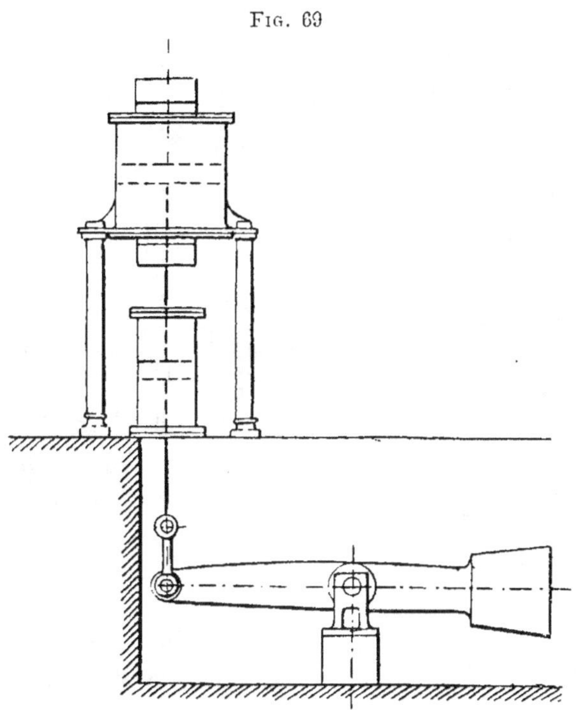

Aussi, un type aussi défectueux de machine soufflante n'a-t-il reçu que des applications fort restreintes.

La plus grande diversité de construction se rencontre dans les machines soufflantes verticales, à action directe, sans balancier et avec volant; ce qui provient surtout de la situation donnée, par les différents constructeurs, à l'arbre du volant par rapport aux cylindres et à la situation respective du cylindre à vent par rapport au cylindre à vapeur.

En France, en Belgique, en Allemagne et en Amérique, les souffleries du système vertical à action directe, qui sont le plus en faveur, ont leur arbre de volant situé sur le sol et passant à travers le socle du cylindre à vapeur (fig. 70); le cylindre à vent occupe le sommet de la machine, il est supporté généralement par quatre colonnes ou montants. Entre le cylindre à vapeur et le cylindre à vent se trouvent les glissières; les tiges du piston à vapeur et du piston à vent, dans le prolongement l'une de l'autre,

Fig. 70

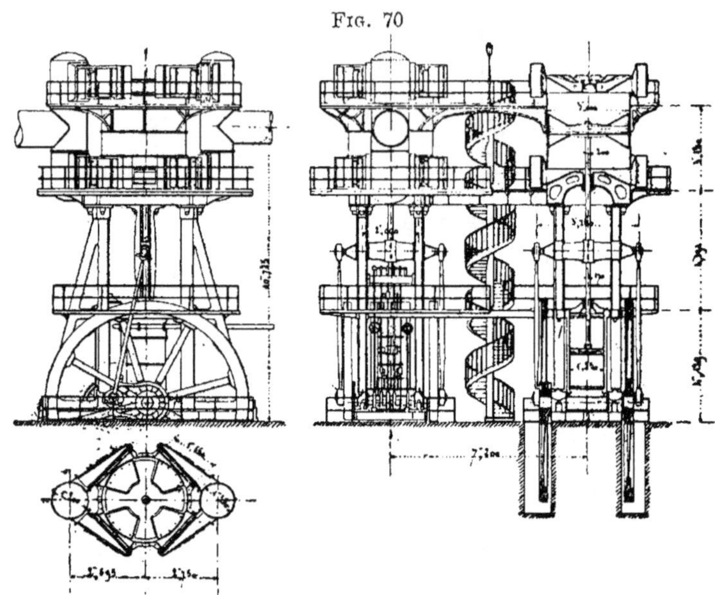

viennent se fixer à une traverse passant dans les glissières et terminée à ses deux extrémités par des tourillons auxquels pendent deux bielles qui viennent embrasser latéralement le cylindre à vapeur pour commander l'arbre de couche, en attaquant les mannetons fixés extérieurement sur le moyeu de chacun des deux volants placés aux extrémités de l'arbre de couche.

Ce type de souffleries verticales avec ses deux bielles et ses deux volants disposés le plus souvent en dehors des supports du cylindre à vent et de chaque côté du cylindre à vapeur est donc symétrique, et par cela même, l'effort moteur si intense, au début de la course du piston à vapeur se divise en deux en se reportant par moitié sur les volants mêmes, au moyen des deux bielles et des deux mannetons de manivelles, ce qui soustrait l'arbre de couche à tout effort de torsion.

Les dernières souffleries installées par le Creusot sont des exemples remarquables de ce type de machines soufflantes verticales symétriques. Le cylindre soufflant, de grandes dimensions, est placé sur l'entablement d'un solide bàti en fonte; ses fonds sont pleins, les clapets d'aspiration et de refoulement étant logés dans des chapelles latérales qui communiquent avec l'intérieur du cylindre au moyen d'ouvertures disposées entre les fonds et le corps du cylindre. Ces chapelles ou boites à clapets sont au nombre de quatre (fig. 70), à chaque bout : deux pour l'aspiration, deux pour le refoulement; elles ont 1ᵐ,66 de long sur 1ᵐ de haut, sont divisées en trois parties par des nervures verticales et chaque partie porte cinq rangées d'ouvertures ; un clapet particulier correspond à chaque rangée; ces clapets sont formés d'une bande de cuir et attachés par leur partie longue supérieure. Cette division de l'aspiration et du refoulement par un grand nombre de clapets de petites dimensions est une disposition avantageuse parce qu'elle diminue l'importance des clapets et facilite leur changement. Les ouvertures d'aspiration et de refoulement ont pu être portées, à l'aide de cette disposition, à 1ᵐ,266 pour des cylindres à vent de 3 mètres de diamètre, soit à 0,235 de la surface des pistons.

L'aspiration ne se fait pas à l'air libre, mais dans des caisses en tôle communiquant avec l'extérieur du bàtiment des machines, de façon à obtenir de l'air plus frais, exempt de vapeur et aussi des poussières que le courant d'air soulève autour de l'aspiration et dans les chambres des machines. Un autre motif d'aller chercher, au dehors, par une conduite, l'air aspiré au point qui paraît le plus convenable, existe : c'est d'améliorer l'aspiration. On comprend, en effet, qu'en prenant l'air directement autour des soupapes d'aspiration, alternativement l'air doit être mis en mouvement puis ramené au repos suivant que les clapets d'aspiration s'ouvrent ou se ferment; au contraire, avec un tuyau unique amenant l'air aux clapets d'aspiration, tout l'air contenu dans ce tuyau est en mouvement presque continu, puisque l'aspiration est elle-même continue tantòt d'un còté, tantòt de l'autre du piston à vent. Par suite de ce mouvement dans le tuyau qui amène l'air aspiré, cet air se trouve projeté dans le cylindre à vent dès le recul du piston, à cause de sa diminution de vitesse à fin de course. On peut très bien vérifier l'avantage de ce tuyau en y perçant quelques petits trous, au moyen desquels on pourra reconnaitre un échappement subit de l'air à chaque fin de course. D'après M. Gjers, qui a le plus contribué à l'adoption de ces tuyaux d'aspiration sur machines soufflantes, on a constaté dans la soufflerie de Ayserome, qui est une machine à grande vitesse, que la pression dans le tuyau d'aspiration s'élève jusque 4 à 5 pouces (102 à 127^{m}/^{m}) de pression d'eau à chaque fin de course, pour arriver ensuite à une dépression d'eau d'égale hauteur, pendant la pleine période d'admission d'air dans le cylindre, ce qui constitue une différence totale de 9 à 10 pouces (229^{m}/^{m} à 254^{m}/^{m}), de pression d'eau.

Le refoulement des souffleries du Creusot se fait aussi dans des caisses en tôle communiquant par de larges tuyaux avec le réservoir de vent ; des portes pratiquées dans ces caisses permettent d'arriver aisément à tous les clapets.

Le piston creux, en fonte, à double garniture de cuir maintenue par des segments de couronne, en fonte, est muni de fourrures en tôle qui viennent diminuer les espèces nuisibles en remplissant les intervalles vides faisant communiquer l'intérieur du cylindre avec les chapelles.

Cette disposition des chapelles sur le cylindre à vent a l'avantage de fournir de grands débouchés à l'air et d'avoir des clapets à peu près verticaux, ce qui permet une marche avec une grande vitesse du piston, sans qu'il y ait perte de rendement en volume de vent ou en travail.

Les clapets se ferment et s'ouvrent sans chocs, et l'on entend à peine le bruit produit par leur marche.

Le cylindre à vapeur possède une distribution à vapeur à soupapes équilibrées, commandée par un arbre à cames placé à la partie inférieure du bâti et qui reçoit par engrenages son mouvement de l'arbre de couche.

En plus de l'effet produit pendant le remontage des pistons, par la différence due à la section de la tige, d'après M. Jordan (1) pour compenser le poids de l'attirail pendant la descente, l'admission de vapeur dans ces souffleries du Creusot ne se fait que sur 0^{m},372 de la course descendante du piston à vapeur ; c'est-à-dire qu'elle n'est que de $\dfrac{0,372}{2^m,50} = \dfrac{1}{6,7}$ tandis que, cette admission se

____

(1) *Album du cours de métallurgie,* p. 51, par M. S. Jordan.

produit sur 0^m,546, c'est-à-dire $\dfrac{0^m,546}{2^m,50} = \dfrac{1}{4,6}$ au-dessous du piston à vapeur, pour la course ascendante.

Comme faute d'une quantité d'eau suffisante pour la condensation, ces machines (marchant à 4 kg. effectifs de pression de vapeur) n'ont pas de condenseur, à la fin de la course descendante, la pression sur le piston à vapeur devient notablement inférieure à la pression atmosphérique et tout le travail de contre pression qui en résulte est perdu par l'échappement à l'air libre au bas de la course des pistons. Ce mode d'égalisage du travail dans la montée et la descente est par suite assez défectueux. S'il ne peut être obtenu par des évidements dans la couronne des volants, à l'extrémité du rayon des boutons de manivelles et des recharges sur cette couronne à l'opposé des boutons, il serait préférable de réaliser l'égalisage du travail soit par la compression de la vapeur résultant de la fermeture anticipée de l'échappement, à la fin de la course descendante des pistons, soit

en recourant à un balancier à contrepoids, équilibrant en partie le poids des pièces mobiles, et disposé comme celui qui dans ce type de machines (fig. 72) conduit les pompes du condenseur.

L'égalisage du travail, dans la course ascendante et la course descendante, obtenu par une différence dans la réglementation de la vapeur pendant ces deux courses successives, a l'inconvénient de devenir fautif quand la pression initiale de la vapeur vient à changer.

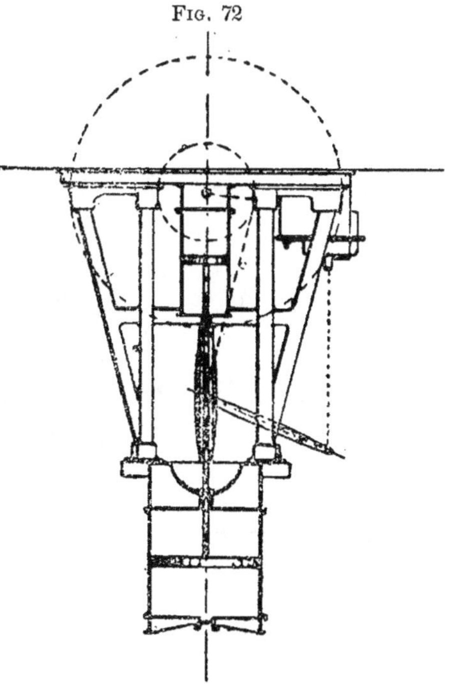

Fig. 72

Précédemment, à l'occasion de souffleries monstrueuses de Dowlais et d'Ebbw-Vale, nous avons déjà cité (page 20) les principales dimensions des souffleries du Creusot, les plus fortes (diamètre piston à vent 3 mètres, course 2ᵐ,50); d'autres souffleries du même type, mais plus faibles, établies pour les hauts fourneaux de Denain et de Beaucaire, ont les dimensions suivantes (fig. 72) :

Diamètre du cylindre à vent........... 2ᵐ,20
Diamètre du cylindre à vapeur......... 0ᵐ,975
Course commune des pistons........... 1ᵐ,700
Pression du vent au réservoir.......... 0ᵐ,20 de mercure.
Nombre de tours par minute........... 17

Ces machines sont à détente et à condensation.

Les souffleries du Creusot ont servi de modèles aux deux machines soufflantes de Pompey, construites par MM. Quillacq et Cⁱᵉ, à Anzin. Ces machines à condensation, avec pompe à air à double effet, commandée par l'intermédiaire d'engrenages prenant leur

Fig. 73

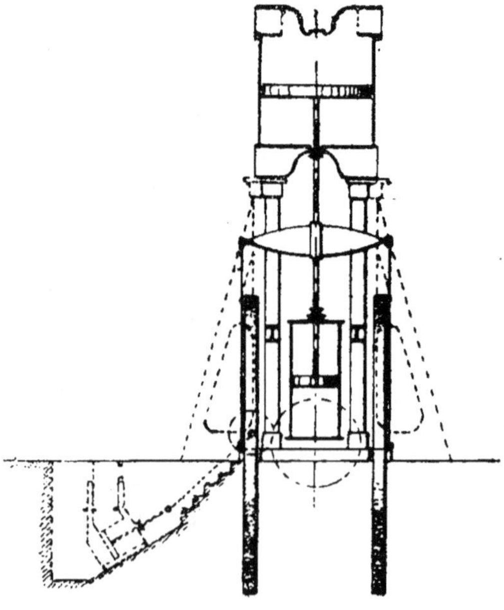

mouvement sur l'arbre de couche (fig. 73) ont les principales dimensions suivantes :

Diamètre du cylindre à vent......... 3 mètres.
     —   —   à vapeur....... $1^m,25$
Course commune des pistons......... $2^m,50$
Vitesse, avec volants de 60,000 kg.... 6 à 12 tours par minute.
     —   —   de 40,000 kg.... 8 à 12   —

Les fig. 74 et 75 représentent la soufflerie construite par J.-P. Morris et Cie, à Philadelphie et exposée dans cette ville en 1876;

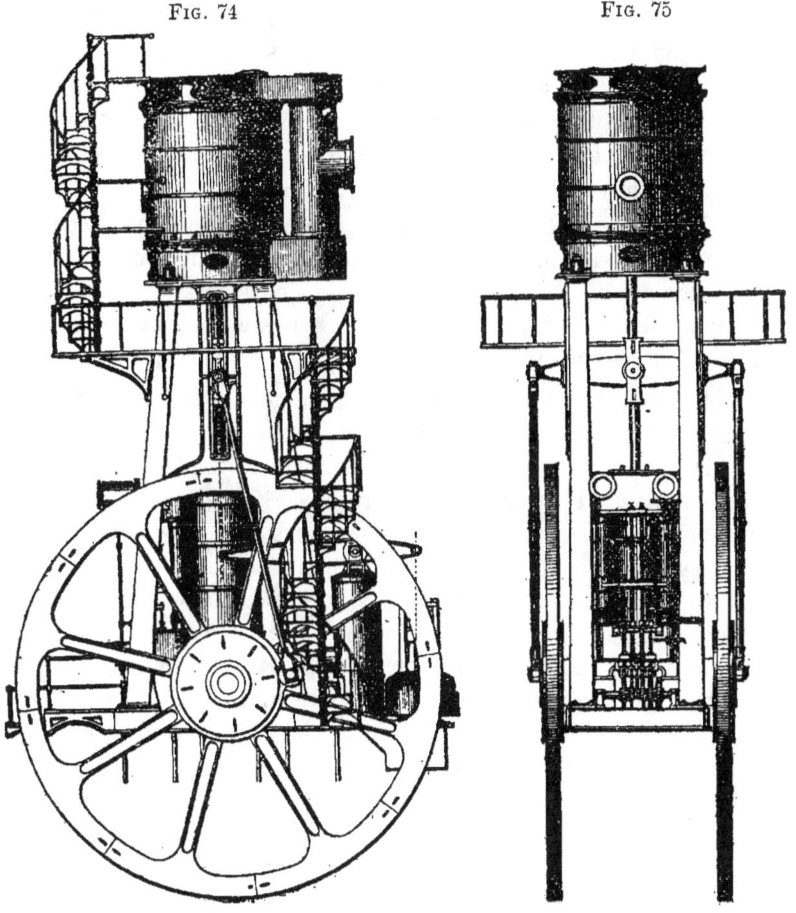

Fig. 74   Fig. 75

elle offre plusieurs particularités remarquables que nous allons décrire d'après l'*Engineering* (1876) :

« Cette machine est établie d'après un système qui est à présent en grande faveur chez les directeurs des hauts fourneaux américains. En effet, depuis que les premières souffleries de ce type furent établies (une paire, avec des cylindres à vapeur de 40 pouces (1ᵐ,016) de diamètre et des cylindres à vent de 58 pouces (1ᵐ,473) de diamètre avec 4 1/2 pieds (1ᵐ,372) de course, une pression de 25 livres (1ᵏᵍ,86), pour production d'acier Bessemer, il y a environ huit ans), vingt-quatre de ces machines, celle de l'exposition comprise, ont été construites et mises en marche avec succès. Les machines des dimensions de 75 pouces (1ᵐ,905), diamètre de cylindre soufflant et 6 pieds (1ᵐ,829) de course, jusqu'à 108 pouces (2ᵐ,743) diamètre avec 9 pieds (2ᵐ,743) de course, sont presque toutes munies de condenseurs et sont disposées pour une pression de vent de 40 livres (environ 2 2/3 atmosph.) avec 3/4 d'admission à pleine vapeur.

« Toutes les parties correspondent à une pression de vent constante de 10 livres (0,7 kg.), quand même la marche ordinaire de hauts-fourneaux avec anthracite ne le demanderait pas; on a soufflé, dans un cas, pendant quelque temps et sans aucun danger à 13 1/2 livres (0ᵏᵍ,87).

« Les soupapes de distribution Wanich, dont cette machine est munie, furent employées il y a environ quatre ans à une soufflerie du haut-fourneau Libanon, et plus tard à une seconde machine de la même usine, ces soupapes furent trouvées très bonnes, économisant la vapeur et maniables. Les soupapes équilibrées, à double siège, perdent souvent à cause d'une dilatation inégale entre leur propre chambre et celle de leurs sièges. Les soupapes à simple siège, avec guides, ne sont pas bonnes à employer directement, aux machines soufflantes, pour lesquelles il est recommandable, afin d'arriver à une ouverture proportionnelle, de lever les soupapes à vapeur un peu tard, quelquefois après que le piston à vapeur a déjà parcouru 1/12 de sa course, avant que la vapeur n'entre. Il en résulte que les espaces et canaux à remplir, dans le cylindre à vapeur, sont si grands et croissent si vite, que la vapeur ne peut arriver assez vivement par la soupape ordinaire pour égaliser la pression en dessus et en dessous de cette soupape; ou bien cette soupape est à faire si grande qu'on ne peut plus la mouvoir à la main.

« Pour éviter cela, M. A. Wanich, directeur d'ateliers de la Compagnie J.-P. Morris, fit le projet de la soupape dessinée fig. 76 et 77, et fut satisfait de son fonctionnement.

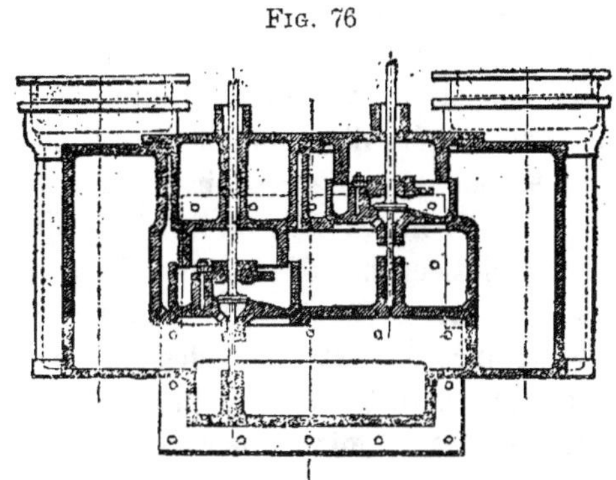

Fig. 76

« La disposition de cette soupape se compose d'une partie cylindrique s'élevant au-dessus et coulée sur la partie supérieure de la soupape principale; cette partie cylindrique est tellement creusée

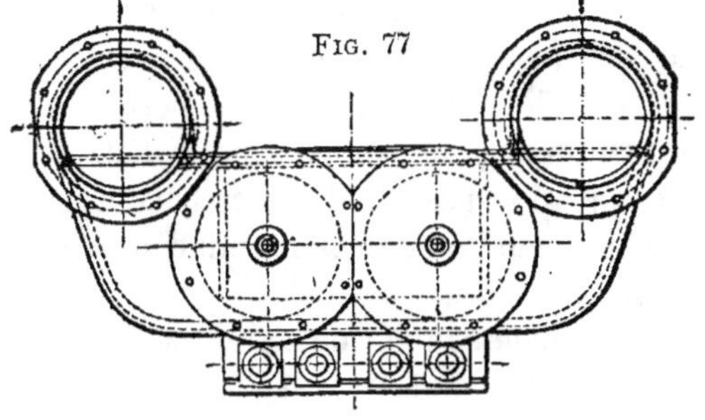

Fig. 77

qu'elle entoure et peut glisser librement sur l'extérieur d'une seconde partie cylindrique coulée après le couvercle de la boîte à vapeur; cette dernière partie cylindrique descend dans la boîte et est tournée. Ces parties cylindriques sont concentriques et l'espace annulaire qu'elles laissent entre elles est très étroit, beaucoup moins grand que la surface d'orifice de passage de la vapeur que démasque une seconde soupape ordinaire disposée au centre de la soupape principale; il s'ensuit que la vapeur introduite par la petite soupape, dans l'espace annulaire, enlève la plus grande partie de l'effort à développer pour ouvrir la soupape principale et rend son soulèvement facile. L'absence de pression fut constatée, en mettant en relation avec l'espace fermé par les parties cylin-

driques, une soupape à vapeur ordinaire, qui montra quand la
petite soupape centrale fut fermée 35 livres (environ 2,4 atmosph.);
mais, en ouvrant cette dernière, la pression tomba tout à coup sur
zéro, jusqu'à ce que la soupape principale fut ouverte, après quoi
elle monta de nouveau à 35 livres (2,4 atm. env.).

« Les clapets à vent de la machine figurée sont en cuir de semelle épais, revêtu d'une plaque de tôle sur le derrière. Le piston
à vent est disposé pour recevoir une garniture métallique ou une
garniture en bois ou toile de lin. Le piston à vapeur a des segments doubles, en métal, serrés par des ressorts. Les soupapes à
vapeur sont levées par des cames qui poussent directement contre
des galets fixés à l'extrémité des tiges de soupapes. Ces cames
peuvent être changées, mais ne produisent pas de détente variable.
L'arbre à cames est mis en marche par des engrenages commandés par l'arbre de couche. Les volants sont grands et pèsent
40,000 livres (18,144 kg.) chacun. La couronne des volants est
évidée vis à vis des mannetons de manivelles pour équilibrer le
poids des pistons, tiges et bielles. L'arbre des volants est en fer
forgé avec de longues surfaces de portées. Une fondation, avec des
briques dures ou de bonnes pierres de taille, assez longue et large
pour la platine d'assise et d'une épaisseur de 10 pieds (3^m,048) est
suffisante pour soutenir la machine, sans que la tête chancelle vi-
siblement.

« La grande hauteur de cette machine provient principalement
de la longueur de la course par rapport au diamètre du cylindre
soufflant, il en résulte qu'une quantité de vent fixée peut être produite avec un plus faible nombre de tours.

« La machine figurée a un cylindre soufflant de 75 pouces
(1^m,905) et un cylindre à vapeur de 48 pouces (1^m,219), la course
est de 6 pieds (1^m,829) et le nombre de tours ne dépasse généralement pas 20, par minute, à des machines de cette longueur de
course. »

En Amérique (1) pour le soufflage des hauts-fourneaux, on rencontre surtout ce type de souffleries symétriques, verticales, avec
le cylindre à air en haut, le cylindre à vapeur entre les jambes du

____

(1) *Industrie sidérurgique aux États-Unis d'Amérique*, par P. Trasenster (1885).

bâti et deux volants en porte à faux actionnés par des bielles suspendues à une traverse en croix sur la tige commune des deux pistons : c'est la même disposition générale que celle du Creusot, mais plus ramassée, le bâti est moins élevé, la course plus petite et le nombre de tours plus grand. Les moteurs sont généralement à détente fixe et à condensation, du moins dans les nouvelles installations.

La machine à Mackintosch et Hemphill, qui est la plus répandue dans les fourneaux au coke du groupe oriental, a ordinairement les dimensions suivantes (fig. 78 et 79) :

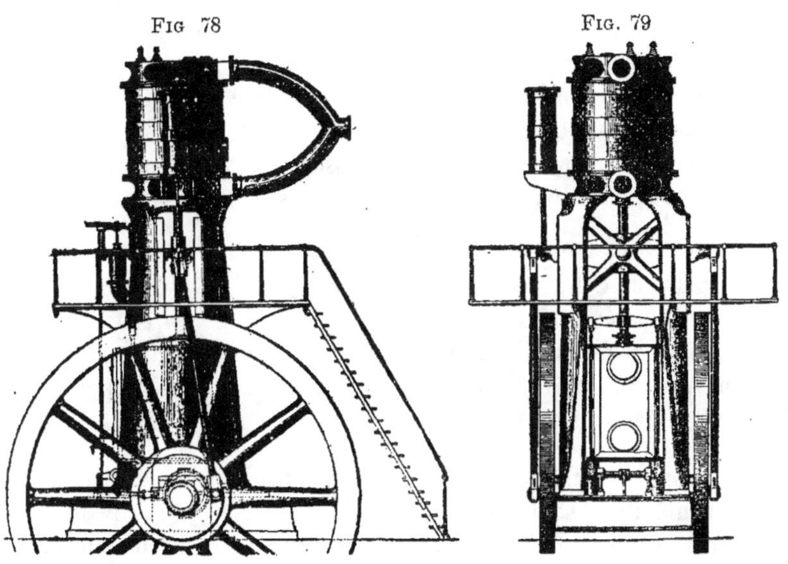

Diamètre du cylindre à vent............. 7′   ou 2^m,135
—   —   à vapeur............ 3′   ou 0^m,915
Course commune....... 4′ ou 4′ 1/2, soit 1^m,22 ou 1^m,37
Longueur de la tige........................ 3^m,60
Hauteur totale, au-dessus du sol............. 7^m
Nombre de tours par minute................. 25 à 35
Deux volants de 10 tonnes et de 4^m,25 de diamètre.

Une particularité de ces machines réside dans la façon dont sont équilibrées les pièces soumises à un mouvement alternatif de montée et de descente (1). Cet équilibrage s'effectue par un petit piston relié à la traverse, près de l'une des têtes de bielles, et fonctionnant dans un cylindre reposant sur une console venue de fonte avec le socle du cylindre soufflant. La partie inférieure de ce petit cylindre à vapeur est constamment en communication directe avec les chaudières, de sorte que la pression de la vapeur agit sous le piston pour, en le soulevant, aider à la montée des tiges ou les retenir dans leur descente, en un mot pour équilibrer leur poids. La vapeur entre et sort de ce petit cylindre sans qu'aucun tiroir soit nécessaire. L'emploi de ce cylindre d'équilibre est rationnel et digne d'imitation; mais il gagnerait à être dédoublé, c'est-à-dire à exister de chaque côté du cylindre à vent de façon telle qu'un petit piston à vapeur soit relié à chacune des extrémités de la traverse, plutôt que d'un seul côté.

Des machines soufflantes de ce type sont établies par les mêmes constructeurs pour soufflages de Bessemer. Pour appareil de 5 tonnes, les principales dimensions de ces souffleries sont :

Diamètre de cylindre à vapeur (42 pouces)....	1ᵐ,067
Diamètre de cylindre soufflant (54 pouces)....	1ᵐ,372
Course commune des pistons (4 pieds)........	1ᵐ,219
Diamètre des volants (20 pieds)... ·..........	6ᵐ,096
Poids des volants, chacun (22 tonnes)........	22,350 kg.
Poids de la machine sans les volants (61 tonnes)	61,976 kg.

Le cylindre soufflant est muni d'un manteau à eau avec lequel il est coulé d'une seule pièce.

L'arbre des volants est en fonte (à l'air froid) et a (16 pouces) 0ᵐ,406 de diamètre. Ces arbres en fonte sont très employés aux États-Unis; étant coulés en fonte tenace, ils donnent de bons résultats.

Dans les fourneaux à l'anthracite, il y a plus de variété. La machine Weimer, une des plus en vogue, a la même disposition que la machine Mackintosch et Hemphill, mais est plus fortement membrée : les dimensions sont identiques, sauf que le diamètre du cylindre à vapeur est plus fort; on lui donne généralement

____

(1) *Engineering*, 1875

3' 1/2 ou 1^m,07, soit la moitié du cylindre à vent. Les machines Weimer sont construites pour marcher à 50 et même au besoin à 60 ou 65 tours avec course de 4' ou 1^m,22 (1).

Ces machines soufflantes s'emploient par batteries dans les usines américaines, ainsi celle d'Edgar Thomson possède seize machines Mackintosch et Hemphill avec cylindre à vent de 2^m,135 de diamètre, 1^m,22 de course tournant à une vitesse de 25 à 35 tours ; ces machines sont divisées en deux groupes pour alimenter cinq hauts-fourneaux. La vapeur, à 6 atmosphères, y est fournie par 24 chaudières cylindriques de 15^m,60 de longueur et 1^m,35 de diamètre pour un groupe de 7 machines soufflantes alimentant 2 hauts-fourneaux ; et par 16 chaudières de 20^m par 1^m,10, à tubes bouilleurs, et 8 chaudières cylindriques de 24^m par 1^m,25, pour l'autre groupe de 9 machines soufflantes alimentant 3 hauts-fourneaux.

Lorsque l'un des hauts-fourneaux de cette usine produisait 300 tonnes par 24 heures, et recevait l'air à une pression de 0^m,70 par 7 tuyères de 0^m,20 de diamètre, il était alimenté par 4 machines Mackintosch et Hemphill, marchant à 35 tours et engendrant un volume de plus de 1,000 mètres cubes par minute.

Le dernier type de cylindre à vent adopté par M. Weimer est représenté fig. 81. Les soupapes sont nombreuses, leur section et leur levée relativement faibles : les deux fonds sont occupés par les soupapes d'aspiration ; celles de refoulement s'ouvrent dans deux couronnes annulaires qui entourent le cylindre ; les fonds et

FIG. 80

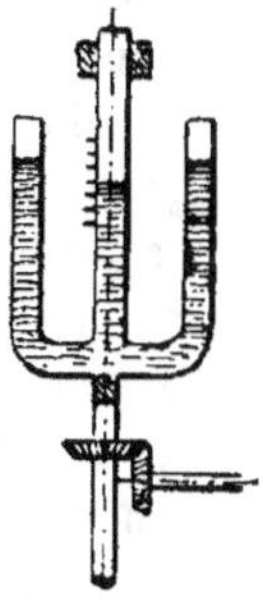

(1) Nombre de machines soufflantes sont pourvues d'un indicateur de vitesse très simple représenté fig. 80 ; il se compose d'un tube vertical en verre, communiquant par sa base avec un tube en bois en forme d'U, dont il occupe l'axe ; on y verse du mercure, et l'appareil reçoit un mouvement de rotation au moyen d'une courroie ou d'un engrenage ; lorsque la machine est arrêtée, le mercure prend le même niveau dans les trois branches ; lorsqu'elle tourne, le mercure sous l'action de la force centrifuge s'élève dans les branches latérales et s'abaisse dans la branche centrale d'autant plus que la vitesse est plus grande ; le tube central est gradué et l'échelle indique le nombre de tours correspondant à la hauteur du mercure. Il suffît d'indiquer au machiniste le nombre de tours à obtenir ; il peut s'assurer à chaque instant si la vitesse voulue est atteinte.

le piston ont une forme spéciale permettant de donner au piston une grande surface de contact; la garniture est faite en bois dur enduit de graphite.

FIG. 81

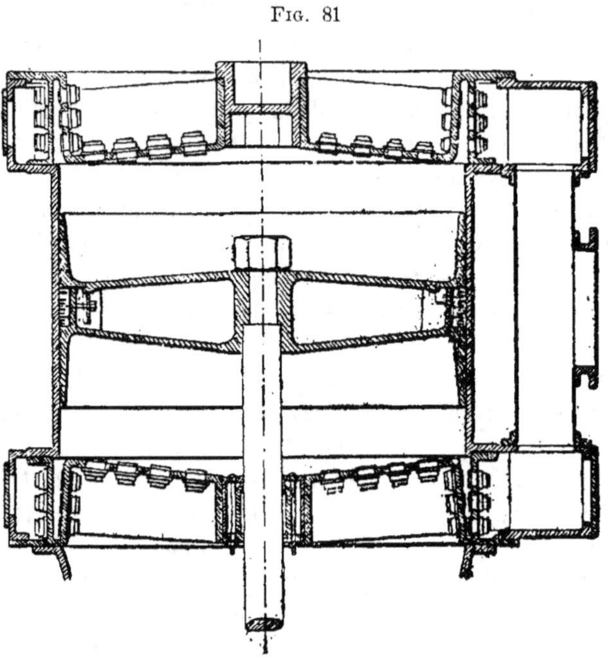

Les machines Weimer, dont il a été donné les dimensions précédemment, fournissent un nombre de course excessif par minute et cependant ce chiffre a encore été dépassé, car d'après MM. Holley et Lennox Smith, dans leurs rapports sur les usines américaines fabriquant du fer et de l'acier (*Engineering*, mars 1878) un type pareil de soufflerie, à l'usine de Diamond Furnace, Géorgie, a marché pendant un an, sans réparations, à la vitesse de 100 tours, avec cylindre soufflant de 46 pouces (1^m,016) de diamètre, 20 pouces (0^m,508) de course et 12 pouces (0^m,305) de diamètre au cylindre à vapeur. Une autre machine soufflante, avec cylindre à vent de 48 pouces (1^m,219) de diamètre, 30 pouces (0^m,762) de course et 14 pouces (0^m,356) de diamètre de cylindre à vapeur fit de 40 à 75 tours par minute; une autre machine pareille avec cylindre soufflant de 72 pouces (1^m,829) de diamètre, 36 pouces (0^m,914) de course, 36 pouces (0^m,914) de diamètre de cylindre à vapeur, fit dans un essai 78 tours par minute en développant 600 chevaux-vapeur. Ce ne sont certainement pas là des exemples de marche recommandables et mieux vaudrait plutôt que de ces machines à soupapes employer des souffleries à tiroir, si l'on tient à avoir des machines marchant aussi rapidement; mais ces exemples montrent ce que l'on peut oser demander à ce type de souffleries verticales symétriques.

Les dernières machines soufflantes de la Société Cockerill, de Seraing, sont peut-être les meilleures souffleries de ce type, car par l'emploi de la détente système Wolf, elles réalisent une douceur de marche que les précédentes sont loin d'obtenir.

Ces machines, de construction à la fois simple et robuste, présentent un certain cachet de hardiesse; ainsi la machine soufflante exposée à Vienne en était un spécimen vraiment imposant, c'était, en effet, la plus volumineuse machine de toute l'exposition. De 11^m,45 de hauteur totale, à partir du sol, et de 16^m,45 à compter de la fosse des volants, cette soufflerie ne pèse pas moins de 115,800 kg. et peut suffire à l'alimentation d'un haut-fourneau produisant 80 à 100 tonnes de fonte par 24 heures. En marche, avec une pression de 4 atm. effectifs aux chaudières et une pression de 0^m,20 de mercure au porte-vent, elle fait 12 1/2 tours par minute, débitant ainsi environ 430 mètres cubes d'air par minute (volume ramené à la pression atmosphérique). Sa vitesse peut-être portée à 15 tours.

Ces souffleries sont construites de telle sorte qu'elles n'ont besoin d'autre point d'appui que leur semelle, tous les efforts se développent uniquement entre des pièces solidement assemblées entre elles. En effet, la plaque d'assise inférieure, qui porte les paliers de l'arbre des volants et les cylindres à vapeur, porte aussi de robustes colonnes creuses, pesant ensemble (dans le type II) 12,100 kg. env., dont la tête va directement se fixer à la base du cylindre soufflant qui surmonte le tout.

La tête et le pied de ces colonnes sont encastrés, et une simple traverse les relie vers le milieu de leur hauteur, pour servir à la fois d'entretoise et recevoir le plancher destiné à permettre la visite et le graissage des pièces en mouvement.

Les cylindres à vapeur, à garnitures métalliques, au nombre de deux, pour la détente, système Wolf, ont pour diamètre : le petit 0m,730, le grand 1m,06. Rapport des sections 1 à 2.

Ils sont enfermés dans une enveloppe de vapeur commune, en communication à la fois avec la chaudière et la chapelle d'admission au petit cylindre. Ces deux cylindres sont réunis à la plaque générale de fondation par l'intermédiaire de six courtes colonnes en fonte, qui servent à les exhauser suffisamment pour que l'arbre des volants puisse passer entre les cylindres et cette plaque.

Les tiges des deux pistons à vapeur sont en acier, au diamètre de 0m,110 pour le petit piston et de 0m,115 pour le grand ; elles aboutissent à une solide traverse en fer forgé qui doit remplir des fonctions diverses. D'abord elle sert à reporter l'effort des tiges des deux pistons à vapeur, distantes de 1m,075, sur la tige unique du piston soufflant, placée dans l'axe de la machine. Ensuite, elle sert à transmettre, par le moyen de longues bielles, le mouvement de rotation à l'arbre des deux volants placés en porte-à-faux de chaque côté de la machine. Elle sert encore à assurer le mouvement rectiligne des tiges de pistons, guidée qu'elle est par de larges patins entre les glissières venues de fonte avec les colonnes. Enfin, elle sert, par l'intermédiaire d'un balancier, à transmettre le mouvement à la pompe à air, ainsi qu'à une pompe soulevante pour l'eau de condensation, à une pompe de circulation d'eau dans les tuyères, à une pompe alimentaire des chaudières, etc.

Les formes de cette traverse, dont le rôle est très important, sont rationnellement étudiées dans tous leurs détails.

On peut remarquer notamment l'inégalité entre les distances du point d'attache de la tige des pistons à vapeur, par rapport à la tige du piston soufflant, inégalité qui a pour but de procurer, dans la limite du possible, l'égalité de l'effort moyen sur les deux bielles qui, partant de l'extrémité de la traverse, vont aboutir aux boutons des manivelle portés par le moyeu de chacun des volants. Aux points morts, ces bielles doivent pouvoir supporter tout l'effort de la vapeur sur les deux pistons.

La distribution de la vapeur s'effectue au moyen d'un arbre à cames, en relation, par des engrenages, avec l'arbre des volants et de 6 soupapes équilibrées. Pour réaliser divers degrés d'admis-

sion, il suffit de changer les cames. Avec une pression effective
de 4 atmosphères aux chaudières et de $0^m,20$ de mercure pour le
vent, on peut réaliser une détente telle que le volume final de
vapeur soit 5 fois son volume initial; avec des pressions de vent
moindres, on peut encore pousser la détente plus loin.

Comme les pistons marchent dans le même sens, il est clair que
la vapeur qui sort par le bas du petit cylindre doit agir, dans le
grand cylindre, par le haut. Il en résulte des conduites d'une
longueur assez considérable, puisque la course des pistons est de
$2^m,44$ (dans le type II).

Pour éviter la condensation dans ces conduites, on a eu soin de
les faire en fonte épaisse, et surtout de les entourer de feutre.

Par dessus le tout existe une enveloppe en bois; la même précaution a, du reste, été prise pour les cylindres à vapeur.

Pour arriver à une grande détente, avec une pression initiale
effective de 4 atmosphères, force est de recourir à l'emploi de la
condensation. La machine exposée était, en effet, munie d'un
condenseur, dont la pompe à air et la pompe soulevante, destinée
à aller chercher l'eau nécessaire à la condensation, quand cela est
nécessaire, sont installées, avec ce condenseur, dans une vaste
bâche, en tôle, toujours pleine d'eau. On est sûr par cette disposition, d'éviter les rentrées d'air au condenseur et de condenser
dès le premier instant de la mise en marche.

Tout cet attirail de pompes, qui se trouve logé en contre-bas
du sol, reçoit le mouvement par l'intermédiaire de balanciers,
reliés par des bielles à la grande traverse de la machine. Cette
disposition, outre qu'elle permet de donner aux divers pistons un
mouvement vertical, présente encore cet avantage qu'elle fournit
le moyen de réduire la course des pompes dans des limites de
vitesse convenables, et aussi d'équilibrer une partie du poids des
pièces en mouvement.

Il est à remarquer que la pompe à air, la pompe élévatoire et la
pompe des tuyères sont à simple effet, et qu'elles agissent quand
le piston monte. C'est encore là une source d'équilibre pour les
pistons à vapeur et soufflant. Le complément d'équilibre est
réalisé par les volants dont la jante est creuse sur une partie de
son développement, juste en regard des boutons de manivelle, ce
qui équivaut à un contre-poids placé à l'opposé de ces mêmes

boutons, par rapport au centre. Il en résulte que la machine n'ayant pas plus de tendance à s'arrêter en un point plutôt qu'en un autre, la mise en marche peut toujours se faire avec facilité, malgré les poids considérables qu'il s'agit de déplacer quand, par hasard, l'arrêt s'est produit au point mort; et encore, en prévision de ce dernier cas, la jante des volants porte, sur son pourtour extérieur, un certain nombre de cavités circulaires, dans lesquelles le mécanicien engage un levier, au moyen duquel il peut faire tourner à la main.

Le piston de la pompe à air, à garnitures de bronze, a une course égale à la moitié de celle des pistons à vapeur, soit 1^m,22, son diamètre est de 0^m,70. Il est muni d'un clapet en caoutchouc, formé d'un disque unique reposant sur un grillage en bronze.

Deux clapets semblables se trouvent, l'un à la partie inférieure, l'autre à la partie supérieure de la pompe à air; ces clapets sont constamment noyés, ce qui est la meilleure condition pour qu'ils soient étanches.

Le piston de la pompe soulevante, dont la course est la même que celle du piston de la pompe à air, présente un diamètre de 0^m,30; il est à garniture de cuir et porte un clapet également en cuir. Ce piston est suspendu à l'une des extrémités de la traverse, guidée en ligne droite au-dessus de la pompe à air, traverse qui reçoit le mouvement des deux bielles reliées aux deux balanciers, et le renvoie au piston de la pompe à air. A l'autre extrémité de cette même traverse est pendu le piston de la pompe des tuyères dont le diamètre est de 0^m,20. Sa garniture est en cuir, et il porte un clapet de cuir comme le précédent.

La pompe alimentaire des chaudières est à piston plongeur, au diamètre de 0^m,14; sa course est moitié de celle du piston de la pompe à air; elle est directement actionnée par une bielle articulée sur l'un des balanciers.

Chaque balancier se compose de deux plaques en tôle, reliées de distance en distance par des entretoises et aussi par l'arbre commun qui les porte, et par les boutons des diverses bielles auxquelles ils donnent, ou dont ils reçoivent le mouvement.

Le cylindre soufflant, dont le diamètre est de 3 mètres, pèse 8,300 kg. sans les couvercles; il repose sur un socle en fonte.

Son couvercle inférieur, dans lequel viennent s'encastrer les 4 puissantes colonnes qui le portent, présente, comme le couvercle supérieur, des boîtes à clapets pour l'aspiration et le refoulement du vent.

Les clapets d'aspiration offrent une section de passage plus grande que les clapets de refoulement et sont enfermés dans 4 grandes caisses rectangulaires et trois petites. Les dimensions de l'orifice d'insertion de ces caisses sur les fonds du cylindre sont $1^m,185 \times 0^m,405$ pour les grandes, $0^m,550 \times 0^m,405$ pour les petites, soit 1/6 de la surface du piston à vent. Les grandes caisses sont divisées en deux dans le sens de leur longueur, et comme les clapets sont étagés deux par deux, suivant une certaine inclinaison le long des parois longitudinales des caisses, il y a en définitive 44 clapets d'aspiration sur chacun des fonds du cylindre; ces clapets sont en cuir rendu rigide par une feuille de tôle à laquelle ce cuir est rivé. Ils reposent sur un grillage en fonte, leur levée est très faible, et leur disposition, faiblement en dehors de la verticale, est telle que de leur propre poids ils retombent sur leur siège. Cette disposition presque verticale des clapets est très favorable à leur bon fonctionnement; mais dans les souffleries verticales, elle entraîne à un espace nuisible assez considérable quand on ne le réduit pas, comme l'a fait le Creusot, par des four rures rapportées sur le piston à vent et épousant la forme intérieure des boîtes à clapets. L'aspiration, dans les souffleries Cockerill, gagnerait également à être faite, comme dans les souffleries du Creusot, au moyen d'un tuyau de conduite unique allant prendre l'air hors du bâtiment des machines.

Chaque caisse des clapets d'aspiration peut être visitée directement, par suite de cette absence de la prise d'air au dehors. Les clapets de refoulement sont logés à l'origine de la conduite de refoulement, dans une enveloppe en tôle, formant le D en section horizontale, et dont la face plane vient se boulonner, par ses extrémités supérieure et inférieure, sur un coude venu de fonte avec chacun des fonds du cylindre, qui, de cette façon, se trouvent réunis. Le nombre des clapets de refoulement est seulement de 6 sur chaque fonds; leur siège commun présente un passage libre de $1^m,35 \times 0,^m615$, ce qui est peu; ce siège porte un grillage divisé en deux dans le sens de la longueur et en trois dans le sens de la hauteur. Pour visiter les clapets de refoulement, il faut pénétrer dans la conduite de refoulement par un trou d'homme, ménagé à cet effet dans le tuyau en forme de D dont il a été parlé précédemment.

Encore ici, le refoulement gagnerait à être fait à travers une plus large section de passage, et l'entretien des clapets de refoulement serait moins onéreux, si ces clapets, quoique devenant plus nombreux, étaient plus petits en surface, comme ceux des souffleries du Creusot.

Du tuyau en forme de D, part la conduite de refoulement laquelle est en tôle de 5^m/^{m} d'épaisseur et de 0^m,950 de diamètre intérieur; elle se dirige horizontalement ou verticalement, suivant le cas, pour aboutir aux appareils à air chaud, et finalement aux tuyères de hauts-fourneaux.

Le piston soufflant est en fonte, au diamètre de 3 mètres, sa garniture est formée d'un cercle unique, en fonte, maintenu pressé contre les parois du cylindre au moyen de 12 ressorts en acier, logés dans les cavités ménagées au fond de la gorge dans laquelle ce segment vient se poser; une vis de pression permet de régler chaque ressort. Ce cercle de garniture est maintenu en place au moyen d'un anneau boulonné sur le piston, anneau qui constitue la joue supérieure de la gorge dans laquelle se loge la garniture. On peut donc visiter cette garniture et la remplacer au besoin après avoir enlevé le couvercle supérieur du cylindre.

Les volants sont, comme il a été dit, au nombre de deux, placés à chacune des extrémités d'un même arbre passant sous les cylindres. Le diamètre des volants est de 7^m,54, le poids de chacun d'eux est de 16,560^{kg}., soit un total de 33,120^{kg}. Le moyeu est d'une seule pièce, les bras sont au nombre de 8, correspondant à autant de segments de la jante.

La jante présente cette particularité que sa section normale a la forme d'une ellipse, ce qui s'harmonise assez bien avec la forme circulaire des colonnes.

L'arbre des volants, dont la longueur totale est de 3^m,328, présente un diamètre de 0^m,305 $\times$ 0^m,407 dans les collets, et de 0^m,305 $\times$ 0^m,350 aux portées de calage; cet arbre pèse 2000^{kg}. environ.

Tandis qu'au Creusot, la construction des souffleries verticales symétriques est relativement récente, la société Cockerill commença, à les construire en 1853; la première des machines soufflantes de ce type fut établie à Seraing pour les Usines de l'Espérance, elle avait 1^m,10 de diamètre au cylindre soufflant avec 2^m,25 de course et en marchant à 10 tours par minute elle suffisait au soufflage d'un haut-fournau. Depuis, les dimensions des cylindres soufflants ont toujours été en augmentant de 1^m,83 à 2^m,03, 2^m,50, 2^m,64 et enfin 3 mètres, dans le type n° II précédemment décrit.

Les souffleries, type n° III, représentées pl. 1 et 2, et qui sont les plus récentes, ont pour principales dimensions :

Cylindre à vapeur. Diamètre du grand.........	1^m,200
— — du petit..........	0^m,850
Cylindre soufflant diamètre...................	3 mètres
Course commune des pistons.................	2^m,500
Pompe à air à simple effet, diamètre..........	0^m,760
— — Course..........	1^m,220
Pompe alimentaire à plongeur, diamètre.......	0^m,400
— — course.........	0^m,700
Nombre de tours en marche normale..........	12,1/2

Ce type n° III diffère peu, comme dimensions, du type n° II mais il est plus robuste et est établi pour souffler à 0^m,25 de pression de mercure au lieu de 0^m,20.

L'arbre portant les cames, au lieu d'être commandé par engrenages, reçoit son mouvement par deux excentriques calées sur l'arbre des volants et attaquant deux manivelles placées à angle droit aux extrémités de l'arbre des cames.

Les cylindres sont encore à enveloppe de vapeur et les organes mobiles de la machine sont en partie équilibrés par des parties creuses dans la jante des volants.

On a parfois reproché aux souffleries de Seraing, à détente système Woolf, le mode forcé d'accouplement des tiges de pistons à vapeur et de la tige du piston à vent, avec la traverse, par suite duquel la résultante de la pression de la vapeur, sur les deux pistons à vapeur, ne passe pas constamment par l'axe de la tige du piston à vent, à cause des variations de pression qui se produisent différemment, sur chacun des deux pistons à vapeur, durant une course et qui tendraient à fausser les tiges des pistons.

Il est évident qu'ici, le report de la pression de la vapeur sur le piston à vent n'est pas aussi simple que dans les machines à un seul cylindre à vapeur, ni que dans les machines à balancier et à détente système Woolf; cependant il faut considérer que pourvu que la traverse ne cède pas sous les efforts aux commencements de course des pistons à vapeur, alors qu'elle a à transmettre entièrement aux volants l'effort maximum de la vapeur sur les pistons, elle ne peut se déformer, ni dévier ensuite, la connexion de cette traverse avec les deux bielles articulées sur 2 boutons de manivelle des volants calés sur un même arbre rendant toute déviation impossible, les chemins simultanément décrits par les deux boutons de manivelle étant absolument les mêmes et ne pouvant varier comme position relative.

Tout au plus peut-il advenir de ce que la résultante des efforts de la vapeur ne passe pas par l'axe du piston à vent que l'une des bielles soit alternativement plus tendue et plus comprimée que l'autre et ne détermine une usure plus grande des coussinets d'un côté de l'arbre des volants que de l'autre côté, ce qui se produit dans toutes les machines non symétriques et amène la dénivellation de cet arbre. En tous cas, ici, cette action doit être fort lente puisqu'elle ne proviendrait que de la différence entre les tensions ou les compressions des deux bielles, laquelle ne peut être qu'une faible fraction de leur tension ou compression maximum; et cette dénivellation, en s'accusant lentement permettrait d'y porter remède avant qu'elle ne devienne dangereuse.

Il en serait de même si l'une des deux bielles était rendue plus longue que l'autre à la suite du serrage inégal de leurs coussinets, ce qui peut arriver quelquefois, aussi bien dans ces machines à deux cylindres à vapeur que dans celles à un seul cylindre à vapeur.

Ces défectuosités, possibles dans ce type de machines soufflantes verticales symétriques, à deux cylindres à vapeur, sont grandement rachetées par les avantages de la détente système Woolf, système qui permet non seulement une notable réduction de l'effort de la vapeur à l'origine de course des pistons, quand la détente est répartie dans chacun des cylindres; mais encore diminue les fuites de vapeur à travers les organes de distribution et les garnitures des pistons, et atténue leur importance. En effet, ces fuites sont proportionnelles aux différences de pression de la vapeur agissant sur les 2 faces des pistons et ces différences sont plus faibles entre le petit et le grand cylindre, entre le grand cylindre et l'atmosphère ou le condenseur qu'elles ne le seraient avec un cylindre unique; de plus la vapeur qui a fui à travers les garnitures du petit piston arrive dans le grand cylindre et n'en sort qu'après avoir épuisé son action.

Quand les cylindres Woolf sont à enveloppe chauffée par de la vapeur en communication avec celle des chaudières, par suite de la surface de chauffe étendue qu'ils présentent et de la pénétration plus facile de la chaleur dans le petit cylindre, pendant que la vapeur s'y détend, la détente profite beaucoup plus du chauffage par l'enveloppe qu'elle ne peut le faire lorsque toute la détente s'opère dans un cylindre unique ; aussi le rendement des machines Woolf est-il toujours plus élevé que celui des souffleries à un seul cylindre à vapeur et peut-on réaliser dans le cylindre à vent de 72 à 76 p. % du travail brut de la vapeur mesuré par les diagrammes pris sur les cylindres à vapeur, sans tenir compte du travail absorbé par les pompes du condenseur, des tuyères, de l'alimentation, ni des frottements de la machine, travail que l'on peut estimer, au minimum, à 15 ou 20 p. % du travail brut total. Ajoutons, pour terminer, que les machines soufflantes de la Société Cockerill sont très répandues en Belgique, dans le Luxembourg, en France et en Allemagne; qu'elles sont simples, durables et aussi économiques d'installation et d'achat que de consommation de vapeur. Comme dans les souffleries symétriques verticales, elles n'ont à prendre aucun appui sur les murs, leur fondation se réduisant à un seul massif, peu fatigué, est de la plus grande simplicité; l'espace occupé en plan par ces machines est très restreint; et l'on en apprécie la commodité quand, pour alimenter plusieurs hauts-fourneaux, on a à grouper côte à côte, dans le même bâtiment, autant de machines qu'il est nécessaire.

Dans le type de souffleries verticales symétriques on peut ranger encore les machines soufflantes dans lesquelles le cylindre à vapeur est au sommet, tandis que le cylindre à vent est placé à

la base, comme le représente le croquis (fig. 82) de l'une des
souffleries de Stanton Iron Works, Derby, dont

FIG. 82

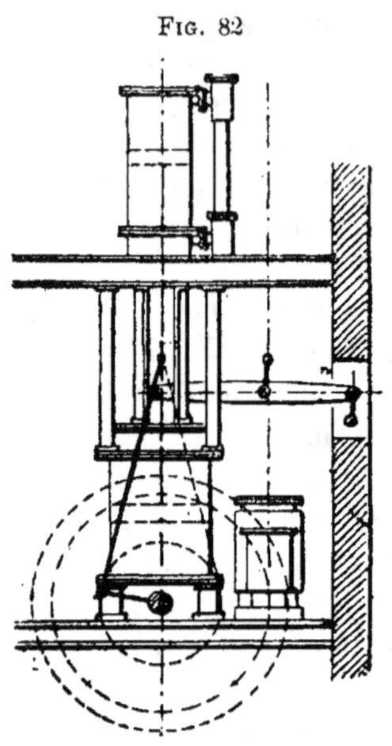

le cylindre à vent a 78 pouces (1^m,981) de diamètre
le cylindre à vapeur 39 pouces (0^m,991)   —
et la course est de 8 pieds (2^m,438).   —   Les volants
ont 18 pieds (5^m,486) de diamètre. Cette soufflerie marche à 16
tours en moyenne.

Ce genre de machines soufflantes est loin de présenter les
mêmes commodités d'installation que les souffleries dont il a été
question en dernier lieu et de plus, par suite de l'action de la
vapeur sur la surface du piston plus grande dans le mouvement
descendant que dans le mouvement ascendant (à cause de la
section soustractive de la tige du piston à vapeur), elles exigent
plus de contrepoids pour l'égalisage du travail à la montée et à la
descente; aussi leur construction a-t-elle été bornée à quelques
rares spécimens.

On peut en dire autant des deux souffleries verticales symétriques de la North Chicago Rolling Mill ayant chacune un cy-

lindre à vapeur de 34 pouces (0ᵐ,864) diamètre et deux cylindres
soufflants de 60 pouces (1ᵐ,524) diamètre, avec 84 pouces (2ᵐ,134)
de course, et dans lesquelles ces trois cylindres sont disposés l'un
à côté de l'autre, sur une même plaque d'assise, le cylindre à
vapeur se trouvant au milieu. La vitesse moyenne de ces souffleries est de 14 tours par minute.

Dans la machine soufflante verticale, à tiroir à vent, de Slate,
représentée fig. 42, nous devons également reconnaître une
soufflerie symétrique; mais dans laquelle les positions relatives
du cylindre à vent et du cylindre à vapeur diffèrent encore de
celles que nous venons de voir.

Cette soufflerie Slate a cependant servi de point de départ à un
type autre de machines soufflantes verticales qui, bien que symétrique encore, diffère assez sensiblement du type symétrique à
2 bielles. Cet autre type, né en Angleterre, y est très développé
et se propage même sur le continent.

Dans une notice, de M. Gjers, ayant pour titre : Introduction
des machines soufflantes verticales dans le Cleveland, et publiée
par l'Engineering (1875), voici comment M. Gjers explique les
transformations successives des souffleries à la suite desquelles
on est arrivé, en Angleterre, au type le plus répandu actuellement
et à l'établissement duquel cet habile ingénieur a pris la plus
grande part, « Ceux qui sont au courant des établissements de
hauts-fourneaux doivent probablement se rappeler qu'anciennement, environ vers 1850, le type régnant des machines soufflantes
était la machine à balancier, avec longue course de 8 à 12 pieds
(2ᵐ,44 à 3ᵐ,66) et avec des clapets à air disposés sur le fond et le
couvercle du cylindre à vent et composés de cuir double rendu
raide par des plaques de tôle rivées. De semblables machines
furent construites à de grandes dimensions, ordinairement une
machine pour un groupe entier de hauts-fourneaux : ainsi, par
exemple, la machine d'Ebbw-Vale, renommée dans son temps,
avec un cylindre soufflante de 12 pieds (3ᵐ,66) de diamètre et 12
pieds (3ᵐ,66) de course.

« Ces machines à balancier, lourdes, sont nécessairement d'une
construction coûteuse, les fondations demandent de grands espaces
et l'on peut faire à tout le système le reproche qu'une simple
réparation à faire, ou une casse, arrête la marche du tout. Les

grands clapets lourds, fermant et ouvrant de grands passages, sont une source continuelle de craintes et sont difficiles à maintenir en bon état.

« Un autre modèle de machines fut introduit à cette époque, c'est la disposition horizontale-équivalente à la machine à balancier avec longue course — se prêtant aussi à une marche lente d'environ 20 courses par minute; mais les mêmes clapets défectueux, placés sur chacun des fonds dans ce système, avaient été conservés, et généralement ces machines furent reconnues inférieures aux machines à balancier. »

« Vers cette même époque commença, parmi les ingénieurs, un mouvement général en faveur de l'adoption des machines à vapeur à action directe. On débuta par l'introduction de machines à course réduite, marchant rapidement, dans des moteurs à demeure fixe, et quelques-uns pensèrent que ce système pourrait être avantageusement appliqué aux machines soufflantes; mais les clapets à vent lourds et s'ouvrant difficilement semblèrent être un obstacle insurmontable à la marche rapide des machines soufflantes. »

« M. A. Slate, intéressé à la maison de MM. Cochrane et C°, aux Woodside Iron Works, homme de génie et de grande capacité de conceptions, est à compter en première ligne parmi les plus anciens constructeurs de cette machine. A peu près en 1852, il prit une patente pour machine soufflante à action directe, avec petite course, marchant rapidement et connue sous son nom, il fut le premier qui divisa les machines pour un groupe de hauts-fourneaux de façon à arriver à peu près à une machine par fourneau. Slate abandonna en même temps, sur ses machines, les clapets à vent qui, à cette époque, ne pouvaient être employés pour une marche rapide et introduisit une enveloppe cylindrique autour du cylindre à vent, laquelle enveloppe venait masquer et démasquer alternativement les orifices de passage de l'air et était conduite par l'arbre à manivelle, de la même façon qu'un tiroir ouvrant les orifices pour l'introduction de l'air atmosphérique à l'intérieur du cylindre et les fermant pour que l'air comprimé s'échappe par ces orifices pour arriver dans l'enveloppe mobile et de cette enveloppe dans le tuyau à vent, par une tubulure glissant dans une boite à étoupes.

« Cette machine fut introduite d'abord avec de faibles dimensions, en 1854, dans les Ormsby Iron Works, de MM. Cochrane et C°. Quatre machines horizontales, avec cylindres soufflants

Fig. 83

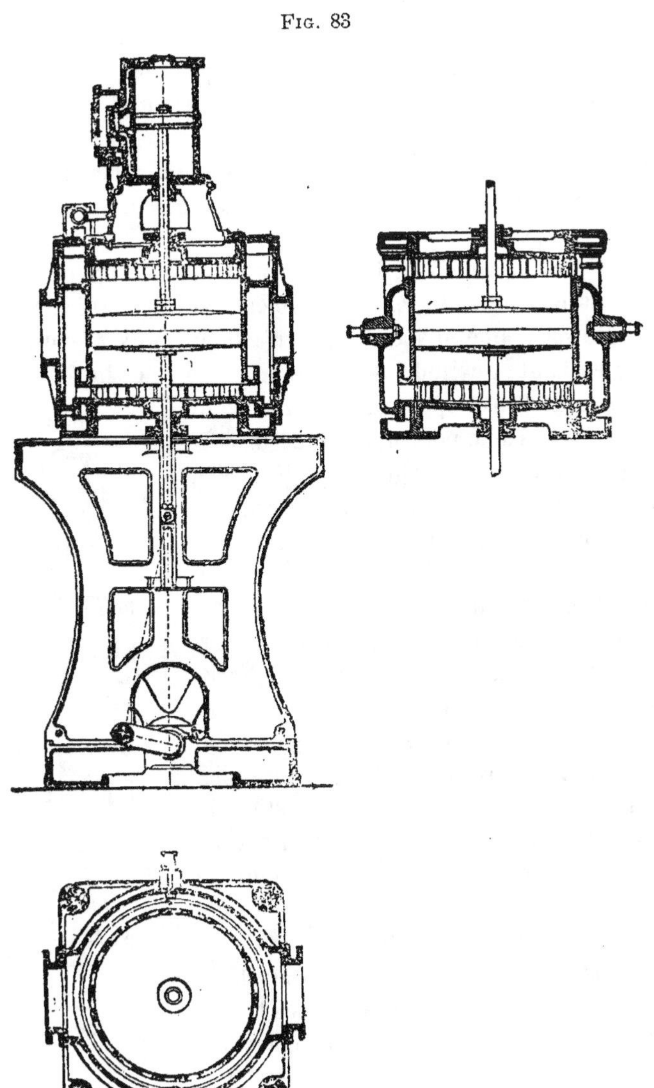

de 50 pouces (1ᵐ,270), une course de 2 pieds 6 pouces (0ᵐ,762) devaient alimenter à 70 ou 80 courses, par minute, les quatre premiers hauts-fourneaux. Ces machines eurent assez de succès pour encourager M. Slate à aller plus loin; mais on trouva, à cause de diverses difficultés telles que : l'usure de la lourde enveloppe et son graissage difficile, que la disposition verticale serait préférable, par suite il projeta une pareille machine et la première paire de souffleries verticales Slate fut montée par Ed. Gilkes aux Tees Iron Works. Ce furent donc les premières machines soufflantes verticales, à action directe, à faible course et marche rapide.

« En 1858, lorsque MM. Jones, Dunning et Cᵒ érigèrent la Normanby Iron Works, M. E. Jones projeta, en compagnie de M. Richard Howson, une disposition perfectionnée avec cylindre à vapeur en haut et cylindre soufflant en dessous, et introduisit l'équilibrage de l'enveloppe par le vent, ce qui constitua un modèle pour nombre de machines construites depuis (fig. 83). En 1863, MM. Howson et Jones la perfectionnèrent encore en abandonnant la coulisse servant à conduire le vent de l'enveloppe dans le tuyau à vent et de pareilles machines furent installées dans de nouvelles dimensions à Normanby Iron Works et à Newport Iron Works chez MM. Samuelson et Cᵒ (fig. 84).

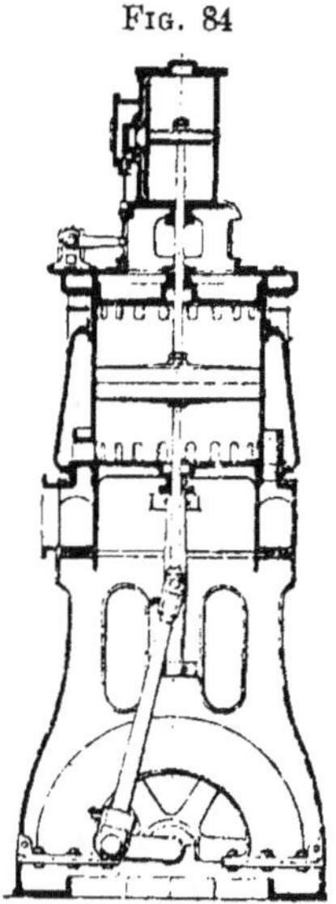

FIG. 84

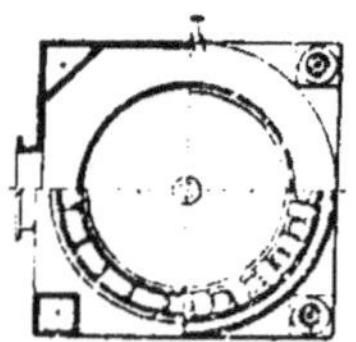

« Encore plus tôt, en 1863, M. Gjers reçut l'ordre, de MM. Lloyd et Cᵒ, de faire un projet des Linthorpe Iron Works, et la question du choix d'une machine soufflante fut assez débattue. On hésita à prendre la machine à balancier à cause des fondations difficiles et peu solides. La machine Slate avait eu du succès jusqu'à un certain degré; mais laissait encore beaucoup à désirer. Les tiroirs enveloppes n'étaient pas sans perdre de vent, il fallait beaucoup de matière de graissage et un grand bruit pendant l'ouverture des orifices était difficile à éviter. Encore, il était im-

possible d'adopter un recouvrement intérieur, sur le tiroir enveloppe, pour correspondre à ce qu'exigeait la marche à différentes
pressions de vent; du faible recouvrement donné, il résultait une
perte de travail, parce que la pression entière du vent arrivait sur
le piston avant que la compression de la cylindrée d'air ne fût arrivée à être égale à celle de l'air dans le réservoir. M. Gjers recon-
nut promptement que les motifs qui existaient contre l'emploi des
clapets ordinaires, s'ouvrant d'eux-mêmes par la dépression ou la
compression du vent, n'étaient pas suffisants pour faire rejeter ces
clapets et qu'il suffisait d'en rechercher de plus convenables que
ceux employés. Le système de machine, à faible course, verticale,
à action directe fut choisi et une nouvelle construction de clapets
avec sièges en forme de grille fut projetée (fig. 85) avec espoir de
succès.

FIG. 85

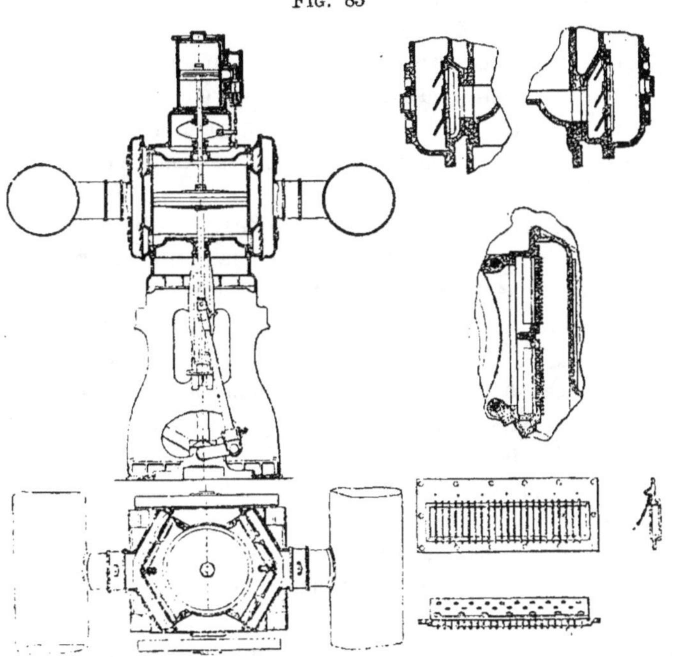

« En compagnie de M. Howson, à cette époque, directeur de la
Canal Foundry, et de MM. John Stevenson, Preston, la machine
fut construite suivant les dispositions générales du système Slate,

pour ce qui regardait les parties de machine à vapeur; mais la partie du soufflage était d'une disposition toute nouvelle, à peu près semblable à celle que représentent les fig. 85, construction qui n'avait jamais été employée jusque-là. »

« Quatre de ces machines, dont trois suffisaient pour la marche de 4 hauts-fourneaux, furent installées et sans qu'on y fît le moindre changement elles donnèrent satisfaction et elles marchent encore aujourd'hui.

« Un autre nouveauté fut introduite dans ces machines, elle est visible sur le dessin (fig. 85) : c'est que les clapets aspirants ne viennent pas immédiatement en contact avec l'atmosphère du bâtiment de la machine, comme c'était l'usage jusque là ; mais que, au contraire, tous les clapets d'aspiration, ainsi que les clapets de refoulement, sont enfermés dans une enveloppe et que la machine aspire son air d'un seul tuyau et rend cet air comprimé de l'autre côté, dans le tuyau à vent, cela dans le but d'empêcher le bruit des portes et des fenêtres produit par le courant d'air dans le bâtiment de la machine, d'éviter la poussière et la saleté dans ce bâtiment et d'obtenir une plus forte introduction d'air par les clapets d'aspiration, quand ils s'ouvrent au changement de sens de la course.

« Ces machines Linthorpe furent donc les premières machines soufflantes à faible course, verticales, à action directe, avec clapets à action spontanée, aspirant l'air d'un tuyau et le refoulant dans un autre. Elles ont servi de modèle à un grand nombre de machines de ce type en Angleterre et dans d'autres pays et la meilleure preuve de la faveur, que ces machines ont acquise est le fait que depuis cette époque — 1865 — on n'a plus construit de machines Slate. »

« En 1866, M. Ch. Cochrane, après avoir bien vérifié le travail des machines Linthorpe, fut tellement satisfait de leur service qu'il résolut de remplacer par des souffleries de cette sorte ses machines Slate originaires, à Ormsby Iron Works; et sous la direction de M. Downey, MM. Cochrane. Grove et C° construisirent, d'après leurs propres modèles, 2 machines, en y adaptant le principe des machines Linthorpe, et une machine pareille à celle d'Ayresomme, à l'exception qu'au lieu d'être libre, celle-ci est insérée dans des planchers existant entre la machine et les murs

du bâtiment, au pied et au-dessus de l'enveloppe et que la course
est de 4 pieds 6 pouces (1m,372) au lieu de 4 pieds (1m,219). Dans
ce cas, parce que le cylindre à vent a le large diamètre de 100
pouces (2m,540), on ne put conserver l'enveloppe en fonte et on
la fit en tôle. On fut tellement content de cette machine que
MM. Cochrane, Grove et C° continuèrent à en construire encore
pendant quelques années pour différentes usines.

« Une autre modification aux machines du même principe fut
introduite par M. Gjers pour la West-Yorkshire Iron Company, à
Ardsley, près Leeds et effectuée par MM. Cochrane, Grove et C°,
sous la direction de M. Downey. Dans ce cas, le cylindre soufflant
se trouva en haut et le cylindre à vapeur sous la crosse ou traverse de pistons conduite dans des glissières, les tiges de bielles
passant aux deux côtés du cylindre à vapeur pour venir attaquer
les boutons de manivelle dans le moyeu les volants. La course est
de 5 pieds (1m,524) et la hauteur totale de cette machine ne dépasse pas celle des machines de 4 pieds (1m,219) de course de la
disposition originale. La disposition des clapets à air et de l'enveloppe resta la même que celle des machines (fig. 85), décrites
précédemment. »

« En 1870, lorsque M. Gjers eut l'occasion d'ériger en compagnie, l'Ayresomme Iron Works, on adopta trois grandes machines
pour le soufflage de quatre hauts-fourneaux et ces machines
furent construites par MM. Cochrane, Grove et C° sous la direction de M. Downey. Les souffleries sont, en général pareilles à
celles construites précédemment pour Ormsby, à l'exception que
la course fut réduite à 4 pieds (1m,219) et le diamètre de cylindres
soufflants à 96 pouces (2m,438); le cylindre à vapeur reçut 40
pouces (1m,016) de diamètre; un tiroir à double piston fut employé pour la distribution de la vapeur, en place du tiroir ordinaire, ces machines libres, avec de simples galeries de service,
ont fonctionné d'une façon satisfaisante. »

M. Gjers revendique encore pour son système de souffleries la
particularité d'emploi de clapets à air légers, aptes à travailler à
toute vitesse, et les avantages, par rapport à l'ancienne machine
soufflante à balancier, tels que : frais d'achat, emplacement, fondations et bâtiments moindres, à égal volume de vent fourni.

Ces avantages, dus surtout à une grande vitesse de marche, sont

réels et peuvent engager les maîtres de forges à employer les souffleries Gjers ou des machines analogues de préférence à des souffleries à course plus grande et moindre vitesse: mais ces avantages
sont largement compensés par plusieurs défauts inhérents au
système Gjers ou aux dispositions qu'il emploie dans ses machines.

En premier lieu, la proportion des espaces nuisibles dans des
machines à nombre de courses aussi grand et à course aussi faible
est considérable et en second lieu, la disposition du cylindre à
vapeur en haut, du cylindre à vent en dessous, forçant à placer la
crosse de la tige des pistons sous le cylindre soufflant, à course
égale, augmente la hauteur de la machine, par rapport à celle des
machines à 2 bielles, une de chaque côté du cylindre à vapeur,
de toute la hauteur du cylindre à vapeur; c'est du reste, ce que
M. Gjers reconnaît à propos des machines Ardsley qui, par la
position relative de leurs cylindres, permettent sans prendre plus
de hauteur d'employer une course de 25 % plus grande que
dans les machines d'Ayresomme, à une seul bielle, et par conséquent, à égal nombre de révolutions, de fournir 25 % de plus
de vent; ou, à égal volume de vent lancé et course égale, d'être
moins hautes et par suite plus stables. Du reste, dans les machines
verticales symétriques, à 2 bielles, la stabilité est encore augmentée par le placement du cylindre à vapeur presque sur le sol.

Ainsi qu'on peut le voir par la fig. 86 représentant les tiroirs de

FIG. 86

distribution de vapeur, à double piston, employés et qui ne permettent qu'une faible détente. — ceux des machines Ayresome, de 40 pouces (1ᵐ,016) de diamètre de cylindre à vapeur, ont 14 pouces (0ᵐ,356) de diamètre, 11 pouces (0ᵐ,279) de course, 3 pouces (76ᵐ/ₘ) de recouvrement, pour des canaux à vapeur de 4 pouces (102ᵐ/ₘ) de largeur et un tuyau à vapeur de 8 pouces (203ᵐ/ₘ) diamètre. — M. Gjers ne semble pas attacher grande importance à la plus ou moins grande consommation de vapeur, il est vrai que s'il employait de plus grandes expansions, avec une marche aussi rapide, il augmenterait considérablement les chocs qui doivent se

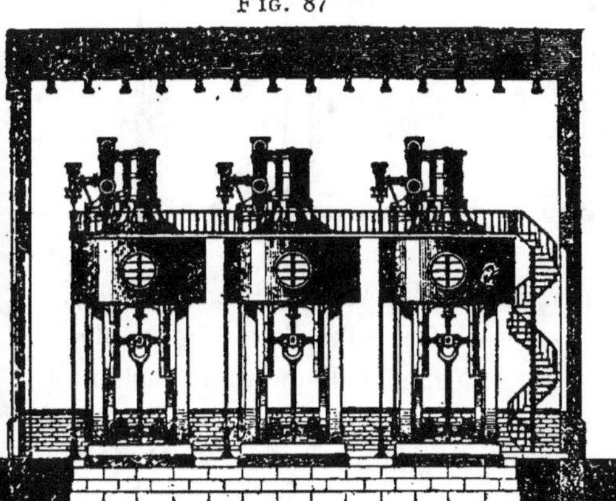

Fig. 87

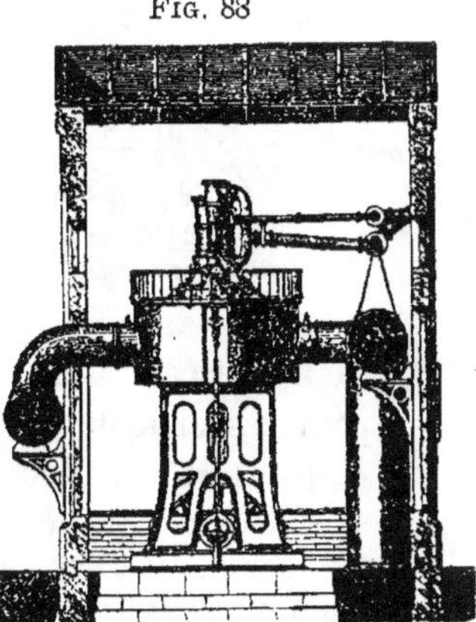

Fig. 88

produire à chaque fin de course, dans ses machines. Toujours est-il que des souffleries pareilles, à espaces nuisibles considérables et faible degré de détente, doivent donner lieu à des consommations de vapeur outrées.

Un autre désavantage des machines du type Ormsby, (fig. 87 et 88), symétriques, à une seule bielle et 2 volants provient de l'obligation d'employer un arbre coudé, toujours moins sûr qu'un arbre attaqué sur un volant à chacune de ses extrémités, et encore, de l'emploi de 4 paliers pour supporter cet arbre coudé ; les coussinets de ces paliers ne pouvant que s'user inégalement, il doit arriver après un certain temps que deux seulement de ces paliers portent, et que le serrage des deux autres ne peut que forcer l'arbre et faire gripper ses tourillons.

16

Les fig. 89 et 90 représentent (1) les souffleries construites par

Fig. 89

Fig. 90

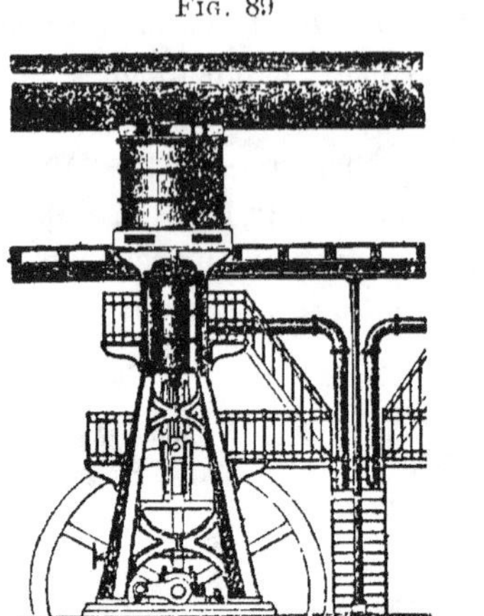 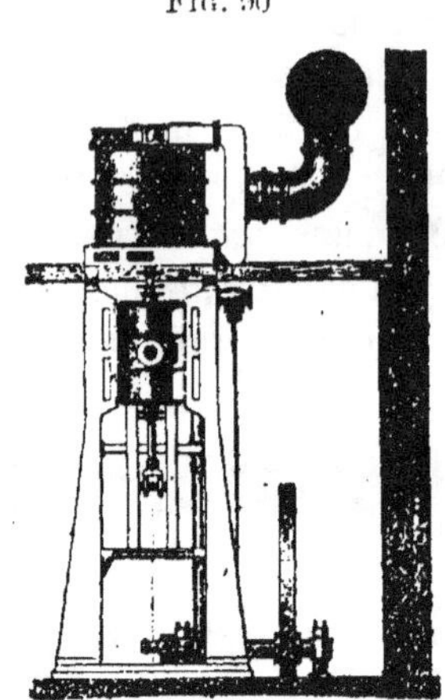

Flender frères, à Siegen, dans l'usine Alfred, à Wilsen sur Sieg, pour la société des mines et usines de Gelsenkirchen. Ces souffleries ont leur cylindre à vent en flèche, le diamètre du piston à vent est de 72 pouces (1ᵐ,883), celui du cylindre à vapeur est de 32 pouces (0ᵐ,837) et la course commune est de 4 1/2 pieds (1ᵐ,425).

On doit remarquer que dans ces machines que nous donnons surtout comme exemples de disposition des cylindres en l'air, avec cylindre à vapeur en dessous du cylindre à vent, par suite de la position de l'arbre du volant unique, de la bielle qui attaque par une manivelle l'une des extrémités de cet arbre, et du palier, hors du bâti, supportant cet arbre à son autre extrémité, on ne retrouve plus la symétrie existant dans les machines précédentes; et de plus, on observera que cette disposition de l'arbre du volant se prête facilement à l'assemblage de deux machines identiques pour rendre leur mouvement commun et en faire une soufflerie jumelle. Nous retrouvons cette disposition des cylindres en l'air, le cylindre à vent au-dessus du cylindre à vapeur, dans la soufflerie jumelle

(1) Ueber Geblase — Maschinen. de *J. Schlink.* — *Extrait des* Glaser's Annalen für Gewerbe und Bauwesen (1880).

pour Bessemer, de Dudelange (Grand-Duché du Luxembourg). Cette machine soufflante établie par la société de construction de machines de Cologne, à Bayenthal (près Cologne sur Rhin) est représentée par les dessins pl. 8 et 9 ; elle est à clapets circulaires métalliques, disposés en couronne à la partie inférieure et à la partie supérieure des cylindres à vent, les clapets d'aspiration sont placés sous ceux de refoulement, le diamètre des cylindres à vent est de $1^m,60$, celui des cylindres à vapeur est de $1^m,35$ et la course commune des pistons est de $1^m,50$.

Cette soufflerie est remarquable par la forme cylindrique donnée à ses tiroirs de distribution de vapeur, pour détente variable, système Meyer, ainsi que par l'équilibrage du tiroir principal, le plus lourd, obtenu au moyen d'une tige, formant piston plein, fixée dans l'axe au tiroir principal et sortant à travers un presse-étoupes hors de la boîte à tiroirs. La section de ce piston étant plus grande que celle de la tige du tiroir principal, il en résulte une poussée verticale exercée par la vapeur sous ce piston et compensant le poids du tiroir auquel il est relié.

Une autre particularité réside dans le moyen employé pour changer la situation des plaques cylindriques sur les orifices du tiroir principal et par suite faire varier la détente. Le raprochement ou l'écartement des plaques cylindriques du tiroir de détente est obtenu, comme dans les tiroirs Meyer plans, à l'aide d'une vis à double filet droit et gauche ; mais ici, le mouvement de rotation de cette vis, au lieu de se produire directement à la main, s'obtient par l'intermédiaire d'un petit piston hydraulique fonctionnant dans un cylindre appliqué transversalement au bâti ; à l'aide d'un petit volant à douille filetée, comme celui de la mise en marche et placé à côté, le machiniste fait monter ou descendre une tige fixée par son extrémité supérieure au bout d'un balancier qui, par son mouvement, met en communication l'une ou l'autre des faces du petit piston avec l'eau en pression, le déplacement rectiligne de ce petit piston dont la tige à l'extérieur forme crémaillère, se transmet par engrenages à la vis à double filet de réglage de l'écartement des plaques cylindriques.

En Angleterre, malgré la malpropreté que donne l'huile de graissage et l'eau de condensation en s'écoulant le long de la tige du piston à vapeur sur le couvercle du cylindre à vent, quand ce dernier est placé sous le cylindre à vapeur, on préfère disposer le cylindre à vapeur au sommet des machines soufflantes verticales parce que la construction est plus commode et que les machines ont meilleur aspect.

Les souffleries jumelles de Lonsdale Iron and Steel Company, Ulverston, en offrent un exemple; nous les représentons fig. 91 et 92

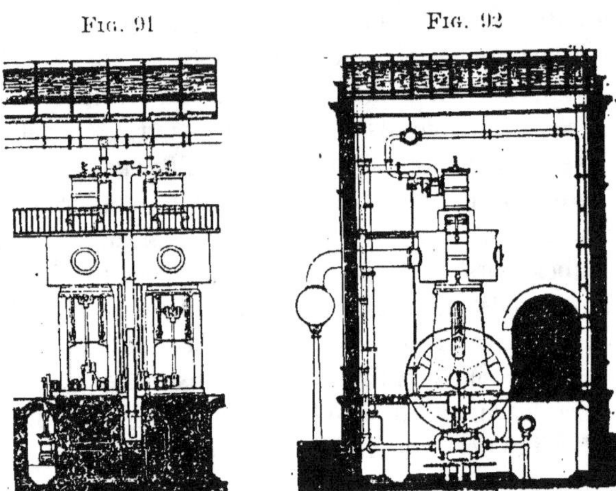

Fig. 91   Fig. 92

en y ajoutant l'extrait suivant de l'Engineering (1876) relatif à ces souffleries : L'usine neuve de Lonsdale, érigée pendant les années 1874 à 1876 par MM. Howson et Wilson, doit comprendre 6 hauts-fourneaux alimentés par 5 machines jumelles, verticales, à action directe, à condensation et à détente Meyer.

Le diamètre des cylindres à vapeur est de 30 pouces ($0^m,762$); celui des cylindres à vent est de   66 pouces ($1^m,676$); la course commune des pistons est de   4 pieds   ($1^m,219$); le volant a 14 pieds de diamètre ($4^m,267$) et pèse 14 tonnes environ; l'arbre du volant a des collets de 9 pouces ($0^m,229$) de diamètre, et 16 pouces ($0^m,406$) de longueur.

Les clapets à air sont en cuir. Les ouvertures d'aspiration et de refoulement du vent forment environ 1/6 de la surface du piston soufflant.

Plusieurs constructeurs anglais établissent ces machines souf-

flantes jumelles verticales avec cylindres à vapeur à détente système Woolf; et pour équilibrer le poids des pièces mouvantes, ils
disposent les manivelles à 180° l'une sur l'autre, ce qui procure
encore l'avantage de simplifier les conduits de vapeur d'un cylindre à l'autre.

Les fig. 93 et 94 représentent une soufflerie de ce type établie

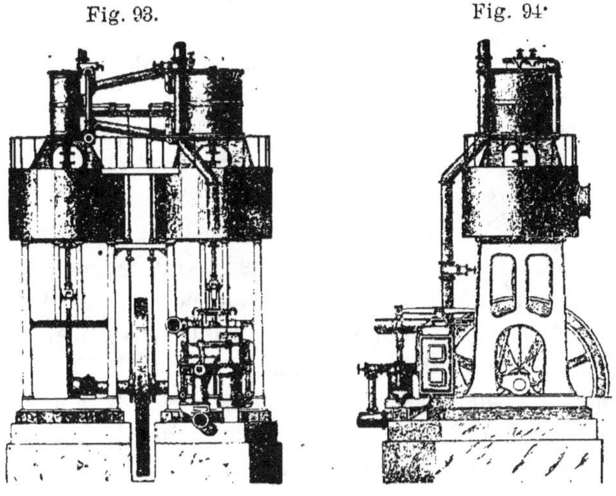

Fig. 93.   Fig. 94.

par MM. Kitson et Cⁱᵉ, Airedale Foundry, Leeds, pour les Lackenby
Iron Works, près Middlesborough (Engineering 1871). Les diamètres de cylindres à vapeur sont de 32 pouces (0ᵐ,813); et 60
pouces (1ᵐ,524), pour un diamètre de cylindres soufflants de 80
pouces (2ᵐ,032); la course est de 4 pieds 6 pouces (1ᵐ,371), la
tension de la vapeur, produite dans des chaudières Howard
chauffées par les gaz des hauts-fourneaux, est de 85 livres (5 3/4 atmosphère). Le cylindre de détente est à enveloppe de vapeur.
Chaque moitié de machine est établie de façon à pouvoir marcher
isolément si cela devenait nécessaire. Le condenseur est à surface,
— l'eau disponible provenant d'une couche de plâtre — et se
compose de 1,080 tuyaux de 3/4 de pouce (19ᵐ/ₘ) diamètre,
formant 1087 pieds carrés (100ᵐ²) de surface. Les pompes à air et
à circulation, qui reçoivent leur mouvement de balanciers os-
cillants, par la tête de bielle du cylindre de détente, ont respec-

tivement 16 pouces (0^m,406) et 24 pouces (0^m,610) de diamètre avec 2 pieds 3 pouces (0^m,686) de course.

Les clapets à vent sont en cuir, les clapets d'aspiration sont directement placés sur le fond et le couvercle du cylindre à vent, les clapets de refoulement sont répartis autour du cylindre en haut et en bas; l'ouverture libre d'aspiration est de 860 pouces carrés (0^{m2},555), celle de refoulement n'est que de 600 pouces carrés (0^{m2},387). Le jeu entre le piston soufflant à fin de course et les couvercles de cylindres est de 3/4 de pouce (19^m/_m) et l'espace nuisible total à chaque bout est seulement de 5 pieds cubes (0^{m3},1416).

La pression du vent de la machine Lackenby est ordinairement comprise entre 4 et 4 livres 1/2 par pouce carré (0^m,21 à 0^m,23 de mercure) et sa vitesse moyenne est de 25 tours par minute.

Plus tard, MM. Kitson et Co ont construit le même type de souffleries en plus fortes dimensions : cylindres soufflants de 84 pouces (2^m,134) de diamètre et une course de 5 pieds (1^m,524).

Les planches 6 et 7 représentent la soufflerie verticale jumelle, à action directe, pour Bessemer, des Aciéries de Longwy. Cette machine soufflante est également disposée avec cylindres en l'air, le cylindre à vapeur placé au-dessous du cylindre à vent; mais ici, les cylindres à vapeur sont du système Compound, avec réservoir intermédiaire. Une détente variable, système Meyer, est appliquée à chacun des deux cylindres; elle ne se règle à la main, pendant la marche et au moyen d'un piston hydraulique, que dans le petit cylindre à haute pression.

Les manivelles sont calées à 90° l'une sur l'autre.

Le diamètre du piston à vapeur à haute pression est de 1^m,45
   —   —   — à basse pression — 2^m,20
   — des pistons à vent est de — 1^m,65
et la longueur de course de ces pistons est — 1^m,50

Les deux cylindres à vapeur, ainsi que le réservoir intermédiaire sont à enveloppe de vapeur en communication avec la conduite arrivant des chaudières. Les cylindres soufflants sont également à enveloppe à l'intérieur de laquelle circule de l'eau pour le rafraîchissement.

Le diamètre du volant est de 7 mètres, son poids est d'environ

35,000^{kg}. Le diamètre des collets de l'arbre supportant ce volant est 0^m,440, leur longueur est de 0^m,700; cet arbre a 0^m,550 de diamètre à la portée de calage du volant pour 0^m,800 de longueur de cette portée.

Les tiges des pistons sont en acier et ont 0^m,190 de diamètre.

Les tiges des tiroirs sont aussi en acier et ont 85$^{m/m}$ diamètre de tige du tiroir principal, 70$^{m/m}$ diamètre de tige du tiroir de détente.

Le diamètre de la boite à tiroir du cylindre à vapeur à haute-pression est 0^m,730, celui de la boite à tiroir du cylindre à basse pression est de 1 mètre.

Le diamètre du piston équilibrant le poids du tiroir principal du petit cylindre est de 0^m,200, celui du piston équilibrant le poids du tiroir principal du grand cylindre est de 0^m,450. Ces tiroirs sont cylindriques, de même que les plaques de détente.

Le diamètre intérieur du réservoir de vapeur intermédiaire entre les 2 cylindres à vapeur est de 0^m,770, son diamètre extérieur est 0^m,820, la longueur de ce réservoir est de 2^m,700; le diamètre intérieur de l'enveloppe cylindrique, en fonte, dans laquelle est disposé le réservoir est de 0^m,940.

Les pièces intermédiaires entre cylindre à vapeur et cylindres soufflants sont en 3 parties, pour pouvoir sortir facilement le piston à vapeur après avoir enlevé une de ces pièces.

La machine est disposée de façon telle que le cylindre à haute pression, de même que celui à basse pression, puissent marcher chacun seul, et elle est munie de deux pompes à air de 0^m,850 diamètre, 1 mètre de course, mises en marche par balancier double attelé, par l'intermédiaire de 2 petites bielles, à la crosse des pistons.

Nous avons donné fig. 37 le dessin des soupapes d'aspiration et de refoulement de l'air des cylindres à vent; les soupapes d'aspiration sont des disques circulaires en caoutchouc frappant sur une grille en bronze, les soupapes de refoulement sont en forme d'assiette, en bronze et frappent sur des sièges en fonte blanche reposant sur une couronne en caoutchouc. Il se trouve 24 de chacune de ces soupapes, en haut et en bas, réparties autour des cylindres à vent.

Cette belle et puissante soufflerie travaillant à 40 tours par minute avec 7 atmosphères de pression aux chaudières produit de l'air comprimé à 2 1/2 atmosphères; elle pèse environ 330,000ᵏᵍ. et a été fournie par les ateliers de constructions de Bayenthal, près Cologne (Kolnische Maschinenbau-Actien-Gesellschaft). Ces ateliers appliquent également le système Compound à des machines soufflantes jumelles verticales, à action directe, pour soufflage de hauts-fourneaux.

Les dessins pl. 10 et 11 représentent un type de ces souffleries. Comme dans la machine soufflante de Dudelange (pl. 8 et 9), les cylindres à vent sont placés au sommet et les cylindres à vapeur en dessous. Les principales dimensions sont :

Diamètre des cylindres à vent............	1ᵐ,725.
Diamètre du petit cylindre à vapeur......	0ᵐ,775.
Diamètre du grand cylindre à vapeur......	1ᵐ,100.
Course des pistons...................	1ᵐ,200.
Nombre de tours, en moyenne, par minute.	36;
Au besoin ce nombre peut être porté de..	40 à 50.
Pression de la vapeur................	5 atm.
Pression de vent, jusque.............	0ᵐ,30 de mercure
Volume engendré par minute.........	385 m. cubes
Diamètre du volant.................	5ᵐ,30

Ainsi que le montrent les dessins de cette machine, les tiroirs sont cylindriques, la détente, système Meyer, est variable et son changement se fait à la main, pendant la marche, dans le petit cylindre seulement. La machine est à condensation.

Les soupapes d'aspiration et de refoulement sont des disques circulaires, en caoutchouc et sont disposées l'une au-dessus l'autre, réparties en couronne autour des cylindres soufflants à leur partie supérieure et à leur partie inférieure.

Trois de ces souffleries ont été fournies en France et 9 en Lorraine et dans le Luxembourg (1886); elles pèsent environ 120 à 150 tonnes et leur prix toutes montées est de 75,000 francs (1884); l'escalier tournant et les galeries de service sont comptés 1400 fr. La maison Galloway et fils, à Manchester (Angleterre), construit également des souffleries pour hauts-fourneaux du type vertical à action directe, jumelles, à cylindres vapeur Compound, à conden

sation, avec cylindres en l'air et cylindres à vent au sommet
(fig. 95).

Fig. 95.

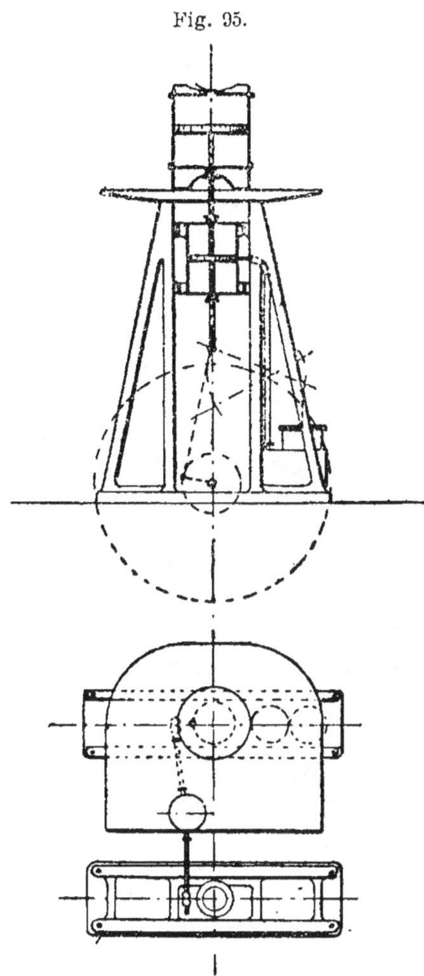

Les principales dimensions de ces souffleries sont :
Diamètre des cylindres à vent....... 2 mètres.
Diamètre du petit cylindre à vapeur.. $0^m,820$.
Diamètre du grand cylindre à vapeur. $1^m,300$.
Course des pistons................. $1^m,600$.
Nombre moyen de tours, par minute.   26.

Pression de la vapeur . . . .   5ᵏᵍ.
Pression du vent. . . . .   0ᵐ,20 à 0ᵐ,30 de mer.
Volume aspiré par minute. . . . .   500 mètres cubes
Poids complet de la machine, y compris
   planchers, escaliers, garde-corps. . .   200,000ᵏᵍ.

Cette soufflerie a été construite pour les forges de Saint-Nazaire par la maison Galloway, d'après le système de machines soufflantes existant déjà dans ces forges et qui avait été fourni par la Société des Anciens Etablissements Cail, à Paris. Les dessins pl. 12 et 13 représentent la soufflerie de ces Etablissements.

Sauf leurs dimensions, les cylindres à vent de cette soufflerie sont pareils à ceux des souffleries du Creusot, c'est-à-dire que, comme dans les cylindres soufflants des machines Gjers, les clapets de petites dimensions sont placés sur des sièges verticaux découpés en grilles. L'aspiration ne se fait pas à l'air libre ; mais dans des caisses en tôle communiquant avec l'extérieur du bâtiment des machines, de façon à obtenir de l'air aussi dépourvu que possible de poussière et de vapeur d'eau. Le refoulement se fait dans des caisses en tôle communiquant par de larges tuyaux avec le réservoir de vent. Des portes pratiquées dans ces caisses permettent d'arriver aisément à tous les clapets. Le piston creux, à double garniture ; est muni de fourrures en tôle qui viennent restreindre les espaces nuisibles en remplissant les espaces vides qui, dans les couvercles, font communiquer l'intérieur des cylindres avec les chapelles formées par les sièges des clapets.

Ces cylindres à vent reposent sur l'entablement d'un solide bâti en fonte supporté par 4 colonnes verticales renforcées par des jambes de force ; les cylindres à vapeur sont situés immédiatement en dessous des cylindres à vent et fixés aux entretoises supérieures des colonnes. En dessous des cylindres à vapeur sont les glissières également fixées aux entretoises des colonnes, et chacune des deux bielles attaque l'arbre de couche par deux manivelles calées à 90° aux extrémités de cet arbre.

L'unique volant de cette soufflerie jumelle Compound est situé au milieu de l'arbre, dans l'intervalle compris entre les deux machines, directement en dessous du réservoir vertical de vapeur.

L'avantage de cette disposition des cylindres à vapeur en l'air, avec bielles en dessous, par rapport à la disposition du cylindre à vapeur en bas, adoptée dans les machines soufflantes Cockerill et du Creusot, est de permettre l'accouplement de deux machines.

Comme dans les souffleries Cockerill et du Creusot, les cylindres à vapeur des souffleries Cail possèdent une distribution à soupapes commandée par un arbre à cames placé à la partie inférieure du bâti.

Les pompes du condenseur sont mues par un balancier reposant sur les contreforts de deux des colonnes et articulé sur la traverse des pistons.

Les dimensions principales de la soufflerie Compound de Saint-Nazaire, fournie par les Anciens Etablissements Cail, sont :

Diamètre du cylindre à vapeur à haute pression	$820^m/_m$
— — — à basse pression	$1^m,300$
Course des pistons	$1^m,600$
Nombre de tours par minute	22
Pression effective de la vapeur	5 kilog.
Valeur de l'admission dans le cylindre à haute pression	1/3
Valeur de l'admission dans le cylindre à basse pression	1/2
Pression de l'air au ventimètre	$0^m,30$
Diamètre du piston de la pompe à air, à simple effet	$0^m,730$
Course du piston	$0^m,900$
Volume d'air aspiré par minute	$420^{m3}.$

En négligeant le fonctionnement Compound, nous voyons que les machines soufflantes Cail ne diffèrent guère de celles du Creusot que par les dimensions et la disposition en l'air du cylindre à vapeur; elles présentent tous les avantages des cylindres soufflants du Creusot comme disposition verticale des clapets, par suite de laquelle ces clapets s'ouvrent et se ferment à la moindre dépression, offrent de très larges sections d'aspiration et de refoulement, aspirent l'air à l'extérieur; ces clapets sont nombreux et de petites dimensions, d'un faible entretien. Les espaces nuisibles des cylindres à vent sont minimes.

A égal volume d'air aspiré par minute, les souffleries Cail sont supérieures à celles du Creusot par les avantages :

1° D'une production de vent plus uniforme, ce qui est dû à l'emploi de deux cylindres à vent au lieu d'un seul;

2° D'une utilisation plus économique de la vapeur provenant de l'application du système Compound;

3° D'une plus grande stabilité, par suite des moindres courses des pistons et d'une moindre hauteur totale;

4° D'une plus grande élasticité dans la production du vent, ce qui résulte des vitesses plus considérables ou plus faibles que l'on peut faire prendre à ces souffleries; et enfin :

5° De la grandeur et du poids de leurs différentes parties, moins importantes, ce qui rend le montage et les réparations plus faciles.

Les souffleries Cail sont aussi supérieures aux souffleries jumelles ou Compound de Bayenthal, parce que dans ces dernières — type pour hauts-fourneaux — les clapets circulaires des cylindres à vent étant horizontaux, exigent pour se soulever une dépression plus considérable que les clapets verticaux des cylindres soufflants Cail; en second lieu, parce que les clapets horizontaux ne se soulevant que de très peu sont loin d'offrir à l'air aspiré ou refoulé une section de passage aussi large que celle que l'on trouve dans tous les cylindres soufflants dérivant du système Gjers.

Les souffleries verticales Compound, de la société des Anciens Établissements Cail, peuvent donc être considérées comme l'un des meilleurs types existant.

Ces établissements ont également construit deux souffleries du même système général, mais non Compound, pour la compagnie des hauts-fourneaux, forges et aciéries de Denain et d'Anzin à Denain.

Les dimensions de ces dernières sont un peu différentes de celles de la souffferie de Saint-Nazaire, elles sont :

Diamètre du cylindre à vapeur	$0^m,900$
— — à air	$2^m,200$
Course commune des pistons	$1^m,600$
Nombre de tours par minute	22
Pression effective de la vapeur	5 kilog.
Valeur de l'admission	1/7 de la course
Pression de l'air en centimètres de mercure	$0^m,20$
Volume d'air aspiré par minute	450 mètres cubes

D'un bon ouvrage pratique sur les machines soufflantes dû à M. Schlink, directeur technique des Forges de Friedrich-Wilhelms, à Mülheim sur Ruhr et publié en 1880 dans les Annales de l'Industrie et de l'Architecture, de Glaser, nous extrayons ce qui suit, au sujet des machines soufflantes triples, verticales.

« La machine triple (fig. 96 et 97), introduite par M. Schlink, décrite et dessinée dans le bulletin de juillet 1876, de la Société des ingénieurs allemands, possède, outre les meilleures qualités des machines verticales à action directe, les avantages particuliers suivants :

(*a*) Un équilibrage complet des parties mouvantes, sans aucun contre poids ;

(*b*) Une production de vent très uniforme ;

(*c*) Le besoin d'un faible emplacement, par rapport à sa capacité de production ;

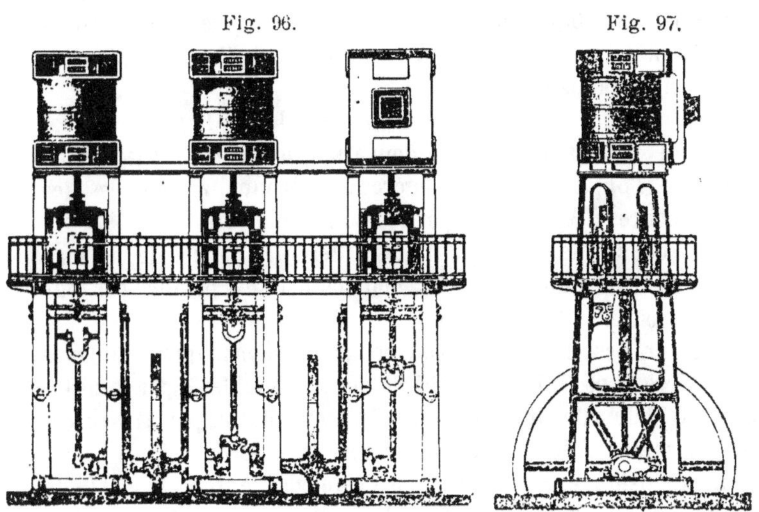

Fig. 96.   Fig. 97.

(*d*) Grandeur et poids des différentes parties non exagérés; donc un maniement facile dans les réparations qui peuvent arriver;

(*e*) Un emploi économique de la vapeur provenant de la possibilité d'appliquer de grandes détentes.

« Les dimensions générales des deux machines triples se trouvant dans un bâtiment commun au nouvel établissement des hauts-fourneaux de la Friedrich Wilhelms Hütte, à Mülheim sur Ruhr, sont :

Diamètre des cylindres soufflants 63 pouces (1ᵐ,648)

—   —   à vapeur 30 pouces (0ᵐ,785)

Course des pistons   4 pieds   (1ᵐ,255)

et s'accordent d'une manière frappante avec celles des machines doubles, jumelles, de Lonsdale, malgré le fait que ces machines furent construites à la même époque sans connaissance l'une de l'autre.

« Les 3 manivelles sont calées à 120° l'une sur l'autre et les deux arbres de volants sont réunis par une manivelle d'entraînement à manetons sphériques, pour éviter un accouplement raide et ne faire porter chaque arbre que sur deux paliers.

« Les arbres des volants ont des collets de 10 1/2 pouces (0ᵐ,275) diamètre avec 16 pouces (0ᵐ.418) de longueur, les boutons de manivelles ont 6 1/4 pouces (0ᵐ,164) de diamètre avec 7 pouces (0ᵐ,184) de longueur ; les volants ont 16 pieds (5ᵐ,022) diamètre et chacun un poids de 8,400ᵏᵍ.

« Les machines reposent solidement sur le sol, leur marche est tranquille et élastique, la consommation de vapeur est faible, de sorte que l'on peut, sans exagération, reconnaître fondées les louanges faites à M. Schlink par les connaisseurs.

« Le poids total important, des différentes parties de ces machines, conduit à un prix élevé ; mais ce prix est balancé par leur grande puissance de production.

« Chacun des deux hauts-fourneaux a sa machine soufflante particulière et produit, avec 32 à 33 tours de soufflerie par minute, jusqu'à 67,000ᵏᵍ de fonte brute n° 1, pour fonderie, par 24 heures, avec un minerai de fer rendant 29 p °|°.

« L'expansion est ordinairement comprise entre 1/4 et 1/5 de remplissage, la pression normale de la vapeur est de 5 atmosphères, la tension du vent 4 1/2 à 5 livres par pouce carré (0ᵐ,25 à 0,27 de mercure). Cette dernière peut être portée facilement au-dessus de 6 livres (0ᵐ,33) et le nombre de tours à 36 et plus. On est en état, dans le cas d'arrêt d'une machine, de desservir en attendant avec l'autre, mise en marche plus rapide, les deux hauts-fourneaux, sans avoir à diminuer beaucoup leur production. »

Jusqu'à présent, dans toutes les machines verticales à action directe que nous venons de passer de revue, nous avons trouvé l'arbre du volant placé sur le sol, en dessous des cylindres à vent et à vapeur.

La maison Galloway et fils, à Manchester, construit avec succès un type de machines soufflantes jumelles, verticales à action directe (fig. 98 et 99) pour hauts-fourneaux et Bessemer et dans lequel les cylindres à vapeur sont disposés en sous-sol, les cylindres à vent au sommet et l'arbre arrive entre les cylindres à vent et les cylindres à vapeur. Cette situation du cylindre à vapeur dans les fondations permet de réduire de beaucoup la hauteur des machines verticales et d'augmenter considérablement leur stabilité; mais pour cela, il a fallu que les deux bielles qui viennent commander l'arbre du volant par l'intermédiaire de 2 manivelles à 90° l'une sur l'autre, calées aux extrémités de l'arbre soient

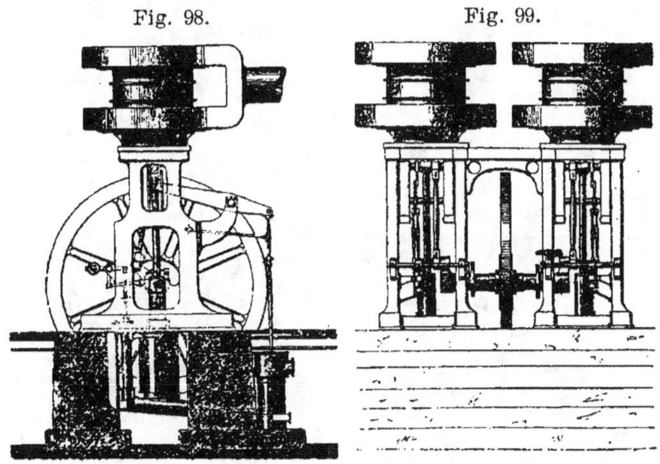

Fig. 98.   Fig. 99.

placées hors de l'axe des cylindres et par suite que la traverse de la crosse des tiges de pistons aux glissières soit prise en porte-à-faux par chaque bielle. L'action de ce porte-à-faux a été combattue par une forte tige donnée aux pistons et par une large assise des coulisseaux dans leurs glissières.

D'autres particularités remarquables se rencontrent dans ces machines. Pour équilibrer le poids des pistons et des autres parties mobiles, et assurer l'égalisation du travail à la montée et à la descente, les tiges des pistons à vapeur sont renflées de façon à constituer des pistons à vapeur différentiels et à offrir à l'action de la vapeur une surface plus grande sur la face inférieure.

Fig. 100.

Les tiroirs de distribution sont cylindriques, et, pour éviter le grippement et les rayures longitudinales; on a adopté une disposition qui donne à ces tiroirs un mouvement de rotation partielle ; à cet effet, un disque monté sur leur tige est relié par une petite bielle à rotule de longueur fixe, au bâti de la machine ; le mouvement vertical produit la rotation du disque et des tiroirs.

Les aciéries Krupp, à Eissen, ont une machine pareille (Fig. 100 et 101). D'après The Engineer (nov. 21-1873), le diamètre des cylin-

Fig. 101

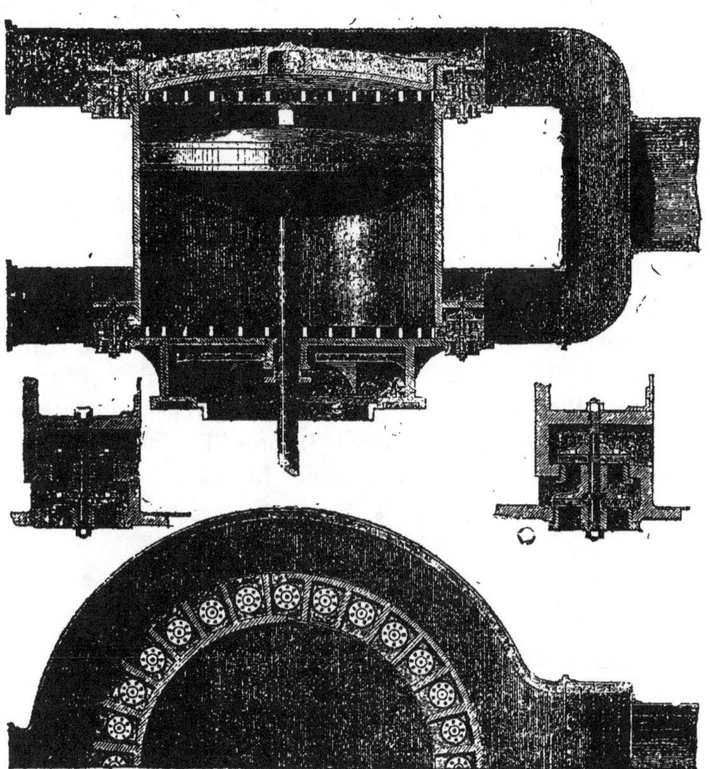

dres à vapeur est de 1^m,016 et la course des pistons est de 1^m,524.

Les hauts-fourneaux de la société du Phonix, près Ruhrort en possèdent une également ayant des cylindres soufflants de 90 pouces (2^m,286) diamètre, des cylindres à vapeur de 42 pouces (1^m,067) de diamètre.

La course commune des pistons est de 5 pieds (1^m,524).

17

MM. Galloway et fils construisent des machines ayant jusque 120 pouces ($3^m,048$) de diamètre de cylindres à vent.

Généralement, tandis que pour les hauts-fourneaux ils construisent des machines simples avec condensation, pour les soufflages de Bessemer, leurs machines sont jumelles, sans condensation.

Les clapets consistent en un grand nombre de disques circulaires, en métal mince, frappant sur des sièges circulaires métalliques, en forme de grille et disposés en couronne en haut et dans le bas des cylindres soufflants (Fig. 101). Ces clapets font un bruit énorme pendant leur marche et cela d'autant plus que les machines Galloway fonctionnent presque toujours très rapidement; la machine de 90 pouces ($2^m,286$) de diamètre de cylindre à vent et 5 pieds ($1^m,524$) de course fait jusque 35 tours par minute; toutefois ce bruit désagréable n'est pas dangereux.

Un autre type de souffleries verticales jumelles, avec arbre de volant entre les cylindres à vapeur et les cylindres à vent a encore été réalisé par MM. Dick et Stevenson, Airdrie, pour les Gowan Iron Works, en plaçant les cylindres à vapeur en flèche et les cylindres soufflants en sous-sol. D'après l'Engineer (1875) les dimensions principales de cette machine (fig. 102 et 103) sont :

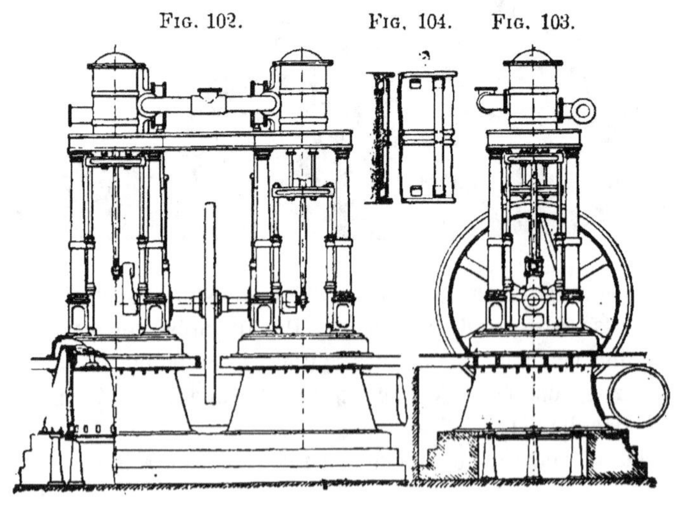

Fig. 102.   Fig. 104.   Fig. 103.

Diamètre des cylindres à vent   80 pouces (2^m,032)
—   —   à vapeur 40 pouces (1^m,016)
Course des pistons   4 pieds   6 pouces (1^m,372)

Mais ici, l'axe de la bielle ne vient pas en porte à faux hors de l'axe des cylindres, comme dans les machines Galloway, chaque piston a 4 tiges venant se réunir à un croisillon commun, formant traverse et qui est simplement guidée par les 4 longs presse-étoupes des tiges de piston à vent.

Les soupapes d'aspiration sont circulaires et se composent de plaques minces, en acier, garnies de caoutchouc; elles ont 15 pouces (0^m,381) de diamètre et viennent reposer sur le fond et le couvercle des cylindres à vent; les clapets de refoulement sont disposés aux extrémités de lamelles élastiques, en acier, fixées vers leur milieu, au corps du cylindre à vent (Fig. 104); ces lamelles sont recouvertes de cuir à leurs extrémités qui viennent alternativement fermer ou ouvrir les ouvertures rectangulaires, existant en haut et en bas des cylindres soufflants, pour obturer ou livrer passage à l'air refoulé dans une enveloppe en tole entourant le cylindre à vent et communiquant par une conduite avec le réservoir d'air.

Nous terminerons la revue des machines verticales à action directe en signalant encore, parmi les dispositions très rarement employées, celle consistant à placer l'arbre de couche et son volant, à la partie supérieure de la machine (fig. 105) et, comme dans les anciennes machines du Creusot, le cylindre à vent en bas, le cylindre à vapeur au-dessus du cylindre à vent.

Ces machines verticales, (1) réunies au nombre de 4 dans un pavillon monumental, ont leur cylindre soufflant au rez-de-chaussée du bâtiment, les cylindres à vapeur au 1er étage et les arbres de volants tournent dans des paliers situés au 2e étage. Leurs dimensions principales sont les suivantes :

Diamètre du cylindre soufflant.......... 2^m,75
—   à vapeur........ 1^m,20.
Course des pistons.................... 2 mètres
Diamètre du volant................. 8 mètres

(1) *M. S. Jordan*. Revue de l'exposition universelle de 1867.— Sidérurgie.

Pression de la vapeur...................... 5 à 5 1/4 atm.
Admission de la vapeur.................... 1/4 de course.
Nombre de tours par minute................ 14   —
Pression du vent dans la chambre des machines 0^m,16 de merc.
Volume d'une cylindrée .... 11^{m3}86

Ces 4 machines sont d'une exécution remarquable. Les cylindres

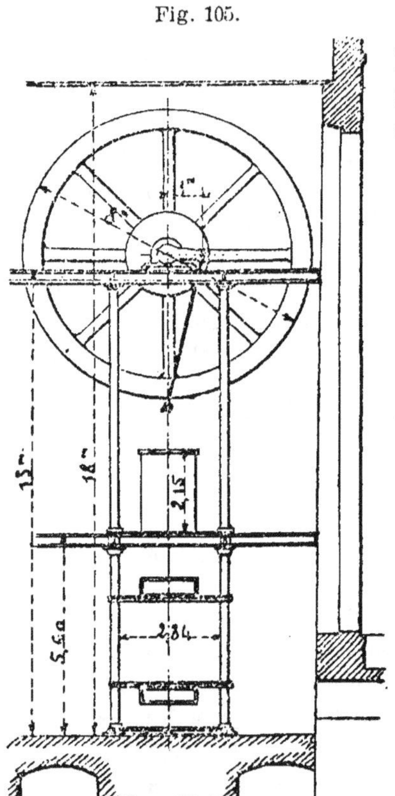

Fig. 105.

à vapeur sont munis d'une distribution à 4 soupapes équilibrées effectuant la détente; mais il n'y a point de condenseur.

Les cylindres soufflants sont à petits clapets, ajustés sur des fonds plats percés à jour comme une grille, de façon que les espaces nuisibles soient aussi petits que possible.

Le volant porte un contre-poids pour équilibrer le poids des pistons et celui de leur tige. Malheureusement ces machines présentent un défaut de principe : c'est la disposition du cylindre à vapeur au-dessus du cylindre à vent et du volant qui est encore plus haut, à 13^m,50 au-dessus de la plaque de fondation. Cette énorme hauteur et la forte masse du volant (40,000^{kg} environ) donnent à ces machines une instabilité assez grande pour qu'on ne puisse leur imprimer sans danger une vitesse supérieure à 14 tours, tandis qu'avec les énormes souffleries de Dowlais et d'Ebbw-Vale, ayant une longueur de course presque double (3^m,66), on peut marcher à 17 tours sans qu'il en résulte le moindre ébranlement.

Ce vice de disposition du lourd volant, nécessaire à une expansion étendue, en limitant la vitesse de marche de telles souffleries, empêche évidemment d'en tirer tout le produit dont elles sont capables.

Les machines soufflantes horizontales ont rendu de bons services, il y a 20 à 30 ans, alors que la production des hauts-fourneaux était loin d'être ce qu'elle est devenue aujourd'hui et que l'on demandait aux souffleries moins en volume et en pression de vent; quoiqu'à peu près délaissées aujourd'hui, elles seraient cependant capables encore d'un fonctionnement satisfaisant, si on les disposait pour répondre aux conditions de marche actuelle.

Dans les machines horizontales, toutes les pièces sont partout accessibles pour le graissage et l'entretien; le montage ne présentant aucune difficulté, offre par là des chances d'une plus grande exactitude; la machine est indépendante du bâtiment qui la reçoit et ne participe pas aux inégalités de tassement des maçonneries. Le système horizontal permet de disposer les lumières d'arrivée de vapeur au-dessus des cylindres et les lumières d'échappement en dessous de façon à éviter absolument les coups d'eau, si fréquents lorsque les conduites de vapeur sont longues et mal protégées contre la condensation.

Les clapets peuvent se disposer directement sur les fonds des cylindres à vent, dans une position presque verticale si favorable à leur bon fonctionnement et sans donner lieu à des espaces nuisibles aussi élevés que les chapelles à clapets que l'on place sur les cylindres à vent verticaux.

On objecte contre l'emploi des machines horizontales la grande surface qu'elles occupent et surtout les craintes d'ovalisation et d'usure rapide, des cylindres, qu'elles donnent, la perte de travail représentée par le frottement dû au poids des pistons, de la bielle, etc.

Dans les machines à grand débit de vent et à faible vitesse; c'est-à-dire à grand diamètre de cylindres soufflants et longue course, ces craintes sont assez fondées, tandis que dans les machines à production moyenne de vent et à grande vitesse, la course des pistons et leur diamètre sont relativement faibles, de sorte que l'objection concernant l'ovalisation perd presque toute son importance si la fonte des cylindres est dure, si la construction des pistons est étudiée de façon à parvenir à une grande légéreté (piston creux en fer), si la boîte à étoupes est longue et la largeur des segments à vapeur est convenablement déterminée, si la tige du piston à vent est supportée, aussi bien à l'arrière qu'à l'avant, par des patins de grande surface se mouvant sur de larges glissières. Quant à la perte de travail résultant du frottement causé par le poids des organes en mouvement, l'expérience prouve qu'elle est extrêmement minime dans les machines horizontales bien établies, et qu'elle est de bien peu supérieure à ce qu'elle serait dans la même machine disposée verticalement.

Les machines verticales sont bien plus difficiles à surveiller, à entretenir et à réparer ; elles nécessitent des bâtiments élevés, des tribunes coûteuses et mal commodes, quelquefois, pour le service du graissage ; le poids de leurs pistons est alternativement à soulever et à retenir ; toutefois lorsqu'elles sont établies à action directe, elles ne demandent qu'un faible emplacement horizontal et peuvent être construites à n'importe quelle puissance et avec diamètres illimités de piston.

En somme, ce qui, à part toute considération de prix d'achat et de préférences préconçues, devrait entraîner le choix entre les machines soufflantes horizontales ou verticales peut se ramener à une question d'emplacement disponible, de diamètre de piston à vent et de longueur de course à donner pour obtenir le volume de vent voulu, en observant que les machines jumelles ou les machines triples, Compound ou non, permettent de réaliser une douceur de marche et une élasticité de production bien supérieures à ce que donnerait une machine simple engendrant le même volume de vent, et en même temps de réduire les dimensions des cylindres soufflants.

Le croquis fig. 4 a montré la disposition prise, dans les souffleries horizontales Cavé, des forges de Hayange, pour obtenir, depuis plus de 25 ans, le fonctionnement irréprochable de pistons à vent de $2^m,75$ de diamètre et 2 mètres de longueur de course.

En Angleterre, où les machines soufflantes horizontales sont rares, il existe cependant, dans l'Usine de la Tees, à Middlesborough, une soufflerie de ce type dans laquelle le piston soufflant a 9 pieds ($2^m,743$) de diamètre et 9 pieds ($2^m,743$) de course.

En Allemagne, la Georgs-Marienhütte, près Osnabrück, possède cinq machines soufflantes, parmi lesquelles la dernière construite, horizontale, a pour diamètre de piston soufflant 108 pouces (2ᵐ825) et pour longueur de course 7 pieds (2ᵐ,197) et cependant l'on est satisfait de l'emploi et de la marche de cette machine.

D'après ces exemples de cylindres à vent horizontaux, tirés d'usines de différents pays, on doit reconnaître que l'on n'est pas aussi limité qu'on pourrait le craindre dans l'établissement de puissantes souffleries horizontales et qu'en prenant les dispositions voulues dans la construction de ces machines horizontales, en les couplant pour en faire des machines jumelles ou triples, on pourrait arriver, sans tomber dans des dimensions exagérées de cylindres à vent, à établir des souffleries horizontales capables de débiter autant de vent que les plus fortes souffleries verticales actuelles.

Nous avons déjà vu (fig. 34) la machine que Cadiat avait établie à Decazeville et qui est la soufflerie horizontale réduite à la plus simple expression.

Ce type de machine soufflante, conçu dans des circonstances particulières, était évidemment trop vicieux pour pouvoir subsister; pour les machines horizontales aussi bien que pour les machines verticales, le volant étant l'organe essentiel d'une marche régulière et économique.

Les différents types de machines soufflantes horizontales, avec volant, sont assez restreints.

Ainsi qu'il était naturel de le faire, presque généralement le cylindre à vent a été placé à la suite du cylindre à vapeur et dans le même axe (fig. 106) tandis que l'arbre du volant avec sa

Fɪɢ. 106

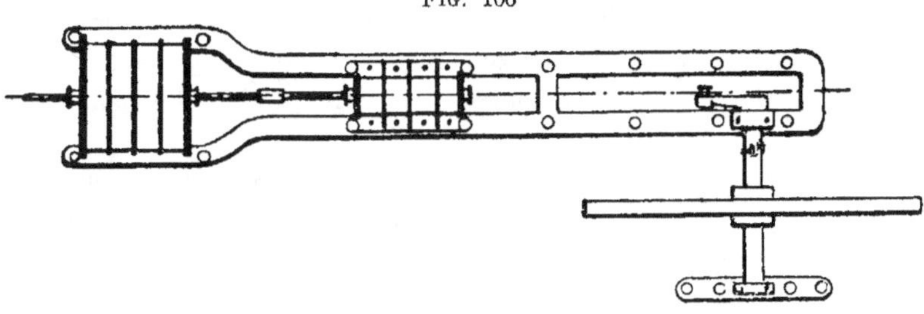

manivelle et sa bielle ont été disposés à l'avant. Il serait peu rationnel, en effet, de placer le cylindre à vent entre l'arbre du volant et le cylindre à vapeur, parce que la tige du piston à vent serait, dans ce cas, soumise à l'effort considérable de compression qui s'exerce sur le piston à vapeur à partir du commencement de sa course vers l'arbre de couche et qui doit se transmettre presqu'intégralement au bouton de manivelle.

Quelquefois les machines soufflantes horizontales sont simples; c'est-à-dire composées d'un cylindre à vapeur, d'un seul cylindre à vent et de l'arbre du volant; mais le plus souvent on conjugue ensemble deux machines simples sur un même arbre de volant (fig. 107), cet arbre porte alors à chacune de ses extrémités une

Fig. 107

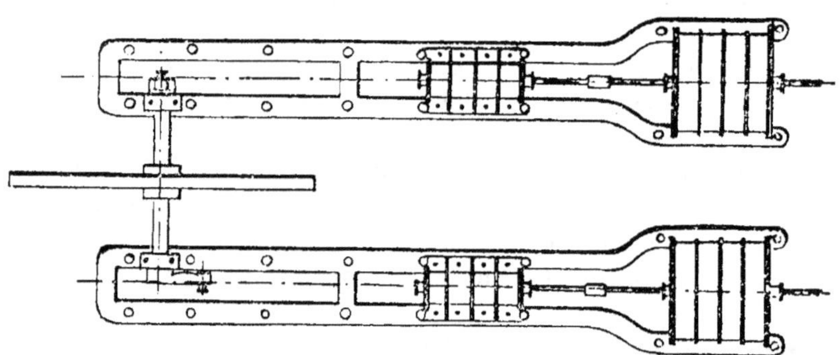

des manivelles, et le volant en son milieu, les manivelles sont calées à angle droit l'une sur l'autre.

La machine jumelle qui en résulte a encore plus sa raison d'être dans le système horizontal que dans le système vertical, puisqu'à égale quantité de vent produite le diamètre et la longueur de course des pistons à vent, dans une machine jumelle, peuvent être plus réduits que dans une machine simple, et que ce sont les diamètres et longueurs de course trop grands qui sont l'écueil des machines horizontales.

La machine soufflante à disques rotatifs de Fossey, dont nous avons décrit le cylindre (fig. 43) est une soufflerie jumelle horizontale du type normal.

MM. Farcot et fils ont construit pour plusieurs usines françaises un certain nombre d'exemplaires de souffleries horizontales du type normal, auxquelles ils ont appliqué leur tiroir à détente variable réglé par leur régulateur parabolique.

Le cylindre soufflant porte des clapets nombreux placés directement sur les fonds, avec une disposition permettant de les remplacer rapidement en cas d'avarie. Le cylindre à vapeur est à enveloppe. Voici les dimensions principales de ces souffleries :

Diamètre du cylindre à vent........	$2^m,12$.
— — à vapeur......	$1^m,27$.
Course des pistons...............	$2^m,10$.
Pression de la vapeur aux chaudières.	5 atm.
Nombre de tours par minute........	20 à 25.
Pression du vent...............	$0^m,18$ à $0^m,20$ de merc.
Poids du volant (de 10^m,diamètre)..	25,000 à $30,000^{kg}$.

Le piston à vent est creux, en fonte, il est sans garniture ; mais des cannelures circulaires sont creusées sur son pourtour de façon que par son inertie, l'air en pénétrant dans ces cannelures fasse obstacle lui-même à son écoulement d'un côté à l'autre du piston. La tige de ce piston est creuse, en fonte, son diamètre extérieur est de $0^m,25$ environ ; elle traverse, dans de longs presse-étoupes, chacun des fonds du cylindre à vent.

Cette machine est à condensation, avec condenseur et pompe à air dans l'axe des cylindres de la soufflerie ; mais à un niveau inférieur et situés à l'extrémité de la machine correspondant au volant, en dehors de l'arbre. Elle occupe une surface horizontale de 25 mètres de longueur sur 6 mètres de largeur.

MM. Farcot ont construit aussi la même machine en donnant au cylindre à vent $2^m,45$ de diamètre pour du vent à pression moindre.

On trouve leurs souffleries dans les usines de Longwy, Firminy, Marnaval, Redon, Ottange, etc.

M. Petau de Maulette, constructeur à Passy, a fourni aux hauts-fourneaux de Liverdun et de Maizières-les-Metz, une soufflerie horizontale jumelle, avec volant placé entre les bâtis des deux cylindres et manivelles calées à 90°.

Le diamètre des pistons soufflants est de	2 mètres
— — à vapeur......	$0^m,90$
La longueur de course des pistons........	$1^m,70$
Nombre de tours par minute.............	20
Diamètre du volant...................	8 mètres.

Ces machines sont à condensation ; les condenseurs et pompes à air sont établis à côté des cylindres moteurs, mais à un niveau inférieur et entre les fondations des deux cylindres à vapeur.

La machine fonctionne à détente variable à la main réglée par tiroir Farcot et possède un régulateur centrifuge qui agit sur un papillon mobile dans la conduite d'arrivée de vapeur.

Le volant est calculé de façon à pouvoir au besoin marcher avec une seule des deux machines conjuguées.

Les tiges des pistons sont soutenues par des glissières des deux côtés du cylindre moteur et la tige du piston soufflant est en outre guidée et soutenue à l'autre bout par un très long presse-étoupes dont le coussinet inférieur peut être facilement relevé à l'aide d'une clavette à vis de rappel.

Le piston soufflant est creux, en fonte, et la garniture est à rainures creuses, basées sur l'inertie de l'air ; il a $0^m,18$ d'épaisseur, sa surface extérieure cannelée présente un jeu maximum de deux millimètres après l'alésage du cylindre, c'est une garniture dont l'entretien est nul ; mais qui doit laisser une certaine fuite dont l'importance croît avec la pression du vent.

La tige de ce piston est en fer d'environ $0^m,14$ de diamètre.

Les clapets sont en cuir rendu rigide par de la tôle. Ils sont placés directement sur les deux fonds verticaux du cylindre à vent.

Cette soufflerie jumelle horizontale occupe une surface de $19^m,50$ en longueur sur $8^m,10$ en largeur.

Les figures 108, 109, 110 et 111 représentent, d'après l'Engineer (14 janvier 1881), les machines soufflantes horizontales jumelles construites et érigées aux usines de Stavely, près Chesterfield, d'après les dessins de l'ingénieur directeur, M. Markham.

Dans ces souffleries à condensation et distribution par soupapes, le diamètre des cylindres à vapeur est de........ $1^m,270$

      —   — à vent — .... $2^m,540$

la course des pistons est de...................... $1^m,830$

Chacun des cylindres soufflants communique, au moyen d'un tuyau de $0^m,915$ de diamètre, dans un grand tuyau en tôle, de $1^m,830$ en formant réservoir d'air.

FIG. 108

FIG. 109

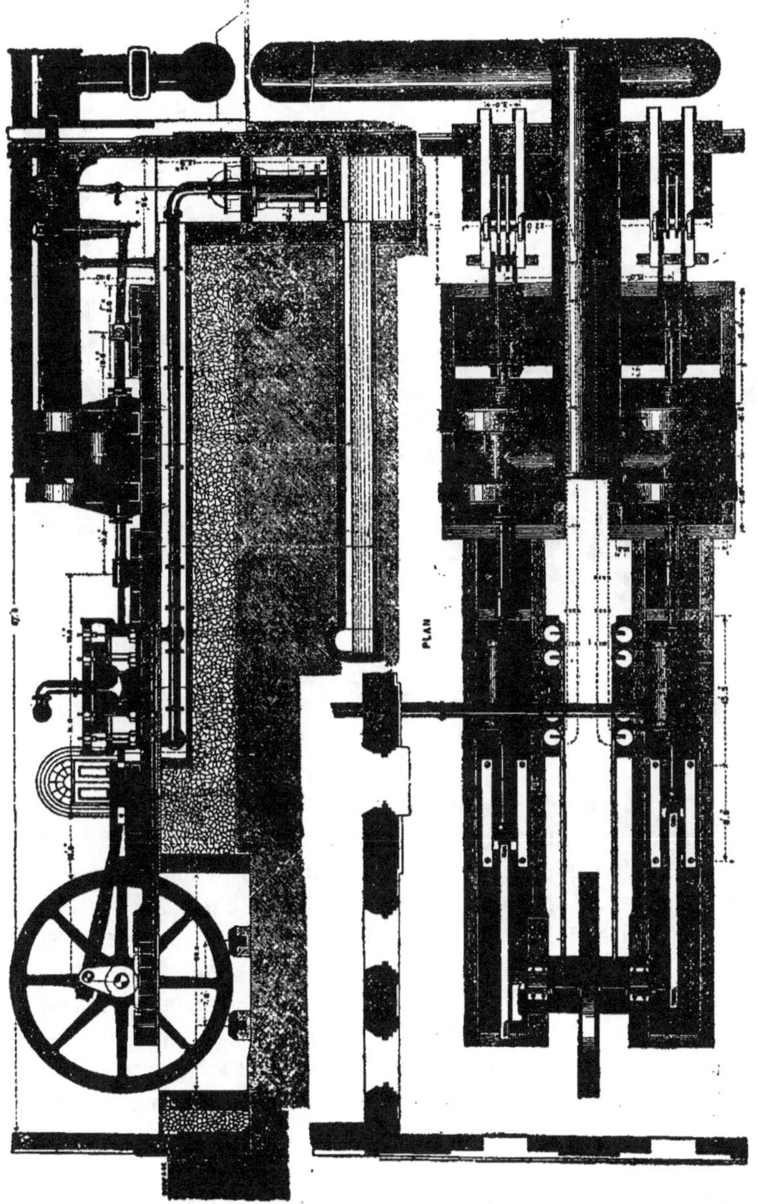

Ce réservoir est mis en communication par un tuyau de 1ᵐ,220 de diamètre avec la conduite d'air des hauts-fourneaux.

Fɪɢ. 110

Fɪɢ. 111

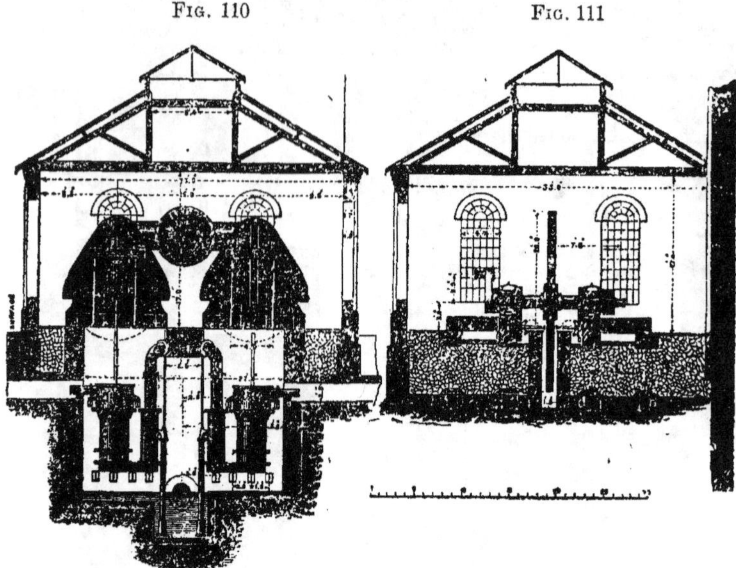

L'arbre du volant a 0ᵐ.385 de diamètre aux fusées et leur portée est de 0ᵐ,610; le diamètre au corps est de 0ᵐ,432.

Le diamètre du volant est de 6ᵐ,10, son poids est de 18,000ᵏᵍ.; l'épaisseur de sa jante est de 0ᵐ,228 et sa largeur est de 0ᵐ,380.

Par économie, le corps des bielles a été fait en bois et leur longueur de centre en centre est de 4ᵐ,575.

La machine soufflante pour Bessemer, du Creusot, est aussi horizontale jumelle et du type normal avec cylindre à vapeur entre l'arbre du volant et le cylindre à vent. Le piston à vent, de 1ᵐ,50 de diamètre et 1,ᵐ80 de course, est creux, en tôle, il est fixé sur une tige creuse de 0ᵐ,20 de diamètre, traversant les deux fonds du cylindre à vent dans de longs presse-étoupes et venant de plus s'engager à ses extrémités dans la tête de larges coulisseaux reposant sur une glissière à l'avant et à l'arrière du cylindre à vent. La garniture du piston à vent est composée de segments en bois de noyer, chevillés de gaïac et poussés par des ressorts arqués.

L'air est aspiré en dehors de la chambre des machines par un tuyau et pénètre dans le cylindre par une couronne de nombreuses ouvertures circulaires sur lesquelles fonctionne un clapet-bague formé par une bande de caoutchouc. L'air refoulé passe par des ouvertures pareilles de refoulement, recouvertes d'un clapet-bague analogue, pour se rendre dans le tuyau de sortie ; pour remédier à l'usure trop rapide de ces ceintures en caoutchouc, provenant des chocs répétés et de l'échauffement de l'air, dans ces souffleries, on a installé à chaque extrémité du cylindre, en face du clapet-bague de refoulement, une circulation d'eau froide qui empêche l'échauffement de la bande de caoutchouc (fig. 112).

Le diamètre du volant est de 8 mètres. Les cylindres à vapeur ont une distribution à soupapes mues par des cames, et la machine est à détente, sans condensation ; elle occupe une surface horizontale de 22 mètres de long, sur 10 mètres de large.

Ces machines soufflantes jumelles horizontales pourraient, tout aussi bien que les machines jumelles verticales que nous avons vues, être établies avec fonctionnement Compound, en conservant leurs manivelles à 90°, ou même être faites à détente système Woolf, avec manivelles calées à 180° l'une sur l'autre.

La soufflerie horizontale représentée pl. 14 en est un exemple.

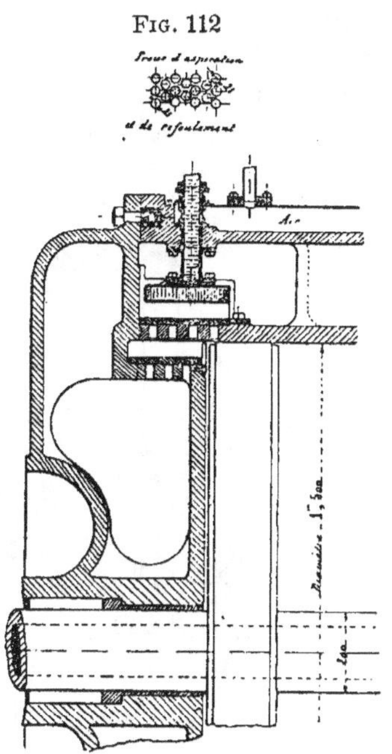

Cette machine soufflante, exécutée par les Forges et Fonderies de l'Horme pour la Société Métallurgique Italienne, est destinée à alimenter un convertisseur pour la fabrication de cuivre, dans l'usine de Livourne ; elle présente cette singularité qu'en marche normale elle doit pouvoir fournir en même temps du vent à 0m,05 et 0m,40 de mercure.

Pour avoir moins d'écart entre les travaux de puissance et de résistance, afin de réduire le plus possible le poids du volant pour un degré de régularité déterminé, on a adopté pour moteur une machine à détente systéme Woolf et placé directement derrière les deux cylindres à vapeur, deux cylindres à vent égaux.

Le choix de ce moteur a été fixé après comparaison des travaux de puissance et de résistance pour divers calages de manivelles.

Les refoulements à 0^m,05 et 0^m,40 devant se faire dans le même sens dans chaque cylindre soufflant, on a adopté pour cette soufflerie des manivelles à points morts opposés, pour que chaque demi-tour présente toujours le même travail résistant total.

Pour éviter le surcroit de pression motrice qui résulte de l'espace nuisible des cylindres à vent au commencement de chaque course, on a établi entre les deux faces du piston et à l'extérieur des cylindres, une communication A (fig. 113) qui permet à l'air,

FIG. 113

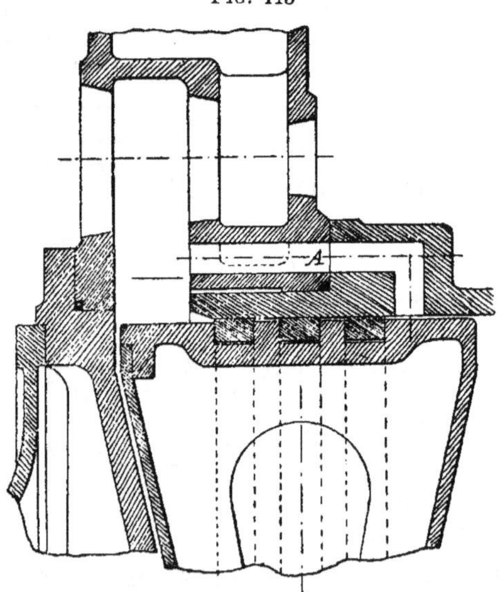

en pression dans cet espace mort, de se détendre vers la fin de la course précédente.

Les données de cette machine sont les suivantes :

Pression initiale absolue au petit cylindre   9^{kg},5
Condensation par surface.
Volume total de l'air aspiré par minute..   200 mètres cubes.

Soit pour la pression de 0^m05 et pour la pression de 0^m,40...................... 100   —

Les résultats ont été les suivants :

Force de la machine en chevaux indiqués   160   —
Diamètre des cylindres soufflants.......   1^m,13
Diamètre du petit cylindre à vapeur.....   0^m,40
Diamètre du grand cylindre à vapeur....   0^m,76
Course commune......................   1^m,20
Admission au petit cylindre............ $\frac{1}{3}$
Admission fixe au grand cylindre....... $\frac{3}{4}$
Poids total du volant.................   10,000^{kg}.

Cette machine devant au besoin refouler à 0^m,40 le volume total aspiré, l'admission au petit cylindre devra pouvoir être $\frac{1}{2}$; la force de la machine devient alors de 220 chevaux indiqués.

Les machines soufflantes triples horizontales pourraient être construites avec manivelles à 120°, ou dans le système Compound introduit par Dupuy de Lòme dans les machines marines; ce ne sont pas les cylindres à vent placés à l'arrière des cylindres à vapeur qui empècheraient de pareilles constructions.

Un des plus graves reproches que l'on fasse aux machines soufflantes horizontales, à action directe, du type normal, est le grand emplacement qu'elles occupent en longueur. Divers systèmes ont été employés pour y remédier; entr'autres le placement de l'arbre du volant entre le cylindre à vapeur et le cylindre à vent, ce qui a pour avantage de ramener le volant vers le milieu de la machine.

Nous avons déjà vu (fig. 39) ce système adopté dans la soufflerie à tiroir de Thomas et Laurens, pour laquelle on a recouru à un étrier dans la liaison du piston à vapeur au piston à vent, afin de permettre le passage de l'arbre manivelle, portant le volant, entre les deux cylindres.

A l'usine Saint-Paul, d'Ars-sur-Moselle, existe une soufflerie horizontale dans laquelle l'arbre du volant est également situé entre les deux cylindres, et son passage transversal, à hauteur d'axe des cylindres, a été obtenu par les constructeurs MM. Warrall, Elwell et Middleton, de Paris, en s'inspirant de la disposition semblable des machines marines de Maudslay (fig. 114) et recou-

FIG. 114

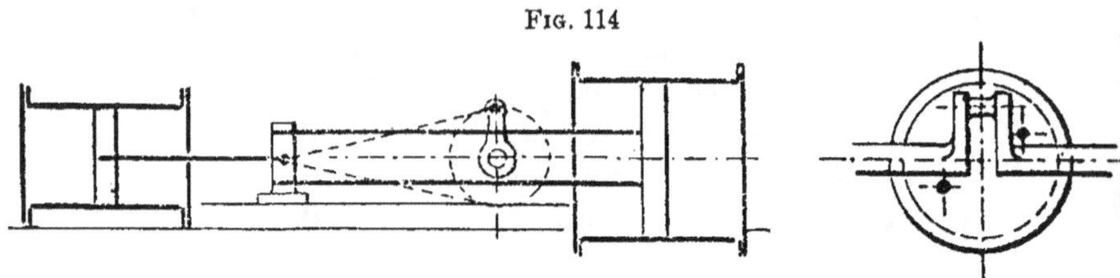

rant à deux tiges placées dans un plan oblique pour attaquer le piston à vent.

La disposition de bielle en porte à faux des souffleries verticales Galloway pourrait être simplement adoptée, en prenant les mêmes précautions, pour ramener l'arbre du volant entre le cylindre à vent et le cylindre moteur, sans que le report, hors de l'axe des

FIG. 115

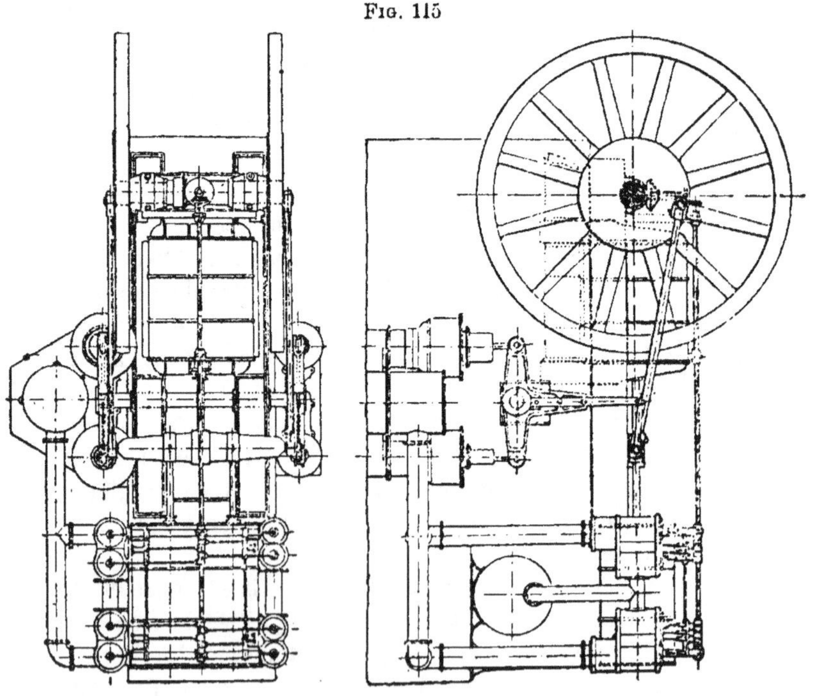

cylindres, des efforts du piston à vapeur sur la manivelle puisse amener ni flexion, ni devers des tiges de piston.

Une autre disposition de soufflerie horizontale raccourcie est due à l'ingénieur américain M. J. Fritz qui l'a introduite aux forges de Bethlehem (Pensylvanie). Dans la description qu'en donne l'Engineering (1877) nous extrayons les détails suivants :

« Trois machines soufflantes neuves furent construites pour les hauts-fourneaux n°s 5 et 6; deux de ces machines sont comme les croquis (fig. 115) à l'exception que chacune n'a qu'un cylindre à vapeur à la place de la disposition Compound.

« La machine Compound a un cylindre à haute pression de 30 pouces (0^m,762) — pression dans la chaudière 50 livres (3^{kg},5) — et un cylindre à basse pression de 54 pouces (1^m,372) et 80 pouces (2^m,032) de course. Les cylindres soufflants ont 80 pouces (2^m,032) de diamètre. Les trois pistons sont attachés par leurs tiges à la même tête de bielle. Les pompes à air, à piston plongeur, ont un diamètre de 20 pouces (0^m,508) avec 36 1/2 pouces (0^m,927) de course. La distribution de vapeur est disposée pour arriver au degré de détente quatre. Le réservoir intermédiaire entre les deux cylindres à vapeur a la même contenance que le cylindre à haute pression. La machine fait ordinairement 20 tours, en a déjà fait vingt-quatre et peut marcher plus rapidement encore avec sûreté. La pression de vent ordinaire pour anthracite, dans ces grands hauts-fourneaux, est de 10 livres par pouce carré (0^{kg},7). »

« Le cylindre soufflant qui demande moins d'attention occupe un espace moins libre entre arbre, bielles et volants. Le mouvement des soupapes de distribution de la vapeur est très simple et peu coûteux ; le système de cames appliqué à la commande de ces soupapes présente de grandes facilités pour régler le moment et le degré de l'ouverture, et la soupape équilibrée, quand même elle n'est ni bon marché, ni faible dans son espace nuisible, a été par une longue expérience perfectionnée, dans ces usines, de telle sorte qu'elle demeure tout à fait étanche et donne de bons résultats. Ces soupapes sont excessivement grandes, celles du cylindre à haute pression ont 10 pouces (0^m,262) de diamètre et celles du cylindre à basse pression ont 16 pouces (0^m,419).

« L'économie des machines Compound a été souvent altérée par l'emploi de trop petites soupapes au cylindre à basse pression; le seul reproche à faire aux grandes soupapes est l'espace nuisible plus élevé qu'elles occasionnent. Les dimensions des diverses parties de la machine, comme en général toutes les constructions de M. Fritz, sont fortes sans être grossières; les surfaces frottantes sont excessivement grandes et la construction est la meilleure que la prévoyance puisse assurer à des machines de ce genre. Par suite, il n'est pas étonnant que cette soufflerie marche avec une grande vitesse, sous une forte pression, avec tant de douceur et si peu de bruit, ce qui se rencontre rarement dans de pareilles machines. »

Si réellement ce type de souffleries répondait aux éloges et présentait les avantages qui viennent d'être mentionnés, ce serait un modèle de machine soufflante à bon marché et à production économique de vent; mais cela est douteux. Bien que le cylindre soufflant n'exige pas grande surveillance, sa situation entre les deux volants, l'arbre et la traverse n'est cependant pas très commode, car les clapets placés sur les fonds ne sont pas tous suffisamment accessibles.

Le constructeur se contente de donner une grande largeur au piston à vent, sans prendre aucune disposition pour éviter l'usure résultant du poids de ce piston; c'est là une hardiesse tout américaine et qu'il serait difficile de réparer en cas de marche défectueuse du piston à vent, puisque par sa position l'arbre du volant interdit l'emploi de tout guidage de la tige du piston à vent soit à travers le fond du cylindre à vent, soit par glissières à l'arrière de ce cylindre. En cas d'insuccès, ce serait acheter trop chèrement une économie d'emplacement de machine et en tous cas, c'est courir trop de risques que d'imiter une pareille construction de machine soufflante.

En général, plus une soufflerie est facile à surveiller et à aborder, plus sa bonne marche et son entretien sont assurés; des agencements ramassés pour gagner de la place, ou obtenir un plus bel aspect, sont à rejeter; il faut laisser aux constructeurs de machines marines tous les artifices de construction au moyen desquels ils cherchent à réduire le plus possible l'espace occupé par leurs moteurs, vouloir les copier dans l'établissement des machines soufflantes serait tout à fait absurde, d'autant plus que l'on a toujours la ressources de pouvoir employer des souffleries verticales, demandant moins de place encore que les machines horizontales raccourcies, quand on se trouve, par suite de circonstances, à avoir à établir une soufflerie dans un local étroit. La disposition verticale ne demande aucune mesure de prévoyance telles que l'emploi de tiges creuses, de piston à vent légers, ni les larges glissières à l'avant et à l'arrière des cylindres à vent horizontaux et qui allongent si considérablement ces machines.

Dans une construction neuve, comme généralement on a plus de liberté, on peut employer le système horizontal en considérant comme une bonne limite de dimensions des cylindres à vent : $2^m,50$ de diamètre et 2 mètres de course ; une machine jumelle, du type normal, avec cylindre soufflants de ces dimensions livre une assez grande quantité de vent pour être acceptable pour tout soufflage, elle est simple, facile à établir dans de bonnes conditions de marche, avec ou sans condenseur, à détente étendue par système Woolf ou Compound.

Alors que presque généralement on ne connaissait et ne construisait que les machines soufflantes à balancier, lorsque parut le système horizontal moins coûteux, plus facile à surveiller, on le considéra comme un progrès par suite de la simplicité due à l'action directe du piston à vapeur sur le piston à vent ; aujourd'hui, les machines verticales à action directe, qui possèdent le même avantage, lui font la plus grande concurrence et même l'ont supplanté dans différents pays ; cependant l'expérience n'a pas encore prononcé définitivement entre les deux système, chacun d'eux possédant des avantages particuliers indiscutables et pouvant fournir d'excellentes machines soufflantes.

VI

DÉTAILS DE CONSTRUCTION DES CYLINDRES ET PISTONS SOUFFLANTS

Nous avons vu que sur le continent la grandeur maximum des cylindres soufflants ne dépasse pas 3 mètres de diamètre, tandis qu'en Angleterre on a été jusque 3ᵐ,66 de diamètre et de longueur de course. D'aussi grands cylindres étant difficiles à obtenir dans la machine soufflante de Dowlais, on a fait le cylindre à vent en deux pièces assemblées au moyen d'un emboîtement conique (fig. 116) et de brides boulonnées.

Fᴵɢ. 116

Suivant les différents constructeurs et aussi suivant que les cylindres à vent sont horizontaux ou verticaux, les pistons soufflants sont assez différents comme construction.

Le plus souvent ils sont creux, en fonte, avec nervures rayonnantes et une tôle ou du bois recouvrant la partie creuse et reposant sur les nervures, ou avec du bois léger remplissant les vides; d'autres fois, surtout dans les machines soufflantes horizontales, quand il est essentiel d'arriver à un piston léger, ils sont entièrement en fer et tôle emboutie, avec fourrures en bois pour parfaire le remplissage des bords et réduire l'espace nuisible.

Dans tous les cas, lorsque les pistons présentent un vide sous la tôle fermant leur capacité creuse, il est essentiel que cette tôle obture bien hermétiquement le creux, afin que l'air comprimé ne puisse alternativement y pénétrer et en sortir; car si cet effet se produisait, l'espace nuisible s'augmenterait de tout le volume vide du piston. C'est là une précaution rarement prise comme il conviendrait, parce que l'on ne se donne pas la peine de vérifier si le vide intérieur du piston est absolument fermé par des couvercles à rivures étanches.

Ce sont surtout les garnitures de joints des pistons qui diffèrent le plus entr'elles suivant les constructeurs, suivant la pression du vent et aussi suivant que le fonctionnement de ces pistons doit être horizontal ou vertical. Ainsi, pour garnitures on emploie du cuir, du feutre, du chanvre, des segments en bois, et dans ces derniers temps, des segments en fonte; ces derniers surtout dans les machines verticales parce qu'ils n'y subissent pas de déformation sous l'influence de leur propre poids et donnent lieu à un entretien bien moindre que toutes les autres garnitures précédentes sujettes à usure plus rapide sous l'influence des pressions de vent de plus en plus élevées que l'on emploie et de l'échauffement de l'air qui en résulte.

Fig. 117, représente la double garniture en anneau à triple cuir embouti d'un piston en fonte des anciennes souffleries de Hayange. Ces cuirs sont fixés par des pointes sur deux cercles en bois boulonnés après le piston ; un anneau en peau de mouton est encore interposé entre les cercles en bois et les cuirs pour retenir la poussière.

Le diamètre de ce piston est de 2^m,510.

Le pli d'équerre du cuir contre la paroi interne du cylindre, produit une garniture autoclave d'autant plus jointive que la pression du vent est plus forte. La garniture doit être double, parce que l'une d'elles seulement, à tour de rôle, devient étanche sous l'influence de l'air comprimé.

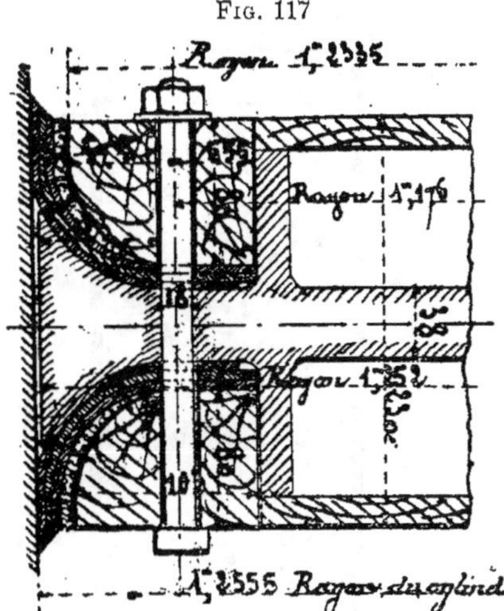

Fig. 118, montre la garniture et le piston en tôle de 2^m,75 de diamètre, des souffleries horizontales de Hayange, la garniture est encore à peu près la même que la précédente, sauf qu'elle n'est plus formée que d'un seul cuir de 7 millimètres d'épaisseur et de peau de mouton derrière, le tout fixé par des pointes sur deux

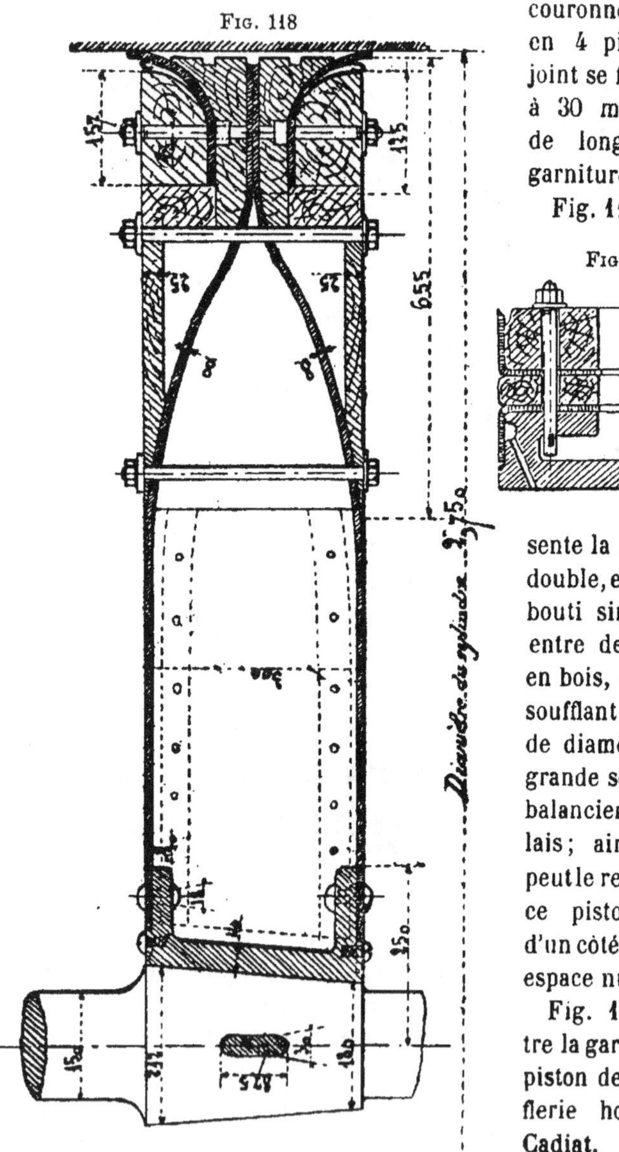

Fig. 118

Fig. 119

couronnes en bois, en 4 pièces. Le joint se fait sur 25 à 30 millimètres de longueur de garniture.

Fig. 119, repré-sente la garniture double, en cuir em-bouti simple, fixé entre des liteaux en bois, du piston soufflant de 3ᵐ,66 de diamètre de la grande soufflerie à balancier de Dow-lais; ainsi qu'on peut le remarquer, ce piston laisse d'un côté un grand espace nuisible.

Fig. 120, mon-tre la garniture du piston de la souf-flerie horizontale Cadiat.

Ce piston de 2^m,525 de diamètre se compose d'un grand plateau en fonte présentant extérieurement deux joues sur lesquelles sont placés deux cuirs emboutis; ces cuirs sont maintenus par deux anneaux en bois et les deux garnitures sont serrées ensemble à l'aide d'une série de boulons, au nombre de 32 sur la circonférence entière, armés de deux écrous portant des plates-bandes en fer; une partie du boulon est carrée afin de le maintenir pendant le serrage; ce carré s'appuie comme embase sur l'une des joues, tandis qu'il traverse l'autre par laquelle il a fallu nécessairement l'introduire à sa place.

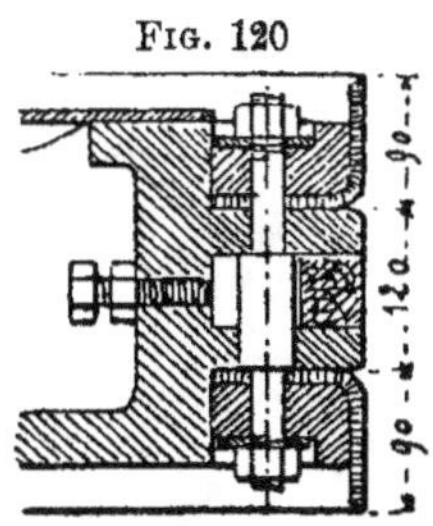
Fig. 120

Les garnitures en cuir ne sont lubrifiées que par de la plombagine que l'on projette de temps en temps dans le cylindre, mais il est essentiel que les cuirs frottent à l'exclusion du métal du piston. A cet effet, les joues étant un peu en retraite sur la surface frottante des cuirs, comme ceux-ci fléchissent, ces joues par le propre poids du piston viendraient porter contre la partie inférieure du cylindre, qui est placé horizontalement, si l'intervalle des deux joues n'était rempli par un autre anneau en bois composé de segments séparés que l'on pousse contre les parois du cylindre à l'aide de vis de pression. Le cylindre se trouve ainsi garanti de tout contact métallique.

Ce piston était fixé au milieu d'une tige creuse, en fonte, de 0^m260 de diamètre extérieur de 0^m150 de diamètre intérieur; il était nervé intérieurement, plein sur l'une de ses faces et recouvert du côté nervé par une tôle.

La Fig. 121, représente le piston de trois mètres de diamètre de la machine neuve du Creusot (fig. 70). Ce piston est creux, en fonte; et contient huit ouvertures circulaires, nécessitées par le moulage de cette pièce creuse; mais refermées par des tampons coniques, convenablement serrés par des vis noyées dans l'épaisseur de la fonte.

La garniture est en cuir embouti, ainsi que cela se voit dans la coupe fig. 122. La bande de cuir et l'anneau en fonte, placé au-dessus, se composent l'un et l'autre de huit segments retenus par des boulons aux joues du piston épousant la forme du cuir embouti.

FIG. 121

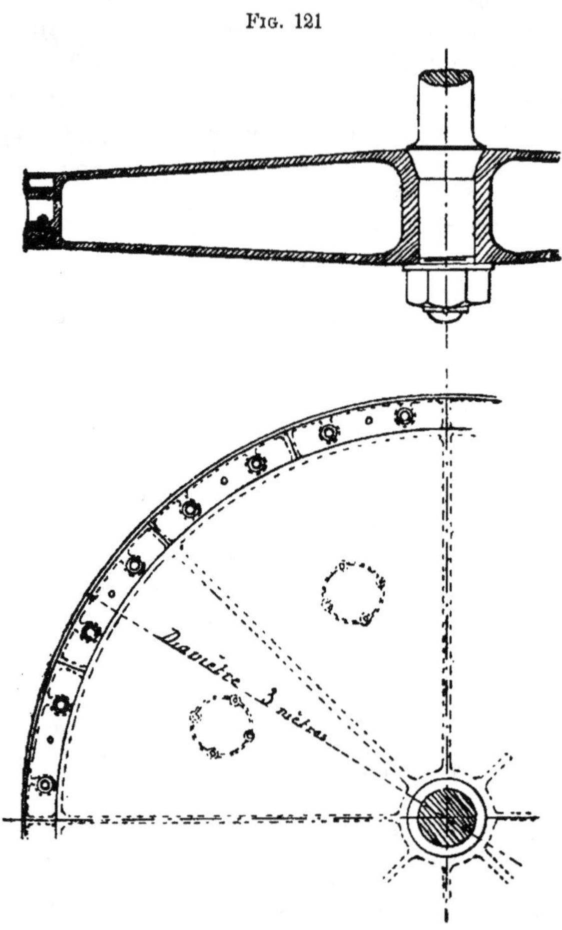

Fig. 123, représente le piston soufflant de 2^m,615 de diamètre de la machine à balancier de l'usine Vulcan, près Duisburg (1). Le corps de ce piston est coulé creux et les trous du noyau ont été bouchés par des plaques en fer. La garniture fig. 124 se compose

(1) Ueber Geblase-Maschinen de J. Schlink.

de couronnes en feutre avec couronne de cuir derrière pour donner de la raideur au feutre qui par lui-même est trop mou.

Fig. 125, montre le piston soufflant de 2^m,825 de diamètre de la grande machine horizontale de Georges Marienhutte à Osnabruck (1). Garniture feutre et cuir avec interposition entre les cercles en bois et la garniture d'un cercle en fer pressé vers le dehors par des ressorts plats. Ce piston

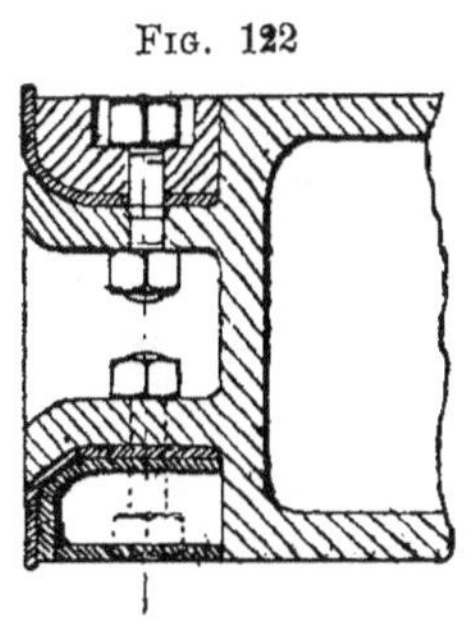

Fig. 122

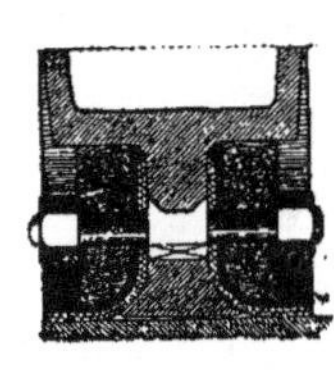

Fig. 124

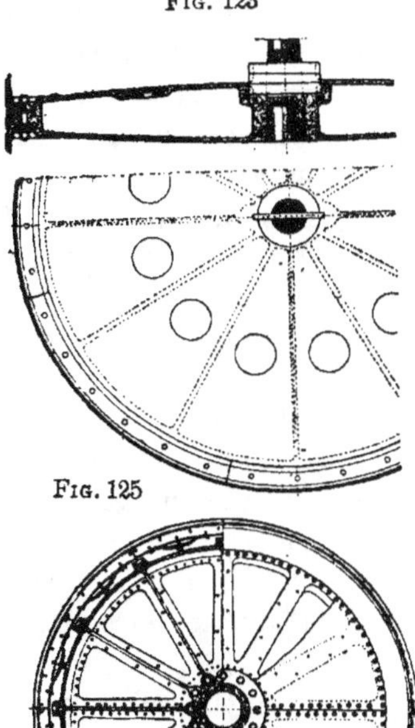

Fig. 123

Fig. 125

est recouvert de chaque côté par une tôle, afin de le rendre aussi léger que possible et de diminuer l'espace nuisible. La tige de ce piston est creuse, en fonte, de 0^m,365 de diamètre extérieur et 0^m,265 diamètre intérieur.

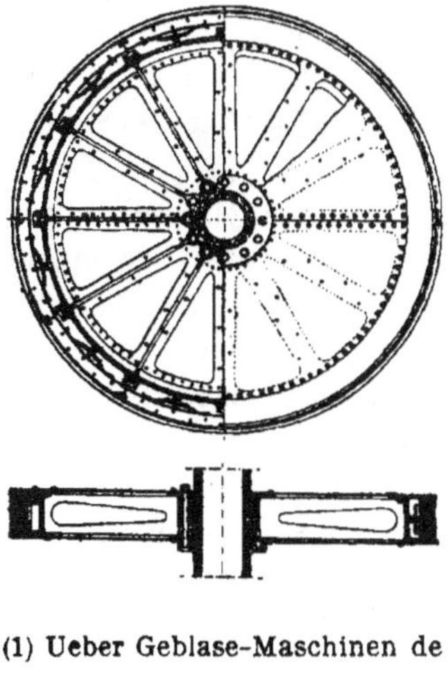

Fig. 126 représente la garniture extrêmement simple des pistons soufflants verticaux de l'usine de Montluçon (MM. Boigues – Rambourg et C°). Ces garnitures sont faites de trois rondelles de cuir, celle du milieu coinçant les deux autres,

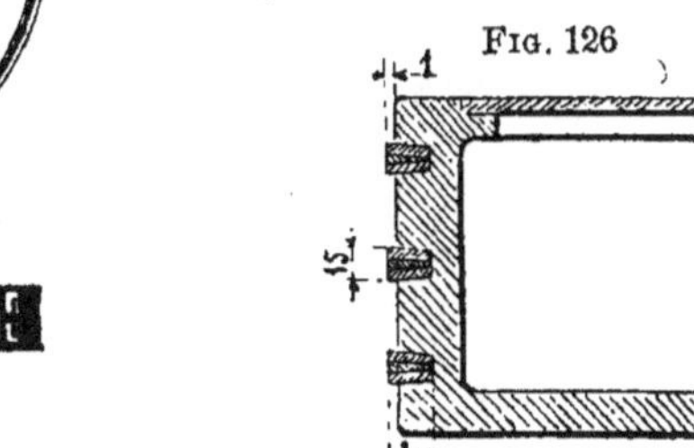

Fig. 126

(1) Ueber Geblase-Maschinen de J. Schlink.

Fig. 127

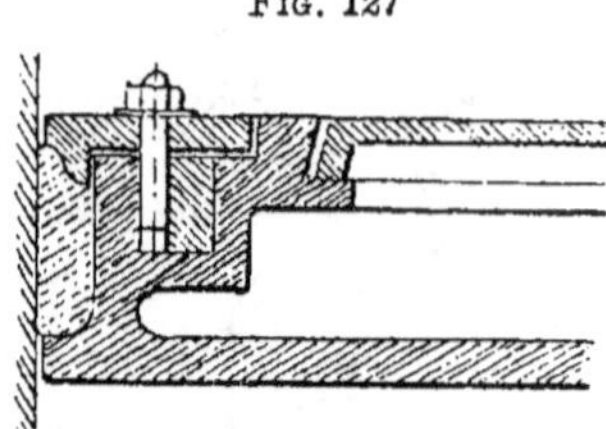

elles sont tournées avec le piston sur le corps duquel elles désaffleurent de un millimètre seulement; elles donnent d'excellents résultats comme durée.

Des garnitures en tresses de chanvre, fig. 127, analogues à celles des pistons de pompes à eau, ont aussi été employées; mais ne se sont pas répandues.

Fig. 128

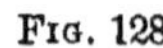

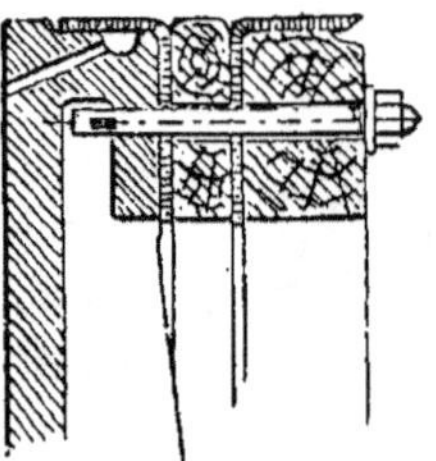

Fig. 128 représente la garniture en bois de gaïac des anciennes souffleries horizontales Bessemer. Cette garniture est formée d'une double rangée de segments poussée chacune contre les parois du cylindre par un ressort plat cintré sous un diamètre un peu plus fort que la circonférence intérieure des segments formés chacun de quatre pièces.

Fig. 81 montre le piston à vent des souffleries verticales américaines, à grande vitesse, de M. Weimer. Ces pistons ont une très longue surface de contact avec les cylindres et leur garniture principale, au milieu, est composée de segments en bois dur enduit de graphite et poussés par une bande faisant ressort. Des rainures parallèles creusées sur toute la surface de ce piston complètent la garniture.

Fig. 129

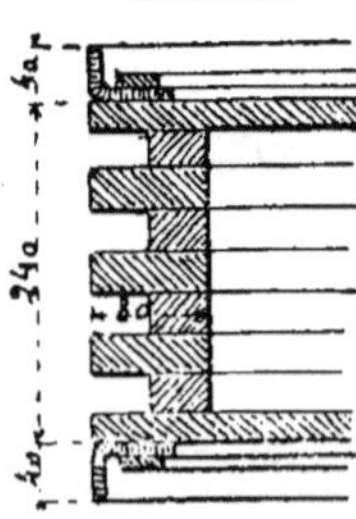

Fig. 129 représente la jante d'un piston à vent des machines soufflantes horizontales, à tiroir, de Thomas et Laurens. Le piston est formé de deux plateaux en bois, armés vers le centre des tourteaux en fonte nécessaires pour l'assemblage avec la tige et serrant entr'eux une couronne composée de segments aussi en bois qui sont superposés et de largeurs différentes, de façon à constituer une série de gorges rectangulaires.

Ces gorges, ajoutées à deux petits cuirs fixés à l'intérieur des plateaux suffisent pour assurer le jeu étanche du piston. L'air mis en mouvement et légèrement refoulé s'insinue peu à peu dans les gorges, mais avec assez de difficulté pour qu'il ne puisse y acquérir en circulant dans leurs replis une vitesse de beaucoup inférieur à celle que le piston lui communique dans le cylindre. Cet air emprisonné est donc le véritable obstacle qui s'oppose aux fuites du piston par sa circonférence.

Fig. 130 représente la garniture du piston de la machine soufflante verticale de Denain construite au Creusot. Le piston creux, en fonte, porte à sa partie supérieure un anneau amovible, boulonné et qui permet de visiter et de changer la double rangée de liteaux en bois, formant la garniture. Ces liteaux sont pressés contre le cylindre à l'aide de ressorts plats s'appuyant contre le fond de la gorge formée par deux joues du piston à vent.

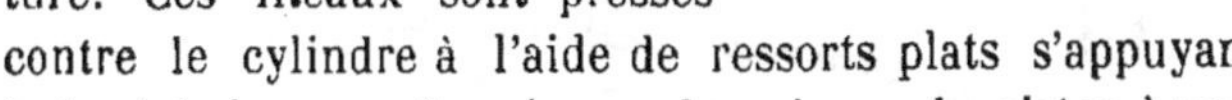

Fig. 130

Toutes ces garnitures en cuir, feutre, chanvre, bois, que nous venons de passer en revue, s'usent plus ou moins rapidement et demandent un certain entretien, surtout dans les machines horizontales; dans le but de l'éviter, certains constructeurs se sont décidés, sans trop d'inconvénients, à sacrifier la perfection de la garniture à l'avantage d'un entretien ou d'un frottement moindre, en supprimant toute garniture autre que celle de rainures creusées dans la surface cylindrique du piston.

Ainsi, dans les souffleries horizontales de Liverdun et de Maizières-les-Metz, le piston à vent de $0^m,18$ de hauteur a reçu une cannelure centrale de 10 à 12 millimètres de profondeur et parallèlement, à droite et à gauche, 4 ou 5 cannelures moins profondes.

Nous avons déjà fait observer que dans les souffleries horizontales Farcot, pareilles cannelures forment la garniture des pistons soufflants.

Tant que le diamètre du piston à vent est considérable, que le degré de compression à réaliser est faible, ce simple artifice

facilite la marche du piston sans entrainer de notables fuites ;
mais il devient insuffisant et défectueux dans les souffleries de
faible diamètre, ou à degré élevé de compression de l'air ; aussi
y a-t-on renoncé généralement et préfère-t-on employer, dans les
souffleries verticales surtout, des segments en fonte analogues à
ceux des pistons à vapeur.

Ainsi dans les souffleries de Seraing, de la société de constructions de la Meuse, à Liège, de la Kœlnische Maschinenbau, etc.,
la garniture des pistons à vent se compose de segments en fonte
pressés contre les parois du cylindre au moyen de ressorts en acier
logés dans des cavités ménagées au fond de la gorge qui renferme
ces segments. Une vis de pression permet de régler chaque ressort.
Le plus souvent un anneau boulonné sur le piston forme la joue
supérieure de la gorge à segments et maintient ceux-ci dans la
position voulue (fig. 131).

Fig. 131

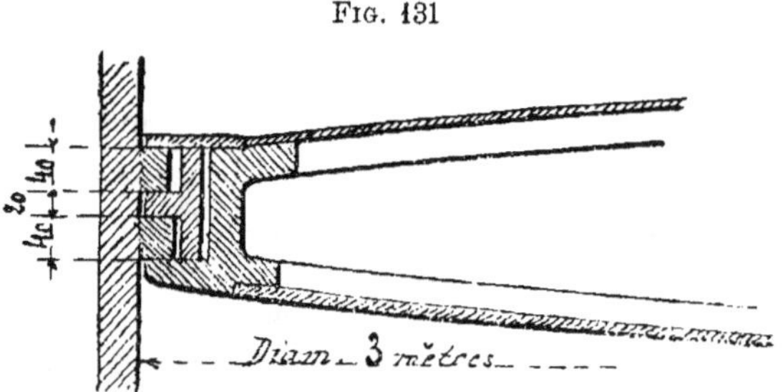

Fig. 132, montre le piston soufflant, de $1^m,362$ de diamètre, de

Fig. 132

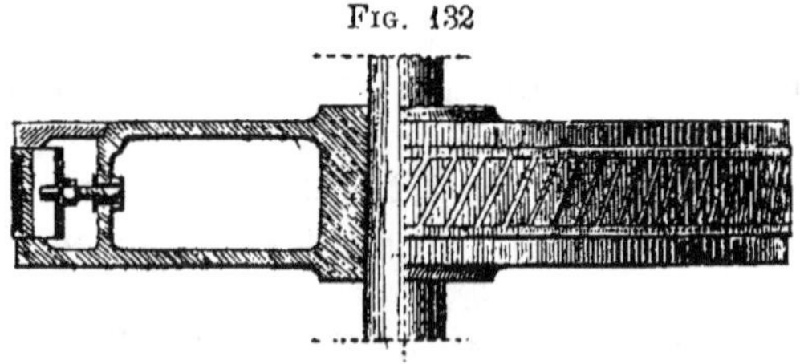

la soufflerie verticale américaine construite par MM. Mackintosch,
Hemphill et Compagnie. Sa garniture se compose d'un segment
en fonte pourvu sur sa surface extérieure de cavités obliques
remplies avec un mélange de plomb et d'antimoine. Le serrage de

cette garniture s'effectue à l'aide de ressorts en acier que l'on peut tendre.

Les segments métalliques donnent lieu à des pistons à vent plus coûteux; mais entraînent peu de frais d'entretien; malheureusement ils ne conviennent pas aussi bien aux pistons soufflants horizontaux, parce que l'on a à craindre qu'ils ne s'usent plus fort vers le bas, en laissant des fuites dans le haut, et qu'ils n'ovalisent les cylindres à vent. Dans les soufflages horizontaux pour hauts-fourneaux, les garnitures en cuir donnent d'assez bons résultats; mais ne conviennent pas pour les soufflages de Bessemer, à cause de la pression plus grande et de l'échauffement de l'air qui dessèche ces garnitures, les durcit et finirait par les brûler; pour ces derniers soufflages, les segments en bois durs conviennent mieux et donnent satisfaction quand le corps du cylindre soufflant est revêtu d'une enveloppe à circulation d'eau qui le rafraîchit constamment.

Avec garnitures en cuir, feutre ou bois, on emploie, pour adoucir leur frottement, de la plombagine et quelquefois du talc; pour garnitures métalliques, on emploie du suif, et quelquefois du suif, de l'huile et de l'eau de savon.

Dans le cours de cet ouvrage, plusieurs fois nous avons eu occasion de reconnaître combien, dans un cylindre à vent, il est important d'assurer une large et prompte admission et évacuation de l'air par de grands orifices s'ouvrant ou se fermant presqu'instantanément à l'époque voulue et avons trouvé d'une part que la section des orifices, par rapport à celle du piston, devrait croître avec la vitesse moyenne donnée à ce dernier et d'autre part que cependant l'influence du rapport de la section des orifices à celle du piston décroît avec le degré de compression de l'air, quoique l'influence, nuisible à un bon rendement, des trop petits orifices persiste quel que soit le degré de compression réalisé.

Il est général, dans les machines soufflantes, d'estimer la section de passage de l'air à l'aspiration aussi bien qu'au refoulement en prenant pour cette section la somme des ouvertures libres que l'on aurait sans la présence des clapets, ce qui généralement est faux, ainsi qu'on peut le vérifier sur une machine soufflante en marche, en mesurant la levée des clapets d'aspiration et calculant la surface de passage de l'air correspondant à cette levée (1).

La plupart du temps, on trouvera en déterminant par expérience la section réelle de passage de l'air que cette section n'atteint pas moitié de la surface libre présentée par les orifices des sièges de clapets et même souvent qu'elle est inférieure au quart de la surface de ces orifices. Cette proportion dépend de la grandeur donnée aux clapets, de leur poids par unité de surface, de la situation plus ou moins horizontale ou verticale de leurs sièges; ou, si les clapets sont formés d'une bande de caoutchouc formant ceinture sur les orifices, de la tension donnée à cette bande.

En effet, lorsque les clapets sont rectangulaires et s'ouvrent à charnière sur l'un de leurs longs côtés, l'air pénètre dans l'ouverture de leur siège par les deux triangles latéraux et le rectangle que forme le périmètre de ces clapets en se soulevant sous l'action des pressions et dépressions de l'air dans le cylindre à vent. Il est évident que cette action des pressions ou dépressions sur les clapets a pour antagoniste l'effort à développer pour maintenir le clapet ouvert, hors de sa position d'équilibre; c'est-à-dire le produit du poids du clapet par la distance horizontale de son axe de rotation à son centre de gravité lorsqu'il est ouvert, ou le moment du poids du clapet ouvert. Il en résulte que bien que le passage périmétrique laissé par des clapets de surface semblable, pour un

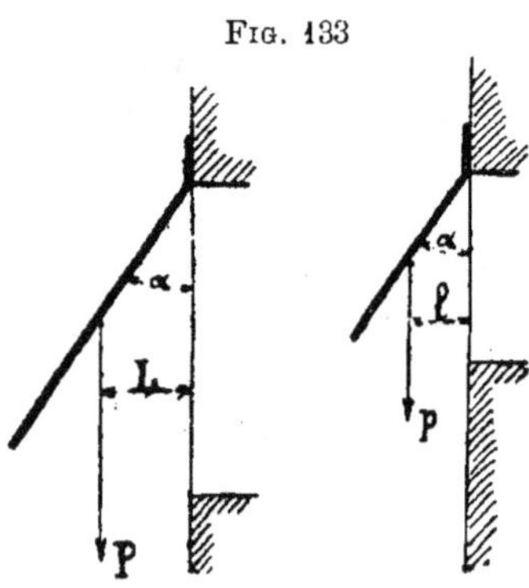

Fig. 133

même angle α d'ouverture (Fig. 133) soit dans la proportion de la surface de ces clapets, ainsi que leur poids, le bras de levier L du grand clapet sera plus grand que le bras de levier l du petit clapet et par suite, sous l'action de pressions ou dépressions égales (par unité de surface), l'angle d'ouverture du petit clapet deviendra plus grand que l'angle d'ouverture du grand clapet.

(1) L'exemple le plus frappant de ce fait est le faible soulèvement des soupapes de sûreté appliquées aux chaudières, lorsque la pression de la vapeur est dépassée. Il est rare, en effet, que ce soulèvement atteigne deux à trois millimètres, même pour des excès de pression considérables.

Donc :

1° Sur un cylindre soufflant, des clapets nombreux, petits et étroits fourniront une levée relativement plus forte et offriront à l'air un passage réel plus grand que des clapets moins nombreux, plus longs et plus larges ; mais qui en total présenteraient la même surface que la surface totale des petits clapets.

2° Des clapets lourds s'ouvriront moins que des clapets légers de même surface.

3° A poids et surface égale, des clapets horizontaux s'ouvriront moins que des clapets verticaux (Fig. 134).

Par suite de ces différences d'ouverture, il n'est pas rare de rencontrer des machines soufflantes dans lesquelles le constructeur a cru, pour assurer de larges passages à l'air, à l'entrée et à la sortie du cylindre à vent, devoir réaliser des surfaces d'orifices comprises entre 1/4 et 1/2 de celle du piston à vent, et qui ont perdu le bénéfice de ces larges passages par l'emploi de clapets peu convenables, trop grands, trop lourds, ou disposés horizontalement, n'offrant comme passage effectif à l'air que le quart à peine de leur surface ; ce qui ramène ces souffleries à n'avoir en réalité que des sections d'entrée et de sortie d'air comprises entre 1/8 et 1/16 de la surface de leur piston et à ne pas être dans de meilleures conditions que d'autres souffleries à section d'orifices plus faible ; mais pourvues de clapets plus légers ou mieux disposés et s'ouvrant davantage.

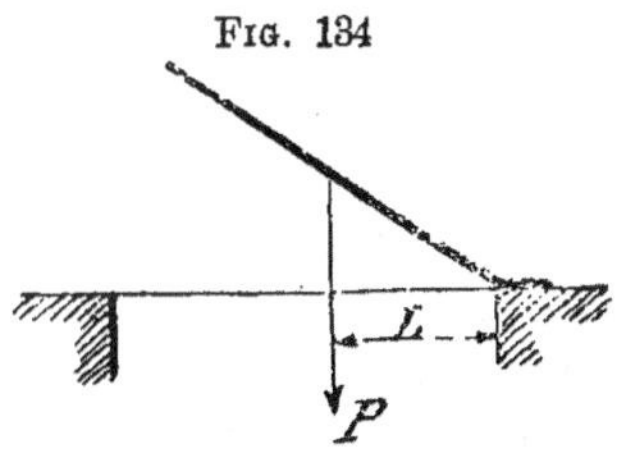

Entre une soufflerie avec clapets lourds, de faible levée, et une soufflerie à tiroir du système Adamson, la différence de rendement doit être faible, et souvent elle doit être à l'avantage des machines à tiroirs qui, de plus réalisent une importante économie d'entretien par la suppression presque complète des clapets.

Pour soufflage des hauts-fourneaux, les clapets d'aspiration et de refoulement le plus généralement employés sont rectangulaires ou trapézoïdaux ; ils s'ouvrent autour de l'un de leurs côtés longs servant de charnière.

Ces clapets sont formés d'une plaque de cuir, de feutre, ou

de caoutchouc flexible, souvent rendue rigide sur une partie de son étendue par deux feuilles de tôle rivées ensemble, au-dessus et au-dessous de la plaque flexible. Les sièges et les chassis sur lesquels ils s'appliquent sont en fonte dressée, et parfois aussi, comme les clapets, garnis de feutre ou de caoutchouc. Le recouvrement de ces clapets doit être faible, de 20 millimètres environ, afin de faciliter leur jeu à la moindre différence de pression.

Dans certains cas, les sièges sont disposés en grillages à jour, formés de barreaux en fer, ce qui, en raison des nombreux points d'appui qui en résultent, fatigue moins le corps des clapets que s'ils étaient abandonnés et permet de les faire plus légers ; d'autres fois le grillage manque et alors la tôle qui les couvre doit être plus épaisse et les clapets deviennent plus lourds.

On dispose le plus souvent les clapets de façon qu'ils tendent à se fermer par leur propre poids dès que la pression de l'air devient égale sur les deux faces ; mais leur fermeture peut être obtenue aussi au moyen de leviers à contrepoids, ou de simples ressorts ; seulement cette disposition plus compliquée, plus sujette à se déranger, réduit souvent leur ouverture quand l'action des contrepoids ou des ressorts excède le poids des clapets ; aussi ne doit-on y recourir que le plus rarement possible.

La disposition la plus favorable au bon fonctionnement des clapets est celle dans laquelle au repos, sur leur siège, ces clapets sont légèrement inclinés sur la verticale (fig. 135) de façon à mieux assurer que dans la disposition absolument verticale la fermeture de l'orifice par le poids propre du clapet.

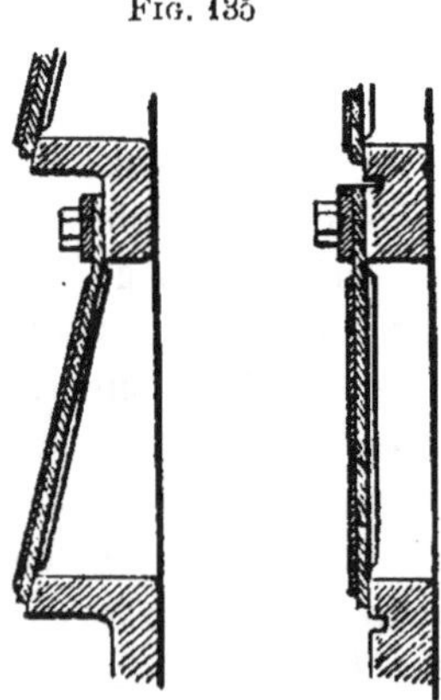

Fig. 135

Lorsque, comme dans certaines souffleries verticales, les clapets de refoulement sont directement appliqués sur le fonds inférieur horizontal, et ceux d'aspiration sont placés sur le fond supérieur horizontal des cylindres à vent, ces clapets tendent à s'ouvrir par leur propre poids, bien que l'on empêche leur ouverture totale par un arrêt (fig. 136) ou un ressort, ces clapets qui s'ouvrent spontanément ne se referment pas au moment précis du changement de marche, il se produit à ce moment une légère fuite d'air qui devrait faire rejeter cette disposition.

Fig. 136

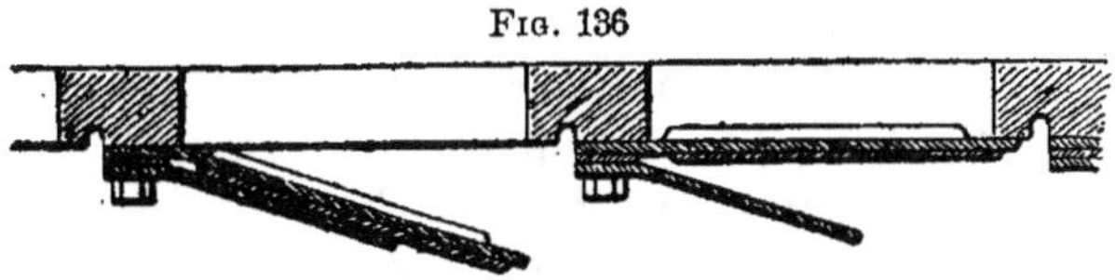

Fig. 137 représente les clapets d'aspiration, à simple cuir, des souffleries horizontales de Hayange, pour orifices de 350 millimètres de longueur sur 125 millimètres de largeur. La longueur de l'orifice est divisée en quatre par trois traverses de fonte tenues avec les fonds du cylindre à vent.

Fig. 138 représente les clapets de refoulement, à double cuir,

Fig. 137   Fig. 138

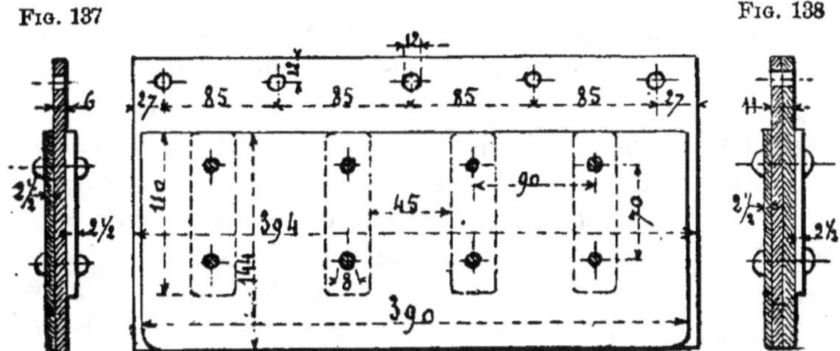

des mêmes souffleries horizontales de Hayange. Ces clapets sont aussi pour orifices de 0^m,350/0^m,125 divisé par trois traverses. Dans ces clapets, le cuir qui vient battre sur le siège est blanc, on a trouvé qu'il se dessèche moins vite que le cuir ordinaire.

Les rivets d'attache de la tôle sur ces clapets sont en cuivre rouge.

Souvent les clapets de ce genre sont faits en cuir, en caoutchouc, sans aucune armature de tôle, et viennent battre sur un siège en forme de grille à barreaux rapprochés à moins de 50 millimètres. Ces clapets sont alors très légers, mais parfois insuffisamment étanches. Quelquefois on les forme de feutre et de cuir cousus ensemble, le cuir en dessous vient battre sur le siège et faire le joint.

19

Ce genre de clapets en cuir et en caoutchouc présente l'inconvénient de se dessécher et de durcir peu à peu et ensuite de se déchirer dans le bord faisant charnière. Les clapets de refoulement sont ceux qui se dessèchent le plus rapidement, étant en contact presque continu et sur leurs deux faces avec de l'air échauffé par compression, tandis que les clapets d'aspiration conservent une face à l'air libre et l'autre face est rafraichie par l'air qui les lèche en pénétrant dans le cylindre. Ce déchirement des clapets et leur remplacement occasionnent des frais d'entretien assez élevés et naturellement d'autant plus considérables que les clapets sont plus larges ou que leurs battements sont plus fréquents.

Les clapets en cuir se dessèchent et se déchirent plus vite que les clapets en caoutchouc, lorsque ce dernier est de bonne qualité ; mais le cuir est préférable au caoutchouc de mauvaise qualité que l'on trouve à bas prix dans le commerce et qui fait peu d'usage.

Les plaques de caoutchouc employées pour clapets ont 15 à 20 millimètres d'épaisseur, ce qui les rend plus lourds que les clapets à simple cuir et de plus, ces clapets en caoutchouc ont encore l'inconvénient d'être perméables à l'air par les fentes qui se forment de part en part dans leur épaisseur, sur les parties de la surface qui subissent les plus forts boursoufflements sous l'action de la pression de l'air dans le cylindre à vent.

C'est à cause de l'inconvénient de la faible levée des clapets horizontaux que, dans les machines soufflantes verticales, les clapets sont logés en dehors du fond et du couvercle des cylindres à vent, dans des boîtes spéciales fixées et boulonnées sur ces fonds. Le cylindre à vent de la grande soufflerie à balancier de Dowlais (fig. 139) nous en offre l'exemple le plus ordinaire.

Dans cette soufflerie, il existe encore, à l'aspiration, des clapets horizontaux que l'on ne rencontre plus aujourd'hui dans les machines soufflantes verticales bien établies, telles que celles de Seraing, du Creusot, de la société de construction de la Meuse, etc., souffleries dans lesquelles tous les clapets d'aspiration et de refoulement sont disposés dans des boites et à peu près verticalement.

Il est évident que, l'air comprimé dans ces boîtes l'étant en pure perte puisqu'il n'est pas expulsé dans le porte-vent, il faut réduire leur volume autant que possible, de façon à ne laisser que le jeu strictement nécessaire des clapets tout en conservant des sections suffisantes aux conduits du vent; ces conditions inverses rendent raison des formes en apparence bizarres que l'on donne aux boîtes à clapets.

Dans ses nouvelles machines soufflantes, le Creusot et les Anciens Etablissements Cail ont heureusement disposé les boîtes à clapets de façon à pouvoir y faire pénétrer les 4 boîtes en tôle

Fig. 139

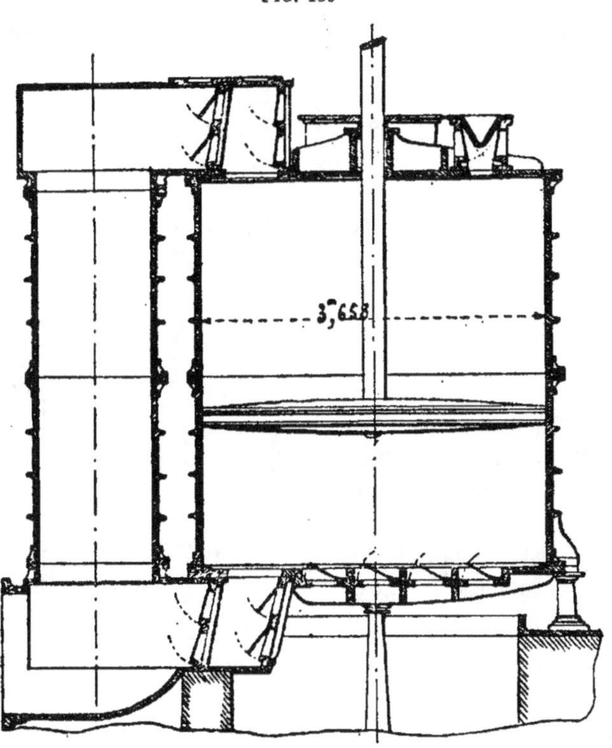

adaptées à chacune des faces du piston à vent pour rendre excessivement faible l'espace nuisible formé dans les boîtes à clapets. tout en conservant de larges passages à l'air; mais il est essentiel que les boîtes des pistons soient et demeurent parfaitement **étanches.**

Dans les souffleries horizontales, les clapets pouvant s'attacher directement sur les fonds verticaux des cylindres à vent, l'emploi de boîtes à clapets devient inutile et l'inconvénient de l'espace nuisible, qu'elles produisent, disparaît. Là aussi les clapets sont légèrement inclinés sur la verticale de façon à rester fermés dès que le piston est au repos et à s'ouvrir sous la moindre pression.

Fig. 140, montre les clapets d'aspiration employés dans la grande soufflerie horizontale de Georgs Marienhutte (1), près Osnabrück, et qui sont curieux par le mode de leur construction ayant pour but de permettre à ces clapets d'ouvrir complètement leurs orifices.

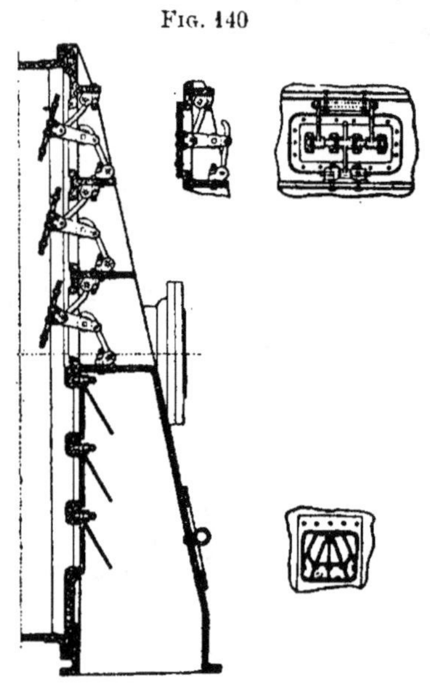

Fig. 140

Ces clapets en cuir et ferrés en tôle sont suspendus et en s'ouvrant reçoivent par un système de leviers un mouvement qui les écarte de leur siège.

Une construction pareille doit rendre ces clapets lourds, elle est trop compliquée pour être durable et pratique; et du reste, il est douteux que des clapets aussi lourds soient plus avantageux, comme ouverture démasquée, que des clapets ordinaires plus légers et plus petits.

Les clapets de refoulement de cette machine sont formés de simples plaques de caoutchouc.

D'après M. J. Schlink (1), dans la machine jumelle horizontale de l'aciérie du Phonix, à Ruhrort, après divers essais, on s'est arrêté depuis plusieurs années à l'emploi de clapets (fig. 141) d'aspiration et de refoulement en cuir de semelle double cousu

---

(1) Ueber Geblase-Maschinenbau de J. Schlink.

ensemble sur les bords ; les clapets de refoulement sont chevillés en bois et munis sur leur partie extérieure d'une planchette, de 10 millimètres environ d'épaisseur, collée et vissée sur le clapet.

La durée de ces clapets de refoulement varie de 3 à 9 mois. Les grilles des sièges ont des ouvertures de 100/25 millimètres au plus.

Fig. 142 représente les soupapes d'aspiration et de refoulement à boulet des souffleries système Coulthard employées dans plusieurs usines anglaises et notamment à Acklam et à Furness pour soufflages de hauts fourneaux.

Ces souffleries verticales jumelles, à cylindres à vapeur en flèche, les cylindres à vent en dessous, sont pareilles comme système de construction aux souffleries représentées (fig. 77), elles n'en diffèrent essentiellement que par l'emploi de boulets au lieu de clapets. Les don-

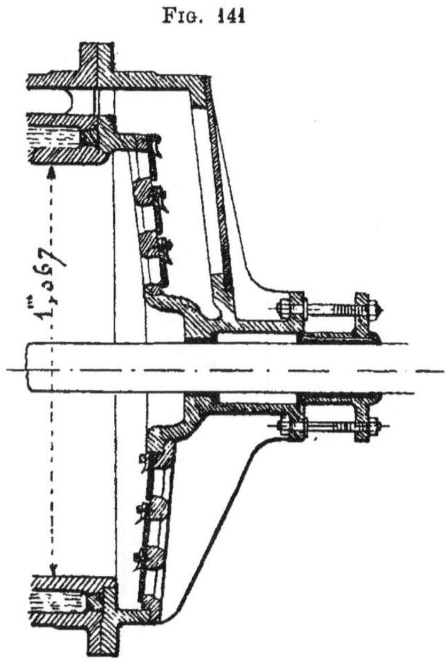

Fig. 141

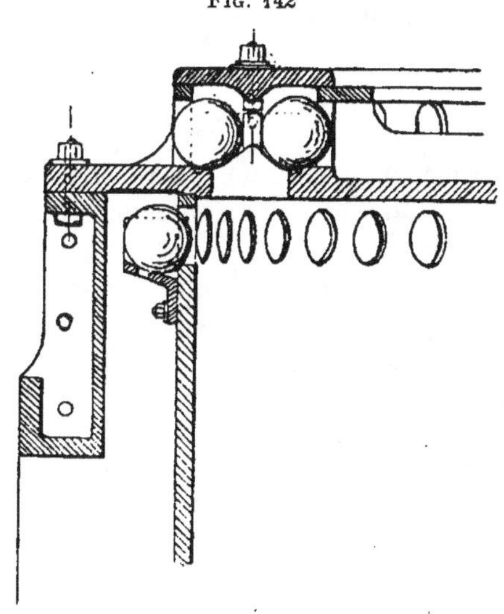

Fig. 142

nées principales des machines (1) système Coulthard sont :
(fig. 143 et 144).

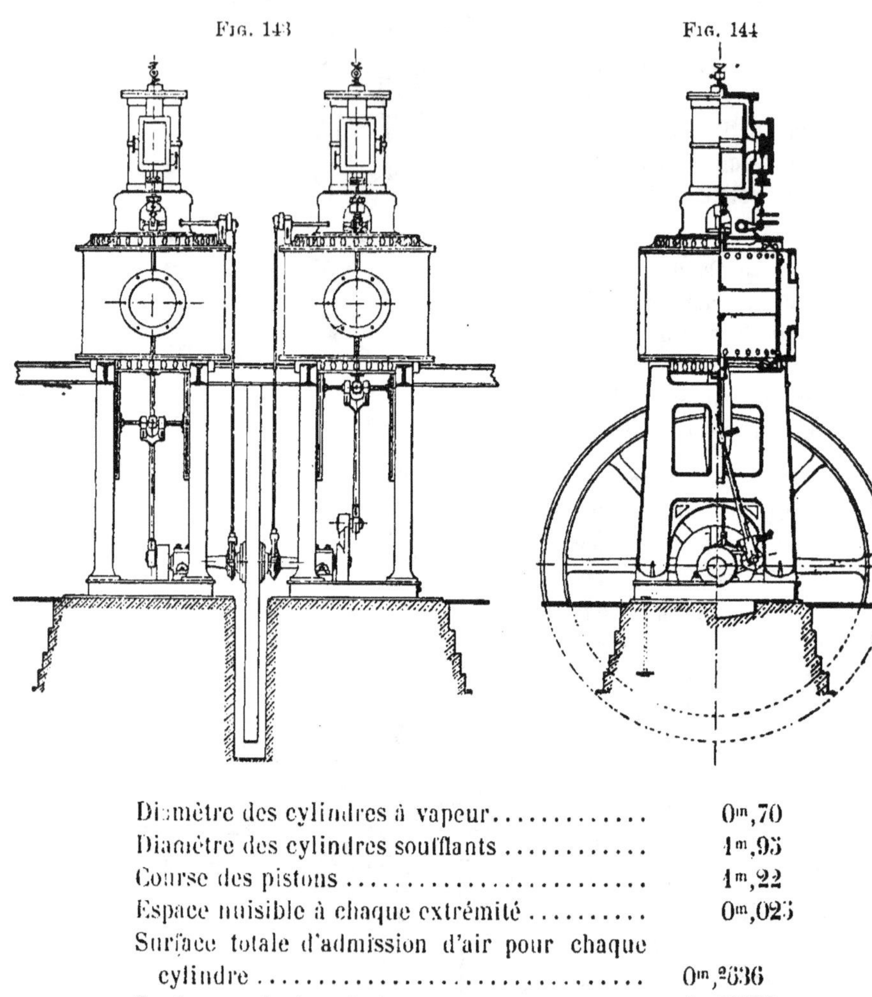

Diamètre des cylindres à vapeur............	0^m,70

Diamètre des cylindres à vapeur............ $0^m,70$

Diamètre des cylindres soufflants .... $1^m,95$

Course des pistons .... $1^m,22$

Espace nuisible à chaque extrémité .... $0^m,025$

Surface totale d'admission d'air pour chaque
cylindre .... $0^{m,2}636$

Surface totale de refoulement............. $0^{m,2}4372$

Pression du vent................ .... $0^m,23$ de m.

Nombre de tours...................... 34

(2) Revue de l'Exposition de 1867 — Sidérurgie — par M. S. Jordan.

Fig. 145

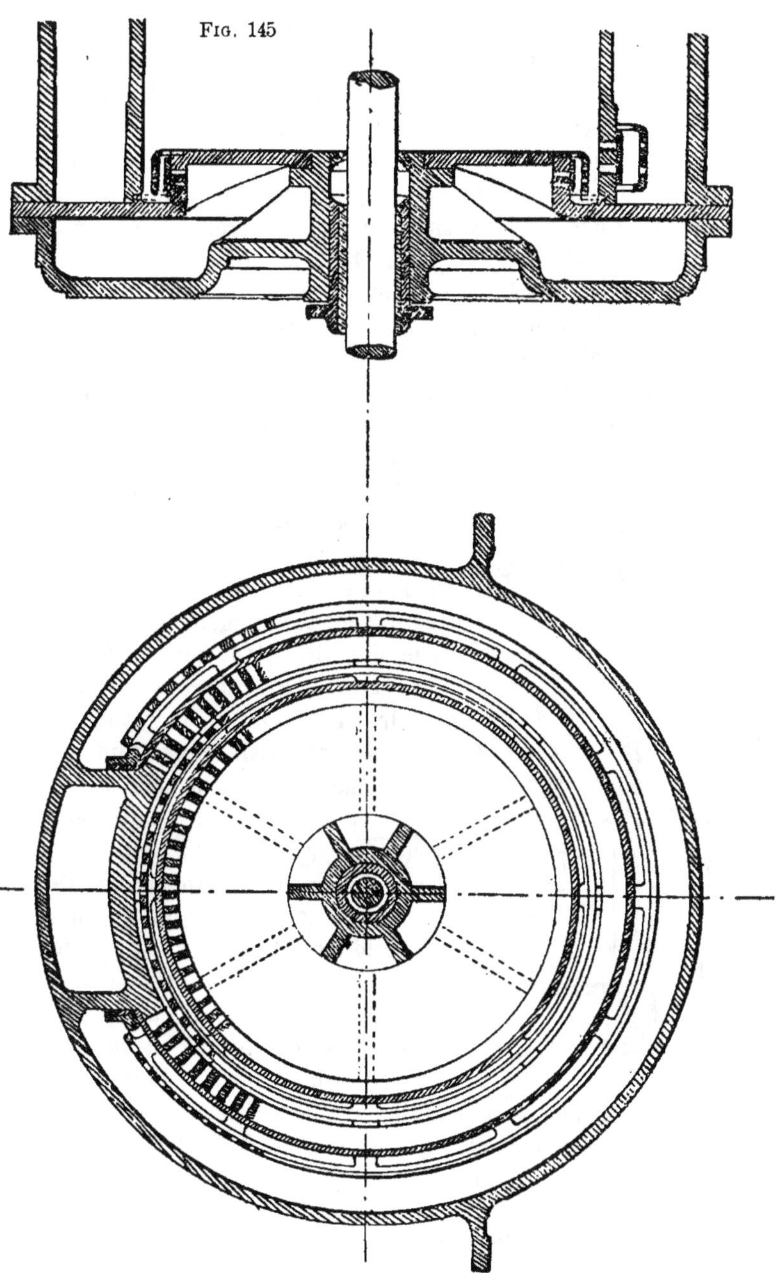

Le diamètre des boulets est de 0ᵐ,125 et leurs poids est d'environ 0 kg 400. Ces boulets doivent donner lieu à des frais d'entretien assez élevés, par suite de leur coïncement dans les orifices, et qui doit les mettre rapidement hors d'usage.

Ainsi que nous l'avons déjà mentionné, dans les anciennes souffleries Bessemer, au lieu de clapets formés de simples plaques on employait des ceintures en caoutchouc couvrant les extrémités perforées des cylindres à vent (fig. 145), le jeu de cette sorte de clapets est basé sur l'élasticité propre du caoutchouc.

Ce genre de clapets se rencontre aussi dans les machines soufflantes horizontales des hauts fourneaux de Montluçon et de Commentry, ayant 2ᵐ,70 de diamètre de cylindre à vent et 1ᵐ,20 de course (1). Chacun des fonds de ces machines est muni de 9 rangées (fig 146) de trous légèrement évasés de dedans en dehors, ayant 45 millimètres de diamètre dans la section rétrécie et placés à 90 millimètres de distance l'un de l'autre d'axe en axe; contre la face intérieure vient s'appliquer la feuille élastique dont les bords sont retenus et pincés entre les brides et le fond du cylindre. Dans ce cas, le caoutchouc lui-même est aussi criblé d'un égal nombre de trous de mêmes dimensions, seulement les pleins du caoutchouc correspondent aux trous de la plaque de fonte et réciproquement. Dès que par le mouvement du piston le vide se forme à l'intérieur, la pression de l'air, grâce à l'élasticité du caoutchouc, refoule ce dernier en forme de dôme légèrement bombé et ouvre la communication entre l'intérieur et l'extérieur, dans le mouvement inverse, le caoutchouc est de nouveau pressé contre le fond, les orifices d'entrée sont hermétiquement clos ; mais une feuille élastique pareille placée dans la cage

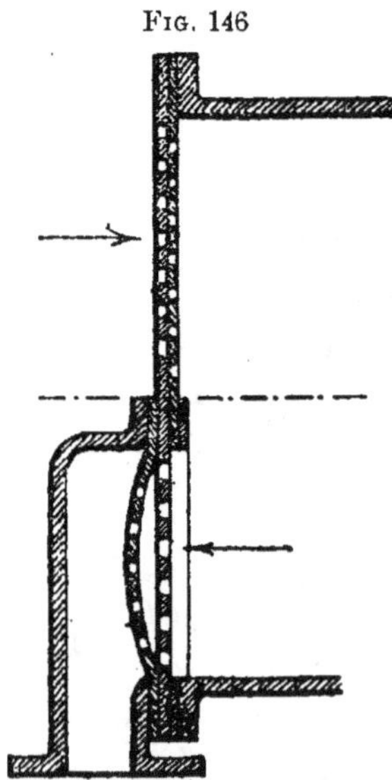

Fig. 146

------

(1) Traité de Métallurgie — par L. Gruner

du porte vent, sur la face opposée du fond, se bombe alors en sens inverse et laisse passer l'air comprimé.

Dans les machines pneumatiques du chemin de fer atmosphérique de Saint-Germain, une pareille disposition de feuille de caoutchouc avait déjà été employée en place de clapets.

Ce mode d'ouverture et d'occlusion des orifices d'entrée et de sortie d'air est excessivement simple; mais il doit être loin de fournir de bons résultats, la surface totale que l'on peut donner aux orifices étant trop faible.

De plus, les surfaces d'appui doivent s'imprimer profondément dans le caoutchouc et à l'extérieur, dès que le caoutchouc devient un peu sec, il doit se former des crevasses donnant passage à l'air; or il suffit d'un point déchiré dans cette large surface de clapet pour obliger à changer toute la feuille et ce changement exige le démontage des fonds du cylindre à vent. Des clapets ordinaires doivent être certainement préférables à ces feuilles de caoutchouc perforées, surtout dans les souffleries à faible pression des hauts fourneaux.

Dans les souffleries pour Bessemer, la forte pression du vent, 1 ^{kg} 50 à 2 ^{kg} par centimètre carré, et l'échauffément de l'air qui en résulte et encore la rapidité d'allure de ces machines, qui est cause du mouvement d'oscillation pendulaire que prennent les clapets, les ont fait rejeter par suite du mauvais résultat obtenu. Les ceintures ou bagues en caoutchouc, qui ont remplacé les clapets, ont paru pendant un certain temps remplir leur but d'une façon satisfaisante, tant que l'on n'a pas eu à forcer le soufflage; mais à mesure que se sont accrues comme pression et volume de vent, ou vitesse de marche, les exigences imposées aux machines, en vue d'augmenter les productions de métal, les bandes en caoutchouc se sont vite détériorées par l'air chaud et surtout par la graisse, il a fallu chercher soit à en prolonger la durée par leur rafraichissement continu, soit à les supprimer en revenant aux clapets assez modifiés toutefois pour qu'ils résistent à la pression et aux chocs précipités auxquels ils sont soumis.

En Amérique, ce sont les clapets circulaires ou soupapes qui ont prévalu ; on les a disposés sur les fonds même des cylindres à vent verticaux, comme le montre la fig. 147 représentant le cylindre à vent, des machines Makintosch, Hemphill et Cᵒ, ayant des

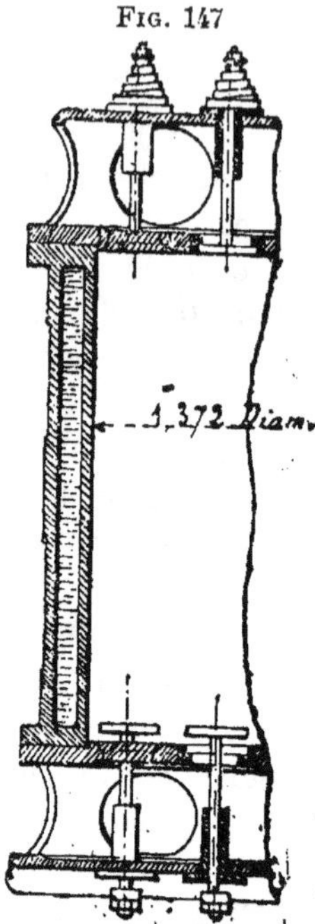

Fig. 147

clapets d'aspiration et de refoulement en caoutchouc vulcanisé raidi par des champignons en bronze avec tige centrale servant de guide. Les clapets d'aspiration supérieurs, s'ouvrant vers le bas, sont soutenus et rappelés par des ressorts en spirale, il en est de même des clapets de refoulement inférieurs.

Depuis, cette même forme de clapets a été adoptée en Angleterre et en Allemagne, avec quelque variante dans la construction; mais leur disposition a été modifiée, on les a placés en couronne à l'extérieur des cylindres à vent, en haut et en bas, et non plus sur les fonds des cylindres.

Nous avons déjà décrit et représenté fig. 37, les soupapes construites par la Koelnische Maschinenbau.

Fig. 148 représente les soupapes d'aspiration et de refoulement des souffleries Galloway et fils, pour hauts-fourneaux et Bessemer; ces soupapes en tôle mince frappent métal sur métal et donnent lieu à une marche très bruyante.

Fig. 149 représente des soupapes d'aspiration et de refoulement à peu près pareilles aux précédentes comme agencement, sauf

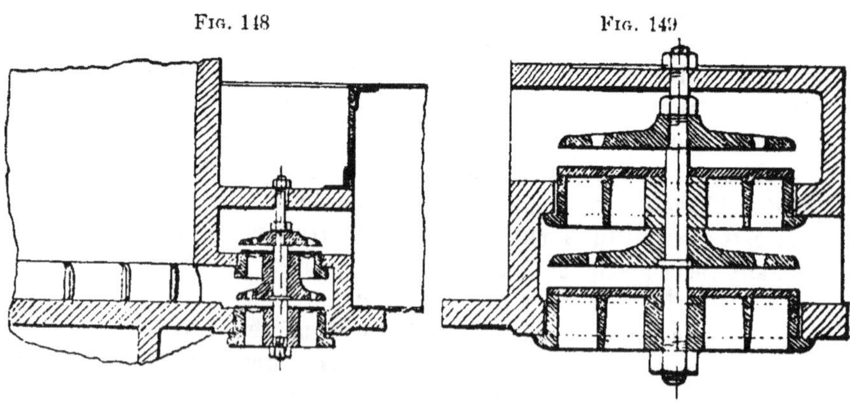

Fig. 148

Fig. 149

qu'au lieu d'être métalliques ces soupapes sont en caoutchouc vulcanisé, ce qui produit une marche plus silencieuse ; mais doit donner lieu à de plus grands frais d'entretien.

Cette disposition de soupapes, en tôle ou en caoutchouc, à guide central, retombant sur leur siège spontanément par leur propre poids ou rappelés par des ressorts, exige l'adoption de cylindres à vent verticaux.

Cependant nous avons pu reconnaître pl. 14 que les Forges et Fonderies de l'Horme n'ont pas craint d'appliquer à leur système de soufflerie horizontale des soupapes ou clapets du même genre. La fig. 150 représente les clapets en caoutchouc de cette soufflerie,

Fig. 150

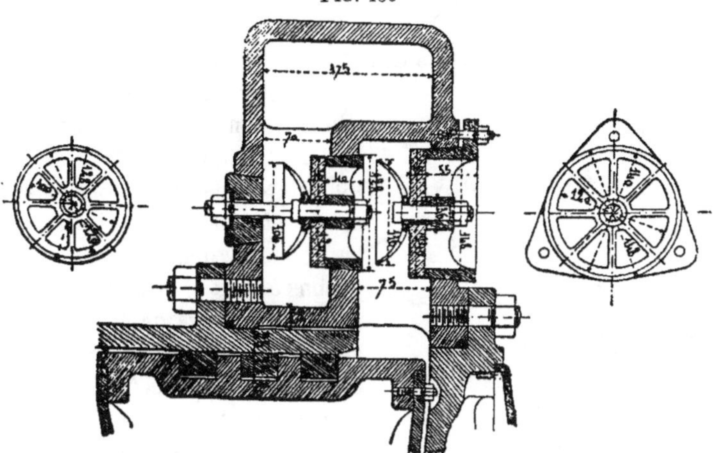

lesquels ne font que se ployer et se déployer pour démasquer ou obturer les orifices.

Les soupapes horizontales ont, comme les clapets horizontaux, l'inconvénient de ne se soulever que faiblement et de n'offrir à l'air que de trop faibles passages, surtout dans ces machines soufflantes qui fonctionnent toujours à très grande vitesse ; mais en raison de la durée relativement plus grande de ces soupapes que de tout autre genre de clapets et des frais d'entretien moindres qui en résultent, on passe sur cet inconvénient qui se traduit par des dépressions de trois à quatre centimètres de mercure dans le cylindre par rapport à la pression atmosphérique, pendant l'aspiration ; et dans le réservoir de vent par rapport au cylindre, pendant le refoulement. En total, ces dépressions correspondent à environ six à huit centimètres de mercure dans une marche à une pression de vent comprise entre 1ᵐ 20 et 1ᵐ 50 de mercure; c'est donc une perte moyenne de 5 °/₀ à peu près dans l'effet utile de ces machines. Il en serait tout autrement si le même genre de machines soufflantes à soupapes et à grande vitesse était appliqué à des soufflages de hauts-fournaux, à la pression de 0ᵐ 20 seulement de mercure, puisque dans ce dernier cas, les mêmes dépressions correspondraient à un excédent de travail moteur à développer d'environ :

$$\frac{0{,}06 \text{ à } 0{,}08}{0{,}20} = \text{soit } 30\ °/_0$$

En France, les souffleries Bessemer horizontales sont généralement restées en faveur dans les constructions neuves; pour suivre les productions de plus en plus élevées des usines Bessemer, on a préféré augmenter le diamètre de la longueur de course des pistons à vent plutôt que leur vitesse, le nombre de tours et de battement des clapets; on s'est contenté, comme l'a fait le Creusot, de loger aux extrémités des cylindres soufflants, autour des ceintures de refoulement, une circulation d'eau froide (fig. 151) pour empêcher l'échauffement des caoutchoucs et prolonger leur durée.

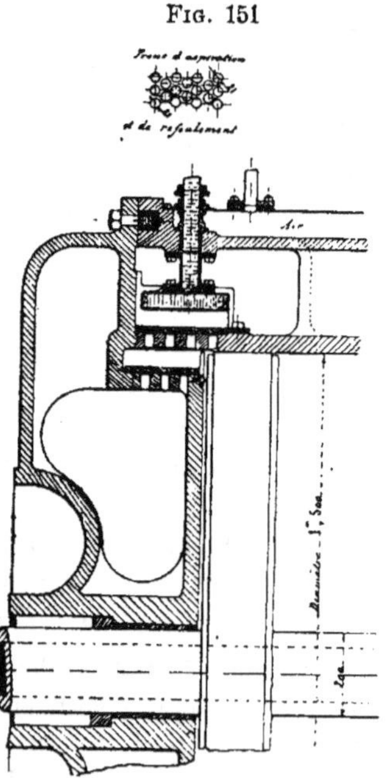

Nous avons vu qu'en Angleterre les souffleries à tiroir formé d'un double piston, des constructeurs Adamson ou Tannet, Walker et Cᵒ, sont employées avec avantage pour les soufflages de Bessemer. Les machines Adamson n'ont besoin que d'une boite à soupapes sur la conduite de refoulement de l'air pour éviter le retour de toute la pression du vent sur le piston soufflant, à chaque changement de course; tandis que les machines Tannet, Walker et C° en reçoivent deux, une de chaque côté du cylindre à vent, ce qui diminue l'espace nuisible, mais complique un peu plus la soufflerie.

Bien que ces constructeurs n'appliquent leurs tiroirs à vent qu'à des machines verticales, ces tiroirs pourraient évidemment et tout aussi bien convenir et s'adapter à des machines horizontales.

CONCLUSION

En résumé, au point de vue de la disposition relative des principaux organes, dans les machines soufflantes, nos conclusions peuvent se formuler ainsi :

1° Le système de soufflerie sans volant, vertical ou horizontal, a été condamné par l'expérience et doit être rejeté.

2° Le système de machines verticales, type normal, à balancier et avec volant, bien que capable de donner un excellent fonctionnement avec des conrses de 2 m, 50 à 3 m, 50 et 12 à 15 tours par minute, est cependant abandonné aujourd'hui parce qu'il est plus coûteux et tient plus de place que le système à action directe.

3° Le système de machines verticales à balancier, avec volant et bielle à l'une des extrémités du balancier (type Horsehead), est préférable au système normal, à bielle et arbre de volant entre l'axe d'oscillation du balancier et l'un des deux cylindres.

4° Le système de machines verticales à balancier bâtard (type sauterelle), dont on parait assez satisfait, possède les avantages du type Horsehead et lui est préférable en ce qu'il est moins coûteux et occupe un moindre emplacement.

5° Le système vertical symétrique, à action directe et à deux bieilles (type Seraing, Creusot, etc.) donne satisfaction avec des courses maximum de 2 m, 50, en faisant :

12 à 15 tours pour courses de   2 mètre à 2m,50
15 à 20 tours   —   1m,50 à 2 mètres
et jusqu'à 30 tours pour courses
inférieures à...............   1m,50

Il est préférable au même système à une seule bielle en ce qu'il permet, à égale hauteur et stabilité de machines, des courses plus longues et par suite un nombre de tours moindre pour fournir un égal volume de vent, ainsi, dans les souffleries à une seule bielle, les longueurs de courses dépassent rarement $1^m,25$ à $1^m,50$ et la vitesse atteint 30 à 40 tours par minute.

Par contre, le système à deux bielles a l'inconvénient de ne pas se prêter, comme les système à une seule bielle, à l'accouplement en souffleries jumelles ou en souffleries triples, ce qui n'est réellement désavantageux que lorsque les souffleries à deux bielles ne sont pas à détente système Woolf.

6° Le système vertical anormal, à action directe (type Galloway ou Tannet, Walker et Compagnie) permet de réunir, comme longueur de course, les avantages du système à 2 bielles et comme facilité d'accouplement en machines doubles ou triples, les avan_tages du système à une seule bielle, pour un plus grand degré de stabilité ; mais dans le type Galloway avec bielle en porte-à-faux, la construction doit être soignée en conséquence.

7° Le système vertical à action directe et avec volant à la partie supérieure de la machine (ancien type du Creusot) est à rejeter à cause de l'ébranlement qu'il produit et qui limite extrêmement la vitesse de marche.

8° La situation du cylindre à vapeur, immédiatement au-dessus du cylindre à vent, donne une machine moins stable que celle dans laquelle le cylindre à vapeur repose sur le sol et le cylindre à vent occupe le sommet, et a de plus l'inconvénient de salir le couvercle du cylindre à vent par l'eau de condensation et la graisse qui s'écoule le long de la tige du piston à vapeur.

9° Quand on dispose d'une place suffisante, on peut employer le système horizontal du type normal, généralement moins coûteux, à production égale de vent, que le système vertical et duquel on peut espérer un bon fonctionnement jusqu'à un maximum de 2 mètres de course et $2^m,50$ de diamètre de piston à vent, à la vitesse de 16 à 18 tours, pourvu que l'on ait le soin de n'employer que des pistons soufflants légers et de les supporter par de larges coulisseaux à l'extrémité de leur tige, à l'avant et à l'arrière du cylindre à vent.

Lorsque l'on est gêné par l'emplacement disponible trop court, ou que le diamètre et la longueur de course doivent être plus grands que le maximum reconnu acceptable, il est préférable de recourir au système vertical à action directe, plutôt que d'employer une construction bâtarde rendant difficile l'abord des cylindres ou trop incertain le bon fonctionnement **des pistons,** sans usure à la partie inférieure.

Au point de vue du moteur proprement dit, de la sortie et de l'entrée de l'air dans le cylindre à vent, nous formulerons les conclusions suivantes :

1° Pour rendre la consommation de vapeur aussi réduite que possible, il faut employer une détente suffisamment étendue et élever le degré de cette détente à 4 ou à 5 ; en ne perdant pas de vue que la machine demande une construction d'autant plus solide et plus stable que la détente appliquée doit être plus longue. Toute économie malentendue de matière dans la construction, tout défaut de stabilité, se paierait chèrement plus tard dans la marche.

2° Le degré de détente doit pouvoir se modifier en marche, surtout lorsque l'on n'emploie qu'une seule soufflerie, afin de pouvoir à volonté augmenter ou réduire sa vitesse, élever ou diminuer la pression du vent suivant les besoins.

3° Le plus souvent, l'emploi de la condensation est recommandable, elle permet d'arriver à une consommation de vapeur moindre, de marcher à des pressions plus basses pour un même degré de détente ; mais en marche, la condensation doit pouvoir être facilement et rapidement supprimée pour obtenir l'échappement à l'air libre dès que le condenseur laisse à désirer comme fonctionnement.

4° Le système de détente Woolf ou Compound est avantageux et doit être employé chaque fois que le prix d'achat n'y met pas obstacle ; les machines établies avec ces détentes étant en effet plus chères que les autres.

5° Les machines jumelles ou triples sont préférables aux machines simples et à adopter lorsque la condensation n'est pas possible, parce que devant alors marcher à haute pression pour arriver à un degré de détente élevé, les machines jumelles ou triples auront un mouvement plus doux et une production plus élastique que les machines simples.

6° Les machines à longue course et peu de révolutions sont plus élastiques de production et préférables aux machines à moindre course et plus grand nombre de tours, parce qu'avec ces dernières, si l'on veut dépasser un certain nombre de courses par minute, on produira des ébranlements insupportables et qui forceront à ramener la marche à une vitesse plus réduite.

7° Chaque haut-fourneau devrait recevoir sa machine soufflante particulière dont les dimensions correspondent aux quantités de vent nécessaires.

8° Lorsque par suite de circonstances quelconques, on doit employer des machines à grande vitesse, c'est le tiroir à double piston, avec interposition de clapets ou soupapes dans la conduite de refoulement (système Adamson ou Tannet, Walker et C°) qui est le plus recommandable.

La production de la vapeur pour souffleries de hauts-fourneaux est généralement obtenue gratuitement par les gaz de ces fourneaux, tandis qu'au contraire, dans les aciéries Bessemer, la vapeur des machines soufflantes doit, le plus souvent, être produite spécialement et par chauffage direct, aussi l'économie dans la consommation de vapeur est-elle plus nécessaire encore dans celles-ci que dans les premières. De plus, les dimensions réduites des machines Bessemer, le diamètre et le poids de leur piston à vent font que la question de disposition verticale ou horizontale est de peu d'importance, d'autant plus que généralement on n'emploie que des machines jumelles permettant encore de réduire à moitié grandeur les cylindres à vent des machines simples. Si, à ces considérations, l'on ajoute que le fonctionnement des machines soufflantes Bessemer n'est pas continu, qu'il est coupé par des intervalles de repos et de marche de courte durée, qu'il profite des arrêts des dimanches et fêtes, on en conclura que, comme rapidité de fonctionnement, on peut demander à une machine soufflante Bessemer beaucoup plus qu'à une soufflerie de hauts-fourneaux, sans craindre d'interruptions de marche, ces interruptions ne pouvant avoir de suites aussi fâcheuses que pour le soufflage des hauts-fourneaux ; aussi voyons-nous dans quelques usines la vitesse de ces souffleries atteindre presque le double de la vitesse prévue originairement, pour répondre aux productions extraordinaires auxquelles on est arrivé.

Ces vitesses exagérées ne sont évidemment pas des exemples à suivre dans l'établissement de constructions neuves; mais elles montrent jusqu'où l'on peut arriver en cas de nécessité.

Au point de vue des soufflages Bessemer, nous conclurons donc :

1° Le choix du système vertical ou horizontal est de peu d'importance et ne sera le plus souvent déterminé que par le genre de clapets ou soupapes que l'on voudra employer;

2° Les machines simples sont à rejeter, les machines jumelles ou triples sont préférables comme élasticité de production;

3° Le fonctionnement à détente étendue par le système Woolf ou Compound, dans ces machines jumelles, est le plus recommandable sous le rapport de l'économie de vapeur;

L'emploi de la condensation est aussi avantageux, mais le système de condenseur à employer doit être sûr en marche rapide, et la condensation doit pouvoir être facilement et rapidement arrêtée, pour obtenir l'échappement à l'air libre, dès que le fonctionnement du condenseur laisse à désirer;

5° Les clapets circulaires ou soupapes en caoutchouc, ou entièrement métalliques, conviennent mieux, dans les machines à marche rapide, et à course réduite, que les clapets-bagues en caoutchouc.

6° Les machines à tiroir à vent, du système Adamson ou Tannet, Walker et C°, qui ont fait leurs preuves pratiques, peuvent être recommandées.

Une discussion plus étendue sur la construction générale des machines soufflantes sortirait du programme que nous nous sommes tracé et qui était de faire connaître les principaux types de souffleries les plus employés tant en France qu'à l'étranger, de faire ressortir les avantages et les inconvénients propres à chacun d'eux, afin d'aider à faire un choix raisonné de celui de ces types qui répond le mieux aux circonstances d'emploi dans lesquelles on se trouve placé.

TABLE DES MATIÈRES

CHAPITRE III

Calcul des souffleries

CHAPITRE IV

Souffleries à tiroir

CHAPITRE V

Dispositions des principaux organes dans les souffleries